国家级技工教育和职业培训教材
高等职业教育系列教材

Java 程序设计基础教程

主编　芮素娟　周　艺　汪荣斌
参编　陈海珠　李法平　秦　毅

机 械 工 业 出 版 社

本书是面向 Java 初学者的入门级图书，以通俗易懂的语言详细讲解 Java 语言的基础知识。本书共分为 10 个单元，其中前 9 个单元共 27 个任务和 26 个实训，内容主要包括 Java 环境搭建、Java 语法基础、面向对象的概念与思想、Java 常用的类库、异常处理、线程、输入/输出功能、图形用户界面设计等。最后一个单元是一个综合实例，介绍 Java 程序如何设计、实现、编写和运行等操作。

本书是重庆市骨干专业的移动应用开发专业“Java 程序设计”课程的配套教材。该项目提供了微课视频及操作演示视频，在超星学银在线平台可以使用。

本书体系完整，结构案例合理，可操作性强，内容深入浅出，语言通俗易懂，每个知识点都有配套例题进行解释说明，可作为高职院校计算机及相关专业的教学参考书。

为了方便师生教学，本书配有微课视频、电子课件及书中所有案例的源代码。其中，微课视频扫码即可观看，需要电子课件和源代码的教师可登录 www.cmpedu.com 免费注册、审核通过后下载，或联系编辑索取（微信：15910938545，电话：010-88379739）。

图书在版编目（CIP）数据

Java 程序设计基础教程 / 芮素娟，周艺，汪荣斌主编. —北京：机械工业出版社，2021.7（2025.1 重印）
高等职业教育系列教材
ISBN 978-7-111-68286-8

Ⅰ. ①J… Ⅱ. ①芮… ②周… ③汪… Ⅲ. ①JAVA 语言-程序设计-高等职业教育-教材 Ⅳ. ①TP312.8

中国版本图书馆 CIP 数据核字（2021）第 097262 号

机械工业出版社（北京市百万庄大街 22 号 邮政编码 100037）
策划编辑：王海霞 责任编辑：王海霞
责任校对：张艳霞 责任印制：常天培

固安县铭成印刷有限公司印刷

2025 年 1 月第 1 版 • 第 7 次印刷
184mm×260mm • 14.75 印张 • 362 千字
标准书号：ISBN 978-7-111-68286-8
定价：59.00 元

电话服务
客服电话：010-88361066
010-88379833
010-68326294

网络服务
机 工 官 网：www.cmpbook.com
机 工 官 博：weibo.com/cmp1952
金 书 网：www.golden-book.com
机工教育服务网：www.cmpedu.com

前　言

党的二十大报告指出："必须坚持科技是第一生产力、人才是第一资源、创新是第一动力，深入实施科教兴国战略、人才强国战略、创新驱动发展战略，开辟发展新领域新赛道，不断塑造发展新动能新优势。"Java 是目前活跃度较高的语言，也是成熟的面向对象程序设计语言和应用相对广泛的移动应用软件开发语言，是软件技术专业的必修课程之一。在目前开发软件的就业市场上，对 Java 类软件设计人员的需求量较大。

本书是为满足中高职学生学习 Java 程序设计而编写的一本入门级图书。本书以深入浅出、理论够用、以例释义为原则进行编写，按任务学习模式设计和组织内容。本书也特别适合面向对象程序设计语言入门者学习。

本书共 10 个单元，按知识层次递进原则，从浅入深将 Java 程序设计基础内容呈现出来。其中，单元 1 主要讲解 Java 开发环境搭建及简单 Java 程序编写等知识；单元 2 主要讲解 Java 语法基础，包括数据类型、常量与变量、选择语句、循环语句等知识，使读者能够掌握语言逻辑表达及简单程序编写；单元 3 和单元 4 主要讲解面向对象的概念与思路，使读者能够基本掌握利用 Java 语言解决面向对象设计编程的问题；单元 5 主要讲解 Java 常用的类库，如 String 类、Math 类等，使读者掌握应用 JDK 中的类包实现复杂功能的编程；单元 6 主要讲解异常处理，使读者基本掌握程序设计中的异常处理编程；单元 7 主要讲解线程编程，使读者掌握多线程管理与协作，提升编程的并行处理能力；单元 8 主要讲解 Java 输入与输出，使读者了解 Java 输入的底层实现模式，并掌握通过底层输入，编程实现输入与输出功能；单元 9 主要讲解图形用户界面设计，使读者掌握图形用户界面的设计、事件监听、事件响应等；单元 10 是一个综合实例，使读者大致了解一个 Java 程序是如何被设计、实现、编写、运行的。

本书秉承理论够用的原则，以案例解读为导向，以及时练习为检验方法，选取 Java 程序设计中必要的基础性知识，同时配有在线课程、微课视频、电子课件、源代码等丰富的教学资源，方便师生教学。

本书是重庆市骨干专业的移动应用开发专业"Java 程序设计"课程的配套教材。该项目提供了丰富的微课视频及操作演示视频，在超星学银在线平台可以使用。

本书由重庆电子工程职业学院的芮素娟、周艺和汪荣斌担任主编，陈海珠、李法平和秦毅担任参编。重庆驰行慧衍科技有限公司的技术负责人靳赵杰参与了本书的整体设计，对本书的案例、任务演练进行指导，在此表示衷心的感谢。

由于编写时间仓促、编者水平有限，书中难免存在一些不足或错误之处，敬请广大读者朋友指正。

编　者

目　　录

单元 1　Java 语言概述

学习目标

【知识目标】

- 了解 Java 的背景知识。
- 掌握 Java 开发环境的搭建。
- 掌握 Java 程序的基本组成。

【能力目标】

- 能够搭建 Java 开发环境。
- 能够写一个最简单的 Java 程序。

任务 1.1　搭建开发环境

在计算机上搭建 Java 程序的开发环境。

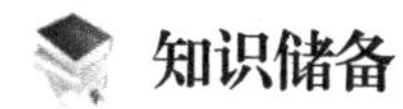

知识储备

1.1.1　Java 语言概述

1．Java 语言背景

20 世纪 90 年代，硬件领域出现了单片式计算机系统，这种价格低廉的系统一出现就立即引起了自动控制领域人员的注意，因为使用它可以大幅度提升消费类电子产品（如电视机顶盒、面包烤箱、移动电话等）的智能化程度。Sun 公司为了抢占市场先机，在 1991 年成立了一个称为 Green 的项目小组，帕特里克、詹姆斯·高斯林、麦克·舍林丹和其他几个工程师一起组成的工作小组研究开发新技术，专攻计算机在家电产品上的嵌入式应用。

该项目组的研究人员首先考虑采用 C++来编写程序。但对于硬件资源极其匮乏的单片式系统来说，C++程序过于复杂和庞大。另外，由于消费电子产品所采用的嵌入式处理器芯片的种类繁杂，如何让编写的程序跨平台运行也是个难题。为了解决困难，他们首先着眼于语言的开发，假设了一种结构简单、符合嵌入式应用需要的硬件平台体系结构并为其制定了相应的规范，其中就定义了这种硬件平台的二进制机器码指令系统（即后来成为“字节码”的指令系统），待语言开发成功后，能有半导体芯片生产商开发和生产这种硬件平台。对于新语言的设计，Sun 公司研发人员并没有开发一种全新的语言，而是根据嵌入式软件的要求，对 C++进行了改造，去除了 C++的一些不太实用及影响安全的成分，并结合嵌入式系统的实时性要求，开发了一种称为Oak的面向对象语言。

因为在开发 Oak 语言时尚且不存在运行字节码的硬件平台，所以为了在开发时可以对这种语言进行实验研究，他们就在已有的硬件和软件平台基础上，按照自己所制定的规范，用软件建设了一个运行平台。整个系统除了比 C++更加简单之外，无较大区别。1992年夏天，当 Oak 语言开发成功后，研究者们向硬件生产商演示了 Green 操作系统、Oak 语言及其类库和硬件，以说服他们使用 Oak 语言生产硬件芯片。但是，硬件生产商并未对此产生极大的热情。他们认为，在所有人对 Oak 语言还一无所知的情况下，就生产硬件产品的风险实在太大了，所以 Oak 语言也就因为缺乏硬件的支持而无法进入市场，从而被搁置了下来。

1994 年六七月间，在经历了一场历时 3 天的讨论之后，团队决定再一次改变努力目标。这次，他们决定将该技术应用于万维网。他们认为随着Mosaic浏览器的到来，因特网正在向同样的高度互动的远景演变，而这一远景正是他们在有线电视网中看到的。作为原型，帕特里克•诺顿写了一个小型万维网浏览器 WebRunner。

1995 年，互联网的蓬勃发展给了 Oak 机会。业界为了使死板、单调的静态网页能够“灵活”起来，急需一种软件技术来开发一种程序，这种程序可以通过网络传播并且能够跨平台运行。于是，世界各大IT企业为此纷纷投入了大量的人力、物力和财力。这个时候，Sun 公司想起了被搁置很久的 Oak，并且重新审视了那个用软件编写的试验平台。由于它是按照嵌入式系统硬件平台体系结构进行编写的，因此非常小，特别适用于网络上的传输系统，而 Oak 也是一种精简的语言，用其编写的程序非常小，适合在网络上传输。Sun 公司首先推出了可以嵌入网页并且随同网页在网络上传输的Applet（Applet 是一种将小程序嵌入到网页中进行执行的技术），并将 Oak 更名为 Java。Java 的取名也有一个趣闻。有一天，Java 组的几位会员正在讨论给这个新的编程语言取什么名字。当时，他们正在咖啡馆喝着 Java（爪哇）咖啡，有一个人灵机一动，说：就叫 Java 怎样？这个提议得到了其他人的赞赏，于是，Java 这个名字就这样传开了。Java 标识正是一杯冒着热气的咖啡，如图 1-1 所示。5 月 23 日，Sun 公司在 Sun world 会议上正式发布 Java 和 HotJava 浏览器。IBM、Apple、DEC、Adobe、HP、Oracle、Netscape和微软等各大公司都纷纷停止了自己的相关开发项目，竞相购买了 Java 使用许可证，并为自己的产品开发了相应的 Java 平台。

图 1-1　Java 标识

2．Java 语言的特点

（1）简单性

Java 看起来设计得很像 C++，但是为了使语言小和容易熟悉，设计者们把 C++语言中许多可用的特征去掉了，这些特征是一般程序员很少使用的。例如，Java 不支持 go to 语句，代之以 break 和 continue 语句及异常处理。Java 还剔除了 C++的操作符过载（Overload）和多继承特征，并且不使用主文件，免去了预处理程序。因为 Java 没有结构，数组和串都是对象，所以不需要指针。Java 能够自动处理对象的引用和间接引用，实现自动的无用单元收集，使用户不必为存储管理问题烦恼，能将更多的时间和精力花在研发上。

（2）面向对象

Java 是一个面向对象的语言。对程序员来说，这意味着要注意操纵数据的方法（Method），而不是严格地用过程来思考。在一个面向对象的系统中，类（Class）是数据和操作数据的方法的集合。数据和方法一起描述对象（Object）的状态和行为。每个对象是其状态和行为的封装。类是按一定体系和层次安排的，使得子类可以从超类继承行为。在这个类层次体系中有一个根类，它是具有一般行为的类。Java 程序是用类来组织的。

Java 还包括一个类的扩展集合，分别组成各种程序包（Package），用户可以在自己的程序中使用。例如，Java 提供产生图形用户接口部件的类（java.awt 包）、处理输入输出的类（java.io 包）和支持网络功能的类（java.net 包）。

（3）分布性

Java 设计成支持在网络上应用，它是分布式语言。所以，Java 程序只要编写一次，就可以广泛应用，节省大量人力物力。

（4）编译和解释性

Java 编译程序生成字节码（Byte-code），而不是通常的机器码。Java 程序可以在任何实现了 Java 解释程序和运行时系统（Run-time System）的系统上运行。

在一个解释性的环境中，程序开发的标准"链接"阶段基本消失了。如果说 Java 还有链接阶段，它只是把新类装进环境的过程，它是增量式的、轻量级的过程。这是一个与传统的、耗时的"编译、链接和测试"形成鲜明对比的精巧的开发过程。

（5）稳健性

Java 原来是用作编写消费类家用电子产品软件的语言，所以它是被用来设计高可靠和稳健软件的。Java 消除了某些编程错误，使得用它编写可靠软件相当容易。

Java 是一个强类型语言，它允许扩展编译时检查潜在类型不匹配问题。Java 要求显式的方法声明，不支持 C 语言风格的隐式声明。这些严格的要求保证编译程序能捕捉调用错误，使得用 Java 编写的程序更可靠。

可靠性方面最重要的增强之一是 Java 的存储模型。Java 不支持指针，它消除重写存储和错误数据的可能性。类似地，Java 自动的"无用单元收集"功能可以预防存储泄漏和其他有关动态存储分配和解除分配的有害错误。Java 解释程序也执行许多运行时的检查，诸如验证所有数组和串访问是否在界限之内。

异常处理是 Java 中使得程序更稳健的另一个特征。异常是某种类似于错误的异常条件出现的信号。使用 try/catch/finally 语句，程序员可以找到出错的代码，简化了出错处理和恢复的任务。

（6）安全性

Java 的存储分配模型是它防御恶意代码的主要方法之一。Java 没有指针，所以程序员不能得到隐蔽起来的内幕和伪造指针去指向存储器。更重要的是，Java 编译程序不处理存储安排决策，所以程序员不能通过查看声明去猜测类的实际存储安排。编译的 Java 代码中的存储引用在运行时由 Java 解释程序决定实际存储地址。

Java 运行系统使用字节码验证过程来保证装载到网络上的代码不违背任何 Java 语言限制。这个安全机制包括类如何从网上装载，例如，装载的类是放在分开的名字空间而不是局部类，预防恶意的小应用程序用它自己的版本来代替标准 Java 类。

（7）可移植性

Java 使得语言声明不依赖于实现的方面。例如，Java 显式说明每个基本数据类型的大小和它的运算行为（这些数据类型由 Java 语法描述）。

Java 环境本身对新的硬件平台和操作系统是可移植的。Java 编译程序也使用 Java 编写，而 Java 运行系统使用 ANSIC 语言编写。

（8）高性能

Java 是一种先编译后解释的语言，所以它不如全编译性语言快。但是有些情况下性能是很要紧的，为了支持这些情况，Java 设计者制作了“及时”编译程序。它能在运行时把 Java 字节码翻译成特定 CPU（中央处理器）的机器代码，实现全编译。

Java 字节码格式设计时考虑到这些“及时”编译程序的需要，生成机器代码的过程相当简单，能产生相当好的代码。

（9）多线索性

Java 是多线索语言，它提供支持多线索的执行（也称为轻便过程），能处理不同任务，使具有线索的程序设计很容易。Java 的 lang 包提供一个 Thread 类，它支持开始线索、运行线索、停止线索和检查线索状态的方法。

Java 的线索支持也包括一组同步原语。这些原语是基于监督程序和条件变量风范、由 C.A.R.Haore 开发的广泛使用的同步化方案。使用关键词 synchronized，程序员可以说明某些方法在一个类中不能并发运行。这些方法在监督程序控制下，确保变量维持在一个一致的状态。

（10）动态性

Java 语言可适应于变化的环境，它是一个动态的语言。例如，Java 中的类可根据需要载入，甚至有些可通过网络获取。

1.1.2 安装 JDK

1-1 安装 JDK

在搭建 Java 开发环境之前，需要知道什么是 JRE，什么是 JDK。

JRE（Java Runtime Environment，Java 运行时环境）是 Sun 公司的产品。JRE 包含 JVM 标准实现及 Java 核心类库，是运行 Java 程序所必需的环境的集合。如果需要运行 Java 程序，计算机中只需要有 JRE（JRE 包含 JVM 和核心类库）即可。

JDK 是 Java 语言的软件开发工具包，主要用于开发移动设备、嵌入式设备上的 Java 应用程序。JDK 是整个 Java 开发的核心，它包含了 Java 的运行环境（JVM+Java 系统类库）和 Java 工具。所以，安装了 JDK 后就不需要再单独安装 JRE 了。

接下来以 Windows 10 系统为例来演示 JDK 的安装过程，具体步骤如下。

1）通过网址https://www.oracle.com 下载 JDK 8。双击从官网下载的安装文件，进入 JDK 安装界面，如图 1-2 所示。

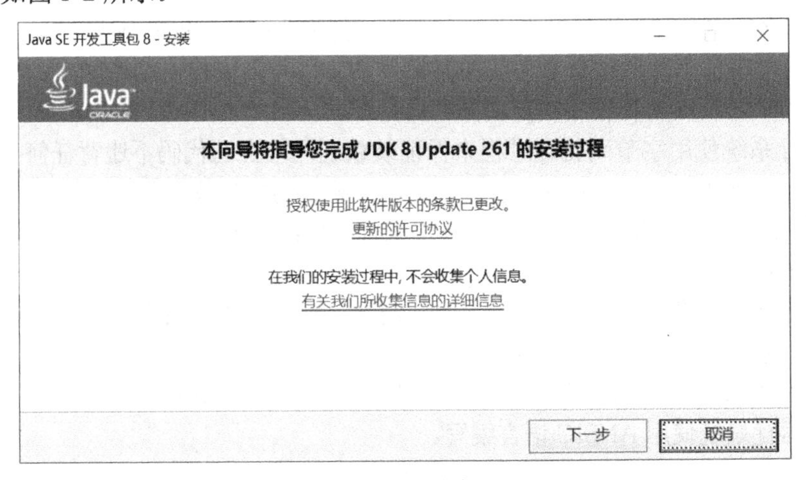

图 1-2 JDK 8 安装界面

2）单击图 1-2 所示安装界面中的“下一步”按钮，进入 JDK 的自定义安装界面，如图 1-3 所示。在图 1-3 所示界面的左侧有三个功能模块可供选择，开发人员可以根据自己的需求选择所要安装的模块。选择某个模块后，在界面的右侧会出现对该模块功能的说明。具体如下。

- 开发工具：JDK 的核心功能模块，包含一系列可执行程序，如 javac.exe、java.exe 等，还包含 JRE 环境。
- 源代码：Java 提供公共 API 类的源代码。
- 公共 JRE：Java 程序的运行环境。由于开发工具已经包含 JRE，因此可以不作选择。

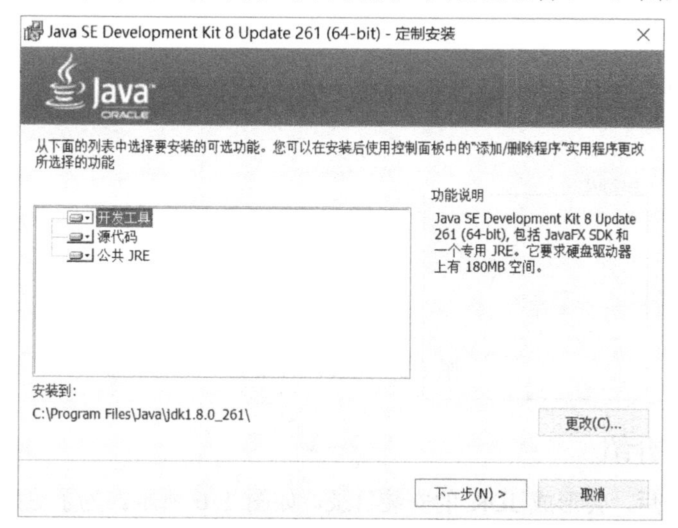

图 1-3　自定义安装界面

在图 1-3 所示的界面右侧有一个“更改”按钮，单击该按钮会弹出选择安装目录的界面，如图 1-4 所示。通过单击右侧的按钮进行选择或者直接输入路径的方式确定 JDK 的安装目录，在这里采用默认安装目录，因此直接单击“确定”按钮即可。

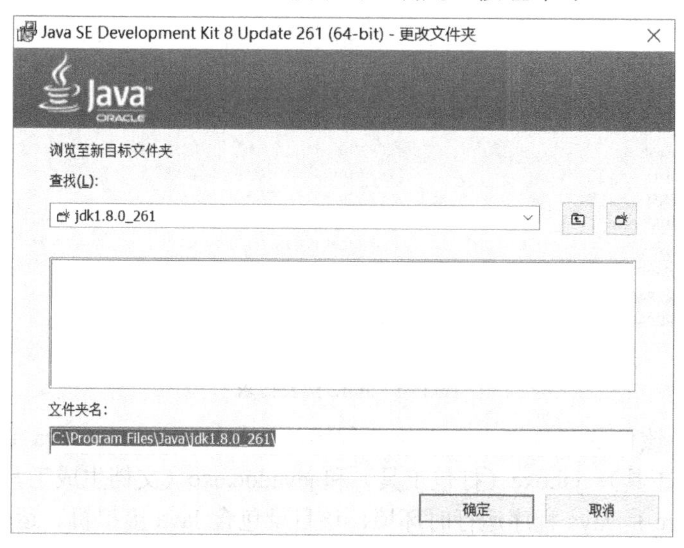

图 1-4　更改 JDK 的安装目录

3）单击图 1-3 中的“下一步”按钮即开始安装 JDK。安装完毕后会进入安装完成界面，如图 1-5 所示。

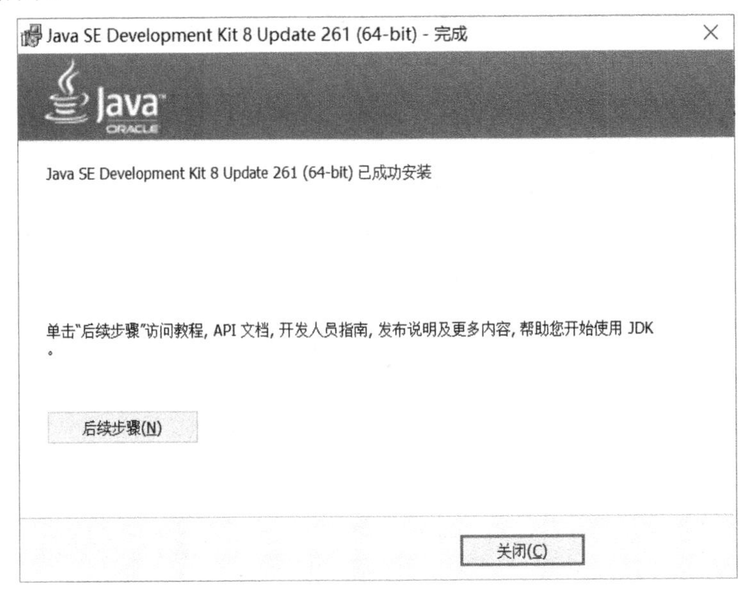

图 1-5　完成 JDK 安装

1.1.3　JDK 目录介绍

JDK 安装完成后，会形成 JDK 的安装目录，如图 1-6 所示。为了更好地学习 JDK，必须先对 JDK 安装目录下的各个子目录有所了解，接下来分别对 JDK 安装目录下的部分子目录进行介绍。

↑ > 此电脑 > OS (C:) > Program Files > Java > jdk1.8.0_261 >

名称	修改日期	类型	大小
bin	2020/10/6 11:04	文件夹	
include	2020/10/6 11:04	文件夹	
jre	2020/10/6 11:04	文件夹	
legal	2020/10/6 11:04	文件夹	
lib	2020/10/6 11:04	文件夹	
COPYRIGHT	2020/6/18 7:39	文件	4 KB
javafx-src.zip	2020/10/6 11:04	压缩(zipped)文件夹	5,097 KB
jmc.txt	2020/10/6 11:04	文本文档	1 KB
LICENSE	2020/10/6 11:04	文件	1 KB
README.html	2020/10/6 11:04	Chrome HTML Doc...	1 KB
release	2020/10/6 11:04	文件	1 KB
src.zip	2020/6/18 7:39	压缩(zipped)文件夹	20,655 KB
THIRDPARTYLICENSEREADME.txt	2020/10/6 11:04	文本文档	1 KB
THIRDPARTYLICENSEREADME-JAVAFX.txt	2020/10/6 11:04	文本文档	1 KB

图 1-6　JDK 安装目录

- bin 目录：该目录存放了一些可执行程序，比如 javac.exe（Java 编译器）、java.exe（Java 运行工具）、jar.exe（打包工具）和 javadoc.exe（文档生成工具）。
- jre 目录：jre 是 Java 程序运行时环境，该目录包含 Java 虚拟机、运行时的类包、Java 应用启动器及一个 bin 目录，但不包含开发工具。

- include 目录：由于 JDK 是通过 C 和 C++实现的，因此在启动时需要引入一些 C 语言的头文件，该目录就是用于存放这些头文件的。
- lib 目录：lib 是 library 的缩写，是开发工具使用的归档包文件。

bin 目录中有很多可执行程序，其中最重要的就是 javac.exe 和 java.exe，接下来对这两个可执行程序进行详细的讲解。

- javac.exe 是 Java 编译器，它可以将编写好的 Java 文件编译成 Java 字节码文件（可执行的 Java 程序）。Java 源文件的扩展名为.java，编译后的 Java 字节码文件的扩展名为.class。
- java.exe 是 Java 运行工具，它会启动一个 Java 虚拟机（JVM）进程。Java 虚拟机负责运行由 Java 编译器生成的字节码文件（.class 文件）。

图 1-7 展示了 Java 程序的执行过程。

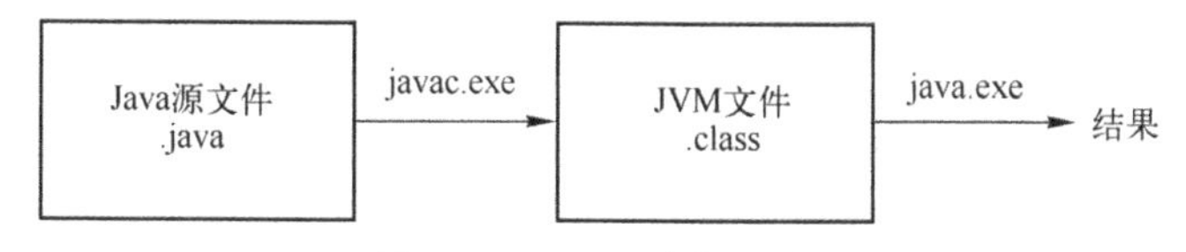

图 1-7　Java 程序执行过程

任务实施

按照本书第 1.1.2 节所介绍的方法安装 JDK。

任务演练

【任务描述】

熟练掌握常用 cmd 指令。命令提示符是在操作系统中提示进行命令输入的一种工作提示符。在不同的操作系统环境下，命令提示符各不相同。在 Windows 环境下，命令行程序为 cmd.exe。它是一个 32 位的命令行程序，类似微软的 DOS 操作系统。

【任务目的】

直到今天的 Windows 系统，还是离不开 DOS 命令的操作，大多数程序员也都擅长在 DOS 系统下的操作。所以，新手在学习编程时一定要掌握一些常用 cmd 命令。

【任务内容】

操作步骤如下。

1）运行操作 CMD 命令：在“开始”菜单中选择“运行”命令，输入“cmd”或“command”（在命令行中可以看到系统版本、文件系统版本）。

2）进入计算机的 D 盘：输入“D:”，按〈Enter〉键。

3）列出 D 盘中的目录：输入“dir”，按〈Enter〉键。

4）在 D 盘中新建文件夹，命名为“test”：输入“md test”，按〈Enter〉键后，即在 D 盘中新建名为“test”的空白文件夹。

5）进入 test 文件夹，新建一个文本文件，命名为“123”，并在文本文件中输入文字“Java 程序设计”：输入“cd test”，按〈Enter〉键，进入 test 文件夹；输入“copy con 123.txt”，按〈Enter〉键，继续输入“Java 程序设计”；按〈Ctrl+Z〉组合键，按〈Enter〉键后 test 文件夹下就会生成一个文本文件“123.txt”。

6）删除文件：输入“del 123.txt”，按〈Enter〉键后，123.txt 文本文件就会被删除掉。

任务 1.2　一个最简单的 Java 应用程序

1-2　配置系统环境变量

编写一个 Java 程序，使之能够在屏幕上输出“Hello，Java！”。

知识储备

1.2.1　配置系统环境变量

在计算机操作系统中可以定义一系列变量，供操作系统上所有的应用程序使用，这些变量被称作系统环境变量。Java 语言涉及两个系统环境变量 Path 和 CLASSPATH，接下来分别对这两个系统环境变量进行讲解。

1. Path 环境变量

Path 环境变量用于保存一系列的路径，每个路径之间用分号隔开。当在命令行窗口中运行一个可执行文件的时候，操作系统首先会在当前目录下查找该文件，如果不存在，就会继续在 Path 环境变量定义的路径下去寻找这个可执行文件，如果仍然没有找到，系统就会报错。以 Windows 10 为例，设置 Path 环境变量的步骤如下。

1）打开环境变量：在桌面上右击“计算机”图标，在弹出的快捷菜单中选择“属性”命令，打开“系统”窗口，在“系统”窗口的左侧窗格中选择“高级系统设置”选项，打开“系统属性”对话框，单击“环境变量”按钮，如图 1-8 所示。

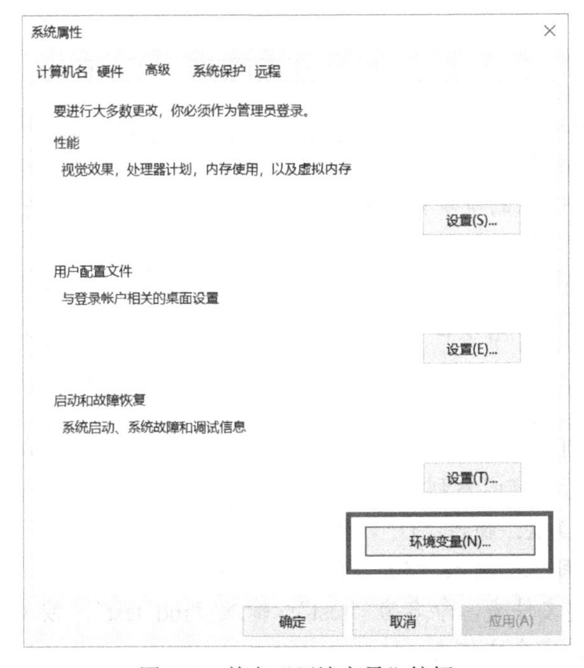

图 1-8　单击“环境变量”按钮

2）新建系统变量 JAVA_HOME：在打开的“环境变量”对话框中，单击“系统变量”下方的“新建”按钮，在“变量名”文本框中输入系统变量名“JAVA_HOME”，在“变量值”文本框中输入 JDK 的安装路径“C:\Program Files\Java\jdk1.8.0_261”，单击“确定”按钮，如图 1-9 所示。

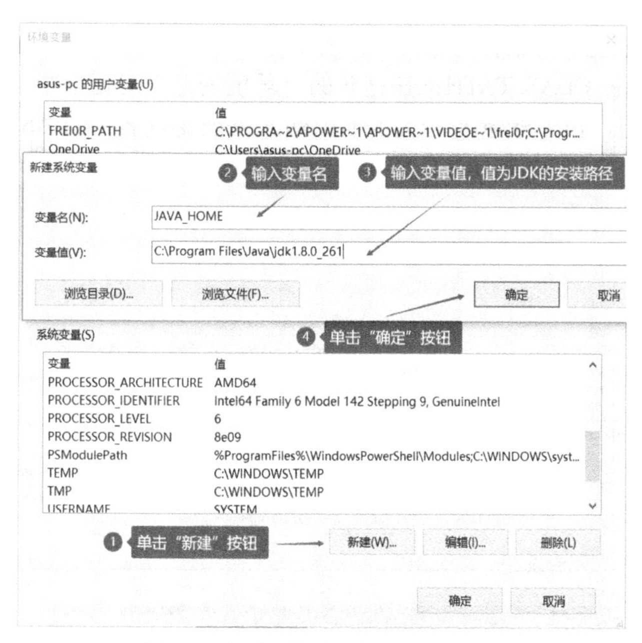

图 1-9　新建系统变量 JAVA_HOME

3）返回“环境变量”对话框，找到系统变量中的 Path 变量，双击 Path 变量后打开“编辑环境变量”对话框，单击“新建”按钮，将安装的 JDK 中 bin 目录的路径复制粘贴到文本框中。由于步骤 2）中已经定义了系统变量“JAVA_HOME”，且值为 JDK 的安装路径，因此只需要在文本框中输入“%JAVA_HOME%\bin”即可，单击“确定”按钮，如图 1-10 所示。

图 1-10　新建 Path 环境变量

2．CLASSPATH 环境变量

CLASSPATH 环境变量也用于保存一系列路径，当 Java 虚拟机需要运行一个类时，会在 CLASSPATH 环境变量所定义的路径下寻找所需要的 class 文件。设置 CLASSPATH 环境变量的步骤如下。

1）打开“环境变量”对话框，如图 1-8 所示。

2）新建系统变量 CLASSPATH：在打开的“环境变量”对话框中，单击“系统变量”下方的“新建”按钮，在“变量名”文本框中输入系统变量名“CLASSPATH”，在“变量值”文本框中输入“.;%JAVA_HOME%\lib\tools.jar;%JAVA_HOME%\lib\dt.jar;”，单击“确定”按钮，如图 1-11 所示。

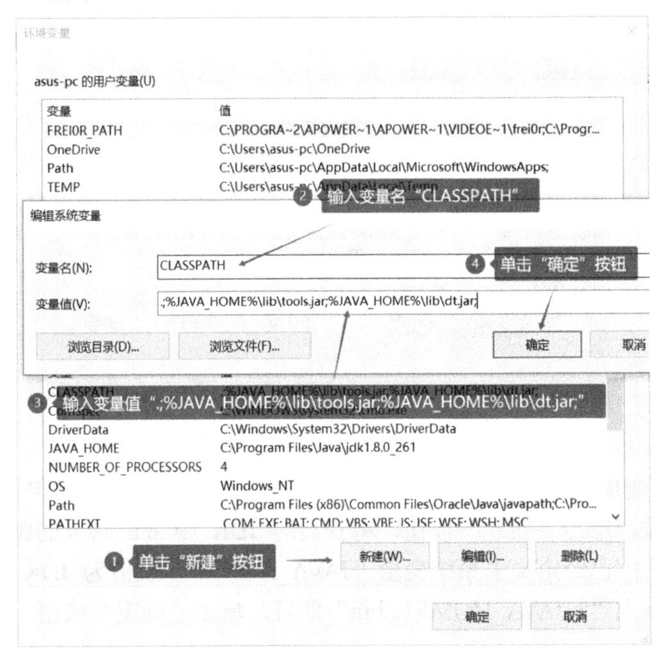

图 1-11　新建系统变量 CLASSPATH

配置环境变量的目的是为了操作系统在任何文件路径下自动找到 javac.exe 和 java.exe 的位置。其中 javac.exe 可以将 java 源文件（.java 文件）编译为 class 字节码文件（.class 文件），java.exe 可以运行 class 字节码文件得到程序运行结果。

1.2.2　Java 程序的基本构成

学过 C 语言就知道，一个 C 程序的执行入口是 main 函数，由于 Java 具有面向对象的特征，不能直接定义 main 函数，而是以包含在类中的 main 方法作为程序的入口，该方法如下所示。

```
public static void main(String[] args);
```

public static void main(String[] args);是 java 程序的入口地址，Java 虚拟机运行程序的时候首先找的就是 main 方法。其中：

- public 表示程序的访问权限是公共的，即任何的场合均可以被引用。
- static 表示方法是静态的，不依赖类的对象。
- void 表示无返回值。
- main 函数中的参数 String[] args 是一个字符串数组，是接收来自程序执行时传入数据的参数。
- 定义一个类的最简单格式如下所示。

```
class 类名{
    类体
}
```

1-3　最简单的 Java 应用程序

任务实施

方法一：在配置好环境变量后，用记事本编写这个程序。

1）在 D 盘新建一个文件夹 test，在 test 目录下用记事本编写如下代码，保存为 test.java，如图 1-12 所示。

test.java - 记事本

文件(F)　编辑(E)　格式(O)　查看(V)　帮助(H)

```
class Demo{
        public static void main(String[] args){
                System.out.println("我会写Java程序了！");
        }
}
```

图 1-12　用记事本编写 Java 程序

2）打开命令行窗口，输入“d:”，按〈Enter〉键进入 D 盘；输入“cd test”，按〈Enter〉键进入“test”目录；输入“javac test.java”，按〈Enter〉键，这时在 test 目录下面会新建一个 class 文件，再输入“java Demo”，按〈Enter〉键，这时命令行窗口中就能输出一句话：“我会写 Java 程序了！”，如图 1-13 所示。

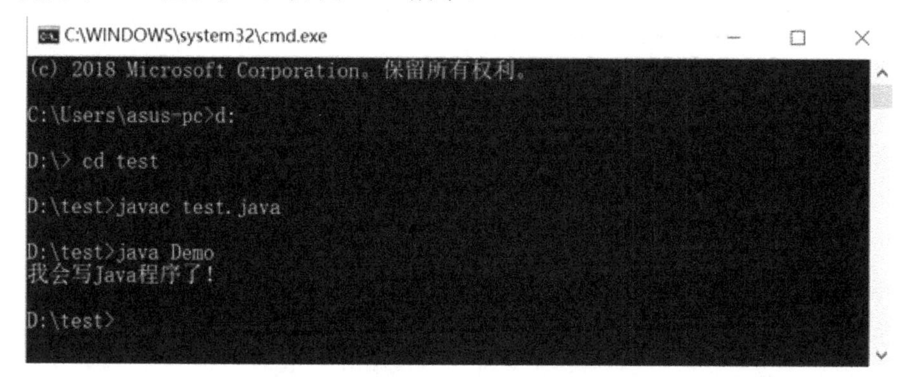

图 1-13　任务 1.2 方法一程序运行结果

采用记事本编写 Java 程序步骤太烦琐，可以使用一些开发工具，比如 Eclipse。Eclipse 是一个开放源代码的、基于 Java 的可扩展开发平台，下载网址为https://www.eclipse.org/downloads/。安装了 JDK 之后，下载 Eclipse，Eclipse 无须安装，可以直接使用。在接下来的任务实施方法二中，会使用开发工具 Eclipse 来完成。

方法二：使用 Eclipse 完成任务 1.2。

1）打开 Eclipse，选择“File”→“New”→“Java Project”菜单命令，创建工程，如图 1-14 所示。在打开的“New Java Project”对话框的“Project name”文本框中输入“hellojava”，单击“Finish”按钮，如图 1-15 所示。

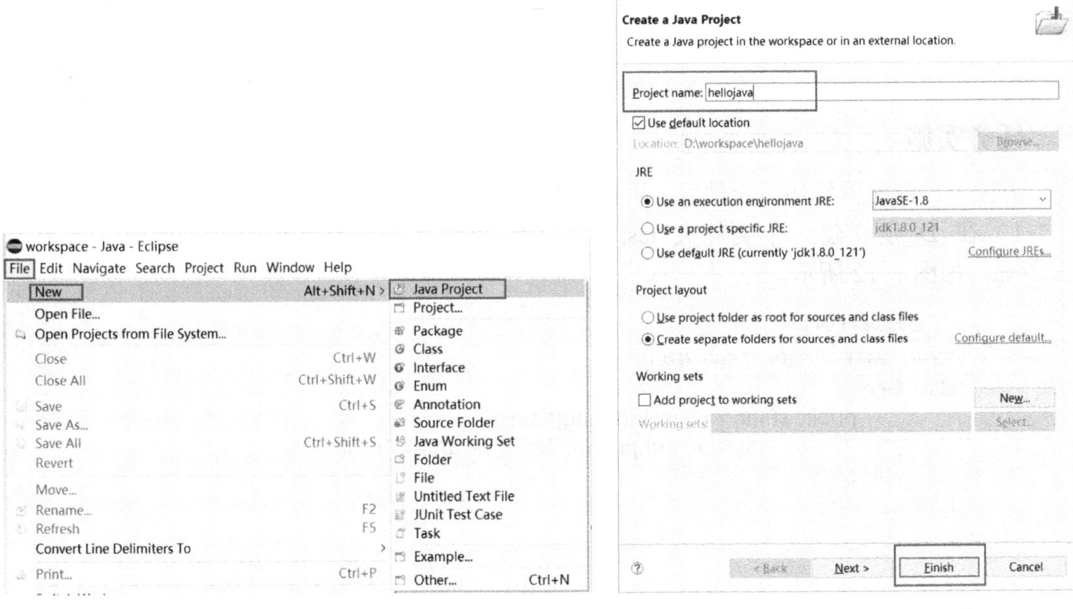

图 1-14　选择“Java Project”命令　　　　图 1-15　创建 hellojava 工程

2）右击新建的项目“hellojava”，在弹出的快捷菜单中选择“New”→“Class”命令，如图 1-16 所示。在打开的“New Java Class”对话框的“Name”文本框中输入“HelloJava”，勾选“public static void main(String[] args)”复选框，单击“Finish”按钮，如图 1-17 所示。

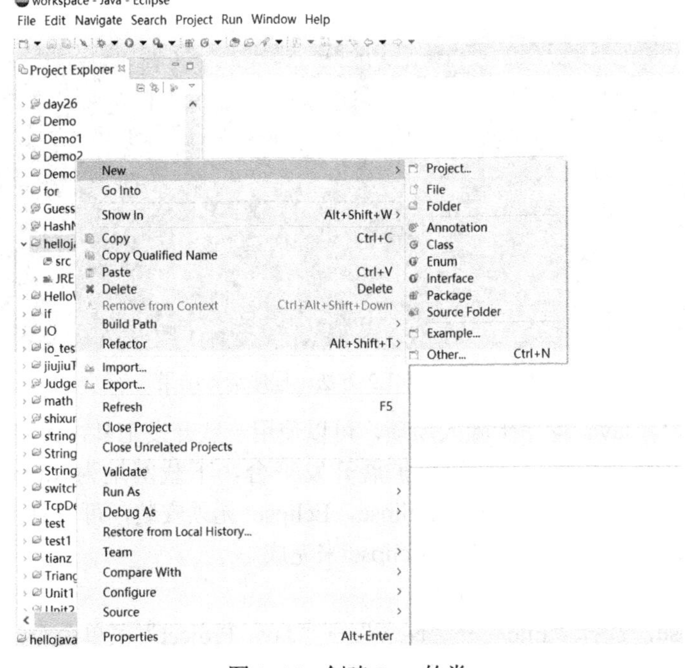

图 1-16　创建 Java 的类

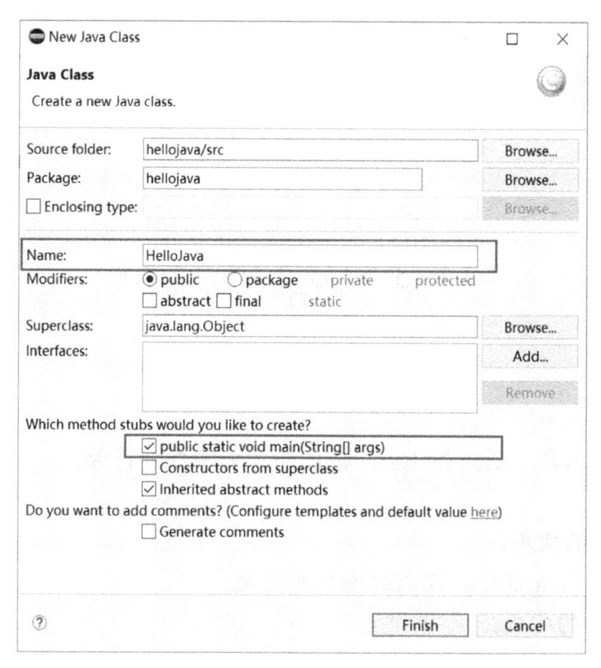

图 1-17　创建 Java 的类 HelloJava

3）在代码区中输入如下代码，按〈Ctrl+S〉组合键保存。在代码页面空白处右击，在弹出的快捷菜单中选择“Run As”→“1 Java Application”命令，如图 1-18 所示。或者单击 Eclipse 上方菜单栏的 ◎ 图标运行程序。程序运行结果如图 1-19 所示。

```
public class HelloJava {                          //声明类
    public static void main(String[] args){       //main 方法
        System.out.println("Hello ,Java!");        //输出"Hello, Java! "
    }
}
```

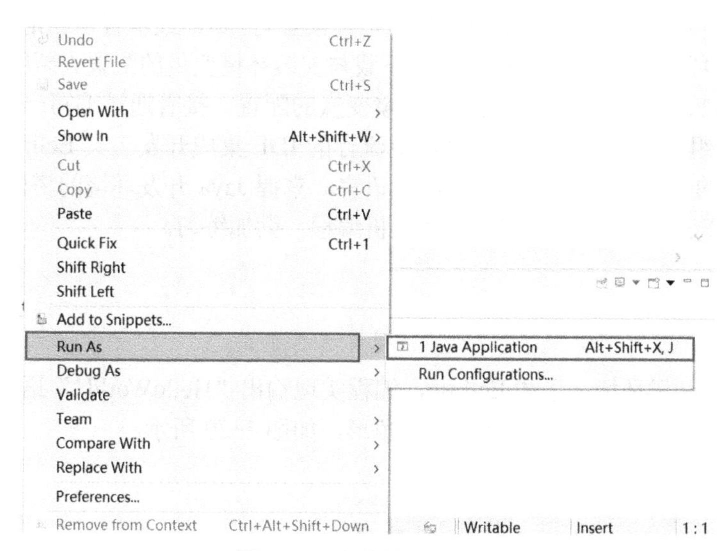

图 1-18　程序的运行方法

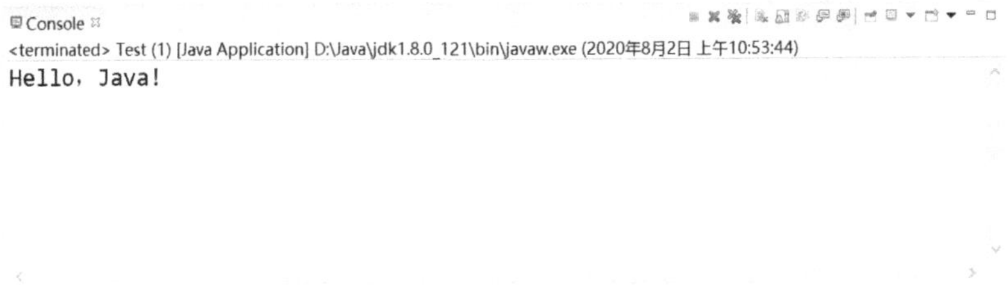

Console
<terminated> Test (1) [Java Application] D:\Java\jdk1.8.0_121\bin\javaw.exe (2020年8月2日 上午10:53:44)
Hello，Java!

图 1-19　任务 1.2 方法二程序运行结果

任务演练

【任务描述】

使用 Eclipse 开发工具，创建类 Test，输出任意文字或者符号。

【任务目的】

1）掌握开发工具的使用。

2）编写最简单的 Java 程序，提高对编程的兴趣。

3）掌握 Java 程序的构成。

【任务内容】

操作步骤如下。

1）启动 Eclipse，创建 Java 项目，项目名称设为“项目实训 1_1”。

2）创建类 Test，在 main 方法中使用 Java 的输出语句输出任意文字和符号。

3）在代码页面空白处右击，在弹出的快捷菜单中选择“Run As”→“Java Application”命令，运行程序，并观察结果。

单元小结

本单元首先介绍了 Java 语言的背景知识，使读者对 Java 技术有了一定的了解。随后，介绍了 Java 开发环境的搭建，包括 JDK 的下载与安装环境变量的配置。新版本的 JDK 安装好之后可以直接使用，但是依然需要掌握环境变量的配置。接着通过编写一个简单的程序了解了 Java 程序的组成。最后，介绍了目前最流行的 IDE 集成开发工具 Eclipse 的使用。

通过本单元的学习，读者需要了解 Java 语言，掌握 Java 开发环境的搭建，掌握 Java 程序的组成，掌握 Eclipse 工具的使用，多多上机编程，勤加练习。

习题

1．搭建 Java 开发环境，下载 Eclipse，编程实现输出“HelloWorld！”语句。

2．编程实现输出如下由“*”组成的三角形，如图 1-20 所示。

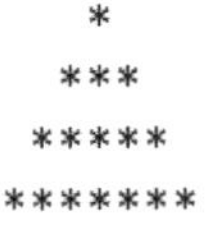

图 1-20　题 2 图

单元 2　Java 语法基础

学习目标

【知识目标】

- 了解标识符与命名规范。
- 掌握常量与变量。
- 掌握数据类型。
- 掌握控制语句。

【能力目标】

- 能够掌握 Java 基本语法知识。
- 能够熟练运用控制语句编写 Java 程序。

任务 2.1　语法基础

编写一个程序，给定一个具体的华氏温度值，计算其摄氏温度值并输出。计算公式为：$C=(5\div 9)\times(F-32)$，其中 F 为华氏温度值，C 为摄氏温度值。

2-1　语法基础

知识储备

2.1.1　标识符与命名规范

在 Java 中，标识符用来给程序中的包、常量、变量、方法、类和接口命名。标识符的命名规范如下。

- 标识符由英文字母 A～Z、a～z，数字 0～9，下画线_和美元符号$组成。
- 标识符的首字符必须是字母、下画线或$。
- 标识符的命名不能与关键字、布尔值（true、false）和 null 相同。
- 标识符严格区分大小写，没有长度限制。
- 为了使程序具有可读性，标识符命名须符合顾名思义的规则。比如，定义姓名时使用 name，定义年龄时使用 age，一看便知其代表的含义。

【例 2-1】 请从以下标识符中找出错误的标识符，并说明为什么。test 和 Test 是一样的标识符吗？

$test、_test、1test、test1、test、test$、public、null、Test、false、@chongqing

【分析结果】

- 1test 是错误的，因为标识符不能以数字开头。
- public、null、false 是错误的，因为标识符的命名不能与关键字、布尔值（true、false）和 null 相同。

- @chongqing 是错误的，因为标识符只能由字母、数字、下画线和$组成。
- test 和 Test 是不一样的标识符，因为标识符的命名严格区分大小写。

2.1.2 关键字

关键字是事先定义的有特殊含义的单词。Java 的关键字对 Java 的编译器有特殊的意义，和其他编程语言一样，Java 中预留了很多关键字，如 public、void、for、if 等。表 2-1 列举的是 Java 中的部分关键字及其含义。

表 2-1 Java 的部分关键字及其含义

关 键 字	含 义
abstract	表明类或者成员方法具有抽象属性
boolean	基本数据类型之一，声明布尔类型的关键字
break	提前跳出一个块
byte	基本数据类型之一，字节类型
case	用在 switch 语句之中，表示其中的一个分支
char	基本数据类型之一，字符类型
class	声明一个类
continue	回到一个块的开始处
do	用在 do-while 循环结构中
double	基本数据类型之一，双精度浮点数类型
else	用在条件语句中，表明当条件不成立时的分支
float	基本数据类型之一，单精度浮点数类型
for	一种循环结构的引导词
if	条件语句的引导词
long	基本数据类型之一，长整数类型
new	用于创建新实例对象
package	包
private	一种访问控制方式，私用模式
protected	一种访问控制方式，保护模式
public	一种访问控制方式，共用模式
return	从成员方法中返回数据
static	表明具有静态属性
switch	分支语句结构的引导词
void	声明当前成员方法没有返回值
while	用在循环结构中

在本书的后面章节将逐步对 Java 的关键字进行讲解和使用，在此不再赘述。在使用

Java 关键字时，需要注意以下两点。

2-2 注释

- 所有的关键字都是小写的。
- 程序中的标识符不能以关键字命名，否则会出现编译错误。

2.1.3 注释

注释是程序中的非执行部分，是对代码的解释和说明。好的注释可以提高程序的可阅读性，减少软件的维护成本。注释的格式有以下三种。

1. 单行注释

单行注释指的是只能书写在一行的注释，通常情况下用于对代码进行简单说明。以“//”开头，“//”后面的内容都被认定为注释。

单行注释的语法格式如下。

```
//这是单行注释
```

在使用单行注释的时候，需要注意以下两点。

- 单行注释不会被编译。
- “//”不能放到被解释的代码前面，否则这行代码会被注释掉。

2. 多行注释

多行注释用于说明比较复杂的内容，比如复杂的程序逻辑。以“/*”开头，以“*/”结束，它们之间的内容都会被认为是注释。在 Eclipse 中可以使用〈Ctrl+Shift+/〉组合键生成多行注释。

多行注释的语法格式如下。

```
/*
这是
多行注释
*/
```

3. 文档注释

如果想为程序生成一份像官方 API 帮助文档一样的文件，可以在编写代码时使用文档注释。可以使用 JDK 安装目录下 bin 文件中的 javadoc.exe 工具。javadoc 工具可以从程序源代码中抽取类、方法、成员等注释，形成一个和源代码配套的 API 帮助文档。只要程序员在编写程序时以一套特定的标签作注释，在程序编写完成后，通过使用 javadoc 工具就可以同时形成程序的开发文档了。方法：使用命令行在目标文件所在目录输入“javadoc+文件名.java”。

还有另外一种方式生成帮助文档，在 Eclipse 中选择“Project”→“Generate Javadoc”菜单命令，选择想要生成开发文档的项目工程和文档保存的路径，单击“Next”按钮设置一些选项，单击“Finish”按钮完成设置。这样，在相应路径下就会生成帮助文档了。

文档注释的语法格式如下。

```
/**
*这是文档注释
*/
```

在使用文档注释的时候，需要注意以下两点。

- 文档注释以“/**”开头，以“*/”结尾。
- 每个注释包含一些描述性的文本及若干个文档注释标签。文档注释标签一般以“@”

作为前缀。例如：

```
/**
*学生类
*@author cqcet
*@version 3.0
*/
```

Java 中常用的文档注释标签如表 2-2 所示。

表 2-2 Java 中常用的文档注释标签

标 签	含 义
@author	作者名
@parameter	参数及其含义
@return	返回值
@version	版本
@since	最早使用该方法、类、接口的 JDK 版本
@throws	异常类及抛出条件

2.1.4 基本数据类型

2-3 基本数据类型

在 Java 语言中，定义变量前需要声明数据类型，数据类型可分为两大类：基本数据类型和引用数据类型。

1. 基本数据类型

Java 中的 8 种基本数据类型为 byte、short、int、long、float、double、char、boolean，如图 2-1 所示。

基本数据类型
- 数值型
  - 整数类型（byte、short、int、long）
  - 浮点类型（float、double）
- 字符型（char）
- 布尔型（boolean）

图 2-1 Java 的基本数据类型

Java 中各基本数据类型的取值范围如表 2-3 所示。

表 2-3 Java 中各基本数据类型的取值范围

类型	关键字	字节数	位数	表示范围	示例
字节	byte	1	8	-128～ +127	-10
整型	int	4	32	-2147483648～ +2147483647	10
短整型	short	2	16	-32768～ +32767	100
长整型	long	8	64	-263～263-1	10000
字符	char	2	16	0～65535	‘a’
浮点数	float	4	32	-3.40E+38 ～ +3.40E+38	3.4f
双精度浮点数	double	8	64	-1.79E+308 ～ +1.79E+308	-2.4e3D
布尔	boolean	-	-	true,false	true

2．引用数据类型

Java 中的引用数据类型包括类（class）、数组、接口等。

2.1.5 常量与变量

1．常量

常量指在程序运行过程中值固定不变的量。常量不同于常量值，它可以在程序中用符号来代替常量值使用，因此在使用前必须先定义。常量与变量类似，都需要初始化，即在声明常量的同时要赋予一个初始值。常量一旦初始化就不可以被修改。Java 语言使用 final 关键字来定义一个常量。

定义常量的一般格式如下。

```
final 数据类型 常量名[=初值]
```

例如：

```
final int X=10;
```

表示声明了一个值为 10 的常量 X。

Java 常量包括整型常量、浮点数常量、布尔常量、字符常量、字符串常量等。

（1）整型常量

Java 的整型常量值主要有如下 3 种形式。

- 十进制数形式：如 11、-29、0。
- 八进制数形式：Java 中的八进制常数的表示以 0 开头，如 0123 表示十进制数 83，-012 表示十进制数 -10。
- 十六进制数形式：Java 中的十六进制常数的表示以 0x 或 0X 开头，如 0x101 表示十进制数 257，-0x15 表示十进制数 -21。

整型（int）常量默认在内存中占 32 位，是具有整数类型的值，当运算过程中所需值超过 32 位长度时，可以把它表示为长整型（long）数值。长整型类型则要在数字后面加 L 或 l，如 698L，表示一个长整型数，它在内存中占 64 位。

（2）浮点数常量

Java 的浮点数常量值主要有如下两种形式。

- 十进制数形式：由数字和小数点组成，且必须有小数点，如 11.34、-68.0。
- 科学记数法形式：如 1.15e5 或 31&E3，其中 e 或 E 之前必须有数字，且 e 或 E 之后的数字必须为整数。

Java 浮点数常量默认在内存中占 64 位，是具有双精度型（double）的值。如果在需要考虑节省运行时的系统资源，而运算时的数据值取值范围并不大且运算精度要求不太高的情况下，可以把它表示为单精度型（float）的数值。

单精度型数值一般要在该常数后面加 F 或 f，如 98.1f，表示一个 float 型实数。

（3）布尔常量

Java 的布尔型常量只有两个值，即 false（假）和 true（真）。

（4）字符型常量和字符串常量

Java 的字符型常量值是用单引号引起来的一个字符，如 'a'、'A'。双引号用来表示字符串，像"8"、"12345"、"a" 等都表示字符串。一定要注意区分单引号和双引号。

（5）转义字符

Java 允许使用一种特殊形式的字符常量值来表示一些难以用一般字符表示的字符，这种特殊形式的字符是以“\”开头的字符序列，称为转义字符。

表 2-4 列出了 Java 中常用的转义字符及其表示的含义。

表 2-4　Java 中常用的转义字符及其含义

转义字符	含义
\ddd	1～3 位八进制数所表示的字符
\uxxxx	1～4 位十六进制数所表示的字符
\'	单引号字符
\"	双引号字符
\\	单斜杠字符
\r	回车符
\n	换行符
\b	退格符
\t	横向跳格符

2．变量

与常量相对，变量指在程序运行过程中其值可以变化的量。变量必须先定义再使用。

定义变量的一般格式如下。

```
[访问修饰符] 变量类型说明符 变量名[=初值]
```

【参数说明】

- 访问修饰符是可选项，说明变量的访问权限和某些规则。
- 变量类型说明符确定变量的取值范围及对变量所能进行的操作范围。
- 变量名是定义的变量名称，要遵循标识符的命名规则。
- 初值是可选项，变量可以在定义的同时赋值，也可以先定义，再在后续程序中赋初值。

例如，定义一个 int 类型变量 a 并赋初值为 3，代码如下。

```
int a=3;
```

【例 2-2】 使用变量存储数据，实现个人信息的输出。

```
public class Example201 {
    public static void main(String[] args){
        String name="小明";                  //姓名
        int age=20;                          //年龄
        String sex="男";                     //性别
        String favorite="篮球";              //爱好
        System.out.println("姓名是："+name);
        System.out.println("年龄是："+age);
        System.out.println("性别是："+sex);
        System.out.println("爱好是："+favorite);
    }
}
```

```
姓名是：小明
年龄是：20
性别是：男
爱好是：篮球
```

图 2-2　例 2-2 程序运行结果

程序运行结果如图 2-2 所示。

3. 变量的作用范围

变量需要定义之后才可以使用，但是这并不意味着一个变量在定义之后可以在程序中的任意位置使用，变量需要在它的作用范围内使用。在 Java 程序中，变量被定义在一对大括号之中，这对大括号包含的区域就是这个变量的作用范围，如图 2-3 所示。

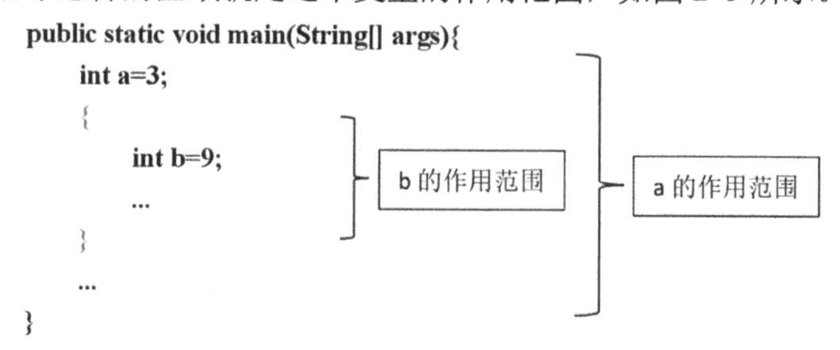

图 2-3 变量的作用范围示例

【例 2-3】 通过一个完整例子进一步掌握变量的作用范围。下面的程序代码有问题吗？

```
public class Example202 {
    public static void main(String[] args){
        int a=3;            //定义了变量a，并赋初值为3
        {
            int b=9;        //定义了变量b，并赋初值为9
            System.out.println("a="+a);      //访问变量a
            System.out.println("b="+b);      //访问变量b
        }
        System.out.println("b="+b);          //访问变量b
    }
}
```

程序运行结果如图 2-4 所示。

```
*Example202.java
 1 public class Example202 {
 2     public static void main(String[] args){
 3         int a=3;        //定义了变量a，并赋初值为3
 4         {
 5             int b=9;    //定义了变量b，并赋初值为9
 6             System.out.println("a="+a);  //访问变量a
 7             System.out.println("b="+b);  //访问变量b
 8         }
 9         System.out.println("b="+b); //访问变量b
10     }
```

图 2-4 例 2-3 程序编译报错

第 9 行代码“System.out.println("b="+b);”有问题，变量 b 不能被解析。原因是该行代码超出了变量 b 的作用范围。可以将该行代码删除。

2.1.6 Java 中的常用运算符

2-4 Java 中常见的运算符

运算符就是告诉程序执行特定运算操作的符号。Java 常用的运算符有：赋值运算符、算术运算符、比较运算符、逻辑运算符、条件运算符等。

1. 赋值运算符

在 Java 中，赋值运算符=不是数学中的“等于”，赋值运算符=用于给变量赋值，并且可以和算术运算符进行结合，组成复合赋值运算符。复合赋值运算符有：+=，-=，*=，%=。

【例 2-4】 赋值运算符应用示例。

```
int x=8;
int y=2;
x=x+y;    //这句代码可以替换为 x+=y
```

首先定义了一个 int 类型的变量 x 并赋值 8，然后定义了一个 int 类型的变量 y 并赋值 2，接着把变量 x 和 y 的和赋值给 x。在 Java 中，推荐使用复合赋值运算符，x+=y 这种写法便于程序编译处理，具有更好的性能。

2. 算术运算符

Java 中的算术运算符是用来进行加减乘除运算的符号，是最简单、最常用的运算符，如表 2-5 所示。

表 2-5 算术运算符及其使用方法

运算符	含义	示例	结果
+	加法运算符	7+2	9
-	减法运算符	7-2	5
*	乘法运算符	7*2	14
/	除法运算符	7/2	3
%	取模（求余数）运算符	7%2	1
++	自增运算符	i=2;j=i++;	i=3;j=2
--	自减运算符	i=2;j=i--;	i=1;j=2

- 对于除法运算，如果两个操作数都是整数，那么结果也取整数部分，舍弃小数部分；如果两个操作数中有一个是浮点数，将进行自动类型转换，结果也是浮点数，将会保留小数部分。
- 对于取模运算，如果两个操作数都是整数，结果也是整数；如果两个操作数中有一个数是浮点数，结果也是浮点数，将会保留小数部分。
- 自增运算符有两种使用方式：i++和++i，它们都相当于 i=i+1；不同的是，i++是先进行表达式运算，i 再加 1，而++i 是 i 先加 1 再进行表达式计算。i--和--i 同理。

【例 2-5】 算术运算符的应用示例。

```
public class Example203 {
    public static void main(String[] args){
        int i=7;
        int j=2;
        double x=7.0;
        System.out.println("7/2="+i/j);
        System.out.println("7.0/2="+x/j);
        System.out.println("7%2="+i%j);
```

```
        System.out.println("7.0%2="+x%j);
        j=++i;
        System.out.println("i="+i+",j="+j);
    }
}
```

```
7/2=3
7.0/2=3.5
7%2=1
7.0%2=1.0
i=8,j=8
```

图 2-5　例 2-5 程序运行结果

程序运行结果如图 2-5 所示。

【例 2-6】 自增自减运算符的应用示例。

```
public class Example204 {
    public static void main(String[] args){
        int a,b,c,d,e,f;
        a=b=c=d=5;
        a++;
        ++b;
        c--;
        --d;
        System.out.println("a="+a+",b="+b+",c="+c+",d="+d);
        e=a++;f=++b;
        System.out.println("a="+a+",b="+b+",e="+e+",f="+f);
    }
}
```

程序运行结果如图 2-6 所示。

```
a=6,b=6,c=4,d=4
a=7,b=7,e=6,f=7
```

图 2-6　例 2-6 程序运行结果

变量 a、b、c 和 d 的值原来都等于 5，当程序执行完 a++;++b;c−−;−−d;这几句代码之后，a、b、c、d 由于自增、自减原因，变为 a=6，b=6，c=4，d=4，这就是运行结果的第 1 行；接着执行 e=a++;，先将 a 的值 6 赋值给 e，然后 a 再加 1，所以 e=6，a=7。再执行 f=++b;，b 先加 1，变为 b=7，然后将 b 的值赋值给 f，因此 f=7。于是，a=7，b=7，e=6，f=7。

3．比较运算符

比较运算符也叫关系运算符，用于对两个数值或者两个变量进行比较，比较的结果是一个布尔类型的值，即 true 或者 false。比较运算符及其用法如表 2-6 所示。

表 2-6　比较运算符及其使用方法

运算符	含义	示例	结果
==	等于	8==9	false
!=	不等于	8!=9	true
<	小于	8<9	true
>	大于	8>9	false
<=	小于等于	8<=9	true
>=	大于等于	8>=9	false

注意：比较运算符==不是赋值运算符=，一定不要搞混淆了。

4．逻辑运算符

逻辑运算符用于对两个布尔类型的操作数进行运算，结果依然是布尔类型。逻辑运算符及其使用方法如表 2-7 所示。

表 2-7　逻辑运算符及其使用方法

<table>
<tr><th>运算符</th><th>含义</th><th>运算规则</th><th>示例</th><th>结果</th></tr>
<tr><td rowspan="4">&</td><td rowspan="4">逻辑与</td><td rowspan="4">两个操作数都为 true，结果才是 true；不论运算符&左边的值是什么，右边的表达式都会进行计算</td><td>true&true</td><td>true</td></tr>
<tr><td>true&false</td><td>false</td></tr>
<tr><td>false&true</td><td>false</td></tr>
<tr><td>false&false</td><td>false</td></tr>
<tr><td rowspan="4">|</td><td rowspan="4">逻辑或</td><td rowspan="4">两个操作数中只要有一个为 true，结果就是 true；不论运算符 | 左边的值是什么，右边的表达式都会进行计算</td><td>true|true</td><td>true</td></tr>
<tr><td>true|false</td><td>true</td></tr>
<tr><td>false|true</td><td>true</td></tr>
<tr><td>false|false</td><td>false</td></tr>
<tr><td rowspan="4">^</td><td rowspan="4">逻辑异或</td><td rowspan="4">若两个操作数相同，结果为 false；若两个操作数不同，结果为 true</td><td>true^true</td><td>false</td></tr>
<tr><td>true^false</td><td>true</td></tr>
<tr><td>false^true</td><td>true</td></tr>
<tr><td>false^false</td><td>false</td></tr>
<tr><td rowspan="2">!</td><td rowspan="2">逻辑非</td><td rowspan="2">若操作数为 true，结果为 false；若操作数为 false，结果为 true</td><td>!true</td><td>false</td></tr>
<tr><td>!false</td><td>true</td></tr>
<tr><td rowspan="4">&&</td><td rowspan="4">短路与</td><td rowspan="4">运算规则同&，不同的是，如果运算符&&左边的值为 false，右边的表达式将不会进行计算，直接得到结果 false</td><td>true&&true</td><td>true</td></tr>
<tr><td>true&&false</td><td>false</td></tr>
<tr><td>false&&true</td><td>false</td></tr>
<tr><td>false&&false</td><td>false</td></tr>
<tr><td rowspan="4">||</td><td rowspan="4">短路或</td><td rowspan="4">运算规则同 |，不同的是，如果运算符 || 左边的值为 true，右边的表达式将不会进行计算</td><td>true||true</td><td>true</td></tr>
<tr><td>true||false</td><td>true</td></tr>
<tr><td>false||true</td><td>true</td></tr>
<tr><td>false||false</td><td>false</td></tr>
</table>

【例 2-7】 通过以下案例掌握运算符&和运算符&&的不同之处。运算符 | 和运算符 || 同理。

```
public class Example205 {
    public static void main(String[] args){
        int a=0,b=0,c=0;              //定义整型变量 a、b、c 并赋初值为 0
        boolean x,y;                  //定义布尔类型变量 x，y
        x=a>0 & b++>1;                //逻辑与运算
        System.out.println(x);
        System.out.println("b="+b);
        y=a>0 && c++>1;               //短路与运算
        System.out.println(y);
        System.out.println("c="+c);
    }
}
```

程序运行结果如图 2-7 所示。

```
false
b=1
false
c=0
```

图 2-7　例 2-7 程序运行结果

程序中 a，b，c 的初值为 0，执行 x=a>0 & b++>1; 与运算的规则是：两个操作数都为 true，结果才是 true；不论运算符&左边的值是什么，右边的表达式都会进行计算。a>0 为 false，b++>1 为 false，因此 x 的值为 false，此时 b=1。

执行 y=a>0 && c++>1;短路与运算的运算规则同逻辑与运算，不同的是，如果运算符&&左边的值为 false，右边的表达式将不会进行计算。a>0 为 false，所以 y 的值为 false，不会计算 c++>1 这个表达式，因此 c 没有进行自增运算，c 的值依然为 0。

5. 条件运算符

条件运算符是 Java 中唯一需要 3 个操作数的运算符，因此，又称为三目运算符。条件运算符的语法格式如下。

```
条件表达式？ 表达式 1：表达式 2；
```

首先判断条件表达式是否成立，如果成立，执行表达式 1；如果条件表达式不成立，执行表达式 2。

【例 2-8】 使用条件运算符求 3 个数中的最小数。

```
public class Example206 {
    public static void main(String[] args){
        int a=34,b=12,c=61;
        int min;
        min=a<b?(a<c?a:c):(b<c?b:c);
        System.out.println("min="+min);
    }
}
```

```
min=12
```

图 2-8 例 2-8 程序运行结果

程序运行结果如图 2-8 所示。

在数学中，在完成既有加减又有乘除的混合四则运算时，要遵循“先乘除后加减”的运算规则。Java 程序也一样，在对一些比较复杂的表达式进行计算的时候，要明确表达式中运算符的运算顺序，可以把这种顺序称作运算符的优先级。运算符的优先级如表 2-8 所示。

表 2-8 运算符优先级

优先级	运算符
1	. () []
2	+(正) -(负) ++ -- ~ !
3	* / %
4	+(加) -(减)
5	<< >>(无符号右移) >>>(有符号右移)
6	< <= > >= instanceof
7	== !=
8	&
9	|
10	^
11	&&
12	||
13	?:
14	= *= /= %= += -= &= ^= |=

- 一般来说，优先级按由高到低的顺序为算术运算符>比较运算符>逻辑运算符。
- 在实际应用中，如果不确定运算符的优先级，可以使用括号运算符（）来控制运算顺序。（）的优先级别最高。

2.1.7 数据类型转换

2-5 数据类型转换

在程序中，当需要把一种数据类型的值赋给另外一种数据类型的变量的时候，需要用到数据类型转换。数据类型转换分为两种：自动类型转换和强制类型转换。

1. 自动类型转换

自动类型转换也叫作隐式类型转换。当不同类型的常量和变量在表达式中混合使用时，它们最终将自动被转换为同一类型。要实现自动类型转换，必须满足两个条件，一是两种数据类型彼此兼容，二是目标类型的取值范围要大于源类型的取值范围。自动类型转换规则如下所示。

- （byte、short）和 int 进行加减乘除等运算得到 int。
- （byte、short、int）和 long 进行加减乘除等运算得到 long。
- （byte、short、int、long）和 float 进行加减乘除等运算得到 float。
- （byte、short、int、long、float）和 double 进行加减乘除等运算得到 double。
- char 和 int 进行加减乘除等运算得到 int。

【例 2-9】 分析以下代码的数据类型转换过程。

```
byte a=3;
int  b=a;
```

在上面的两行代码中，首先定义了 byte 类型的变量 a 并赋值为 3，然后将变量 a 的值赋值给了 int 类型的变量 b。这里能够实现两种不同数据类型变量的赋值运算，是因为 int 类型的取值范围要比 byte 类型的取值范围大，编译器能够自动完成这种数据类型的转换，所以不会报错。该自动类型转换过程如图 2-9 所示。

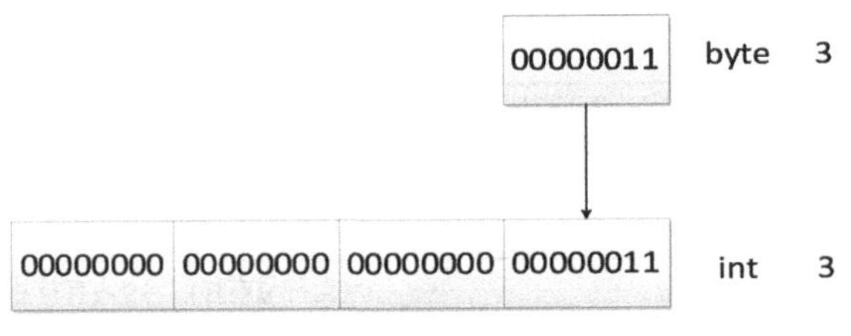

图 2-9 自动类型转换

2. 强制类型转换

强制类型转换也称作隐式类型转换，跟自动类型转换不同的是，强制类型转换需要进行显式的声明。当两种类型不兼容或者目标类型取值范围小于源类型取值范围额的时候，就不能进行自动类型转换，这时需要进行强制类型转换。在 Java 中，使用一对小括号表示进行强制类型转换。

【例 2-10】 找出下面代码中错误的地方并更正。

```
int num=259;
byte b=num;
short s=num;
```

【分析结果】第一行代码正确，定义了一个 int 型变量 num 并赋值为 259。第二行代码错误，将 int 类型变量 num 的值赋值给 byte 类型变量 b，由于目标类型 byte 的取值范围小于原类型 int，因此必须进行强制类型转换。同理，第三行代码错误，因为必须进行强制类型转换。可以修改为以下样式。

```
int num=259;
byte b=(byte)num;        //强制类型转换
short s=(short)num;      //强制类型转换
```

"byte b=(byte)num;"语句的强制类型转换过程如图 2-10 所示。

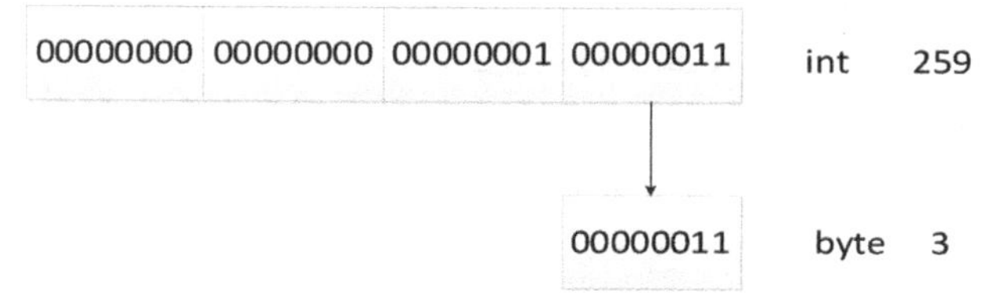

图 2-10　强制类型转换

从图 2-10 可以看出，在进行强制类型转换的时候可能会丢失数据。请读者自行绘制"short s=(short)num;"这行代码的强制类型转换示意图。

任务实施

通过储备知识的学习，可以很轻松地实现任务 2.1，源代码如下。

```
public class Task201 {
    public static void main(String[] args){
        int f=200;  //定义一个变量保存华氏温度值，并给它赋初值 200
        int c;      //定义一个变量保存转换后的摄氏温度值
        c=(int)((5.0/9)*(f-32));    //强制类型转换
        System.out.println("摄氏温度="+c);
    }
}
```

程序运行结果如图 2-11 所示。

摄氏温度=93

图 2-11　任务 2.1 程序运行结果

任务演练

【任务描述】

编程创建 Test 类，声明不同数据类型的变量并输出，在合适的位置使用代码注释。

【任务目的】

1）了解 Java 的数据类型。

2）掌握各种变量的声明方式。

3）掌握标识符的命名规则。

4）掌握代码的注释。

【任务内容】

创建 Test 类，声明以下变量，然后使用输出语句进行输出。

```
byte b=0x55;
short s=0x55ff;
int i=1000000;
long l=0xffffL;
char c='a';
```

```
float f=0.23F;
double d=0.7E-3;
boolean B=true;
String S="这是字符串类数据类型";
```

操作步骤如下。

1）启动 Eclipse，创建 Java 项目，项目名称设为“项目实训 2_1”。

2）创建类 Test，在类体中定义上方的变量。

3）用输出语句进行输出。

在代码页面上右击，在弹出的快捷菜单中选择“Run As”→“Java Application”命令，运行程序，并观察结果。

任务 2.2　选择语句

语句是程序设计最基本的单位，前面给出的例子都是顺序执行的，是否能够改变程序执行的顺序呢？请看这个问题：给出一个年份，判断这个年份是否是闰年。

2-6　if 语句

知识储备

2.2.1　if 语句

1. if 语句

一条 if 语句包含一个布尔表达式和一条或多条语句，语法格式如下所示。

```
if(布尔表达式)
{
    语句块 1;//布尔表达式为 true 时执行的语句
}
```

【参数说明】

- 如果语句块 1 只有一条语句，可以省略大括号；如果语句块 1 有多条语句，那么就不可以省略大括号。但为了增强程序的可读性，最好不要省略。后面介绍的其他 if 语句同理。
- 如果布尔表达式的值为 true，则执行 if 语句中的代码块，否则执行 if 语句后面的代码块。

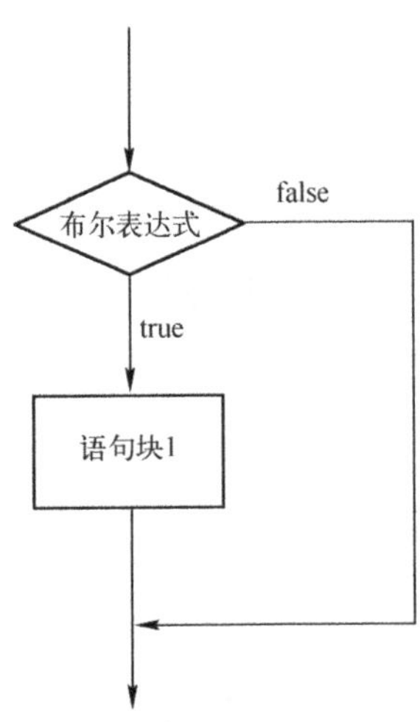

图 2-12　if 语句流程图

if 语句的流程图如图 2-12 所示。

【例 2-11】 if 语句的应用示例。

```
public class Example207 {
    public static void main(String[] args){
        int x=32;//声明 int 型变量 x，并赋初值
        int y=50;//声明 int 型变量 y，并赋初值
        if(x>y){ //如果 x>y
            System.out.println("变量 x 大于变量 y");//如果 x>y 条件成立，输出的信息
        }
        if(x<y){//如果 x<y
```

```
                System.out.println("变量x小于变量y");//如果x<y条件成立，输出的信息
            }
        }
    }
```

变量x小于变量y

图 2-13　例 2-11 程序运行结果

程序运行结果如图 2-13 所示。

2．if-else 语句

当程序中含有分支选择时，需要使用 if-else 语句，语法格式如下。

```
if(布尔表达式)
    语句块 1; //如果布尔表达式的值为 true，则执行语句块 1
else
    语句块 2;//如果布尔表达式的值为 false，则执行语句块 2
```

【参数说明】

- else 必须与 if 成对出现。
- 语句块 1 和语句块 2 可以是单条语句，也可以是复合语句。
- 该部分程序的执行过程为：若布尔表达式的值为 true，则执行语句块 1，否则执行语句块 2。

If-else 语句的流程图如图 2-14 所示。

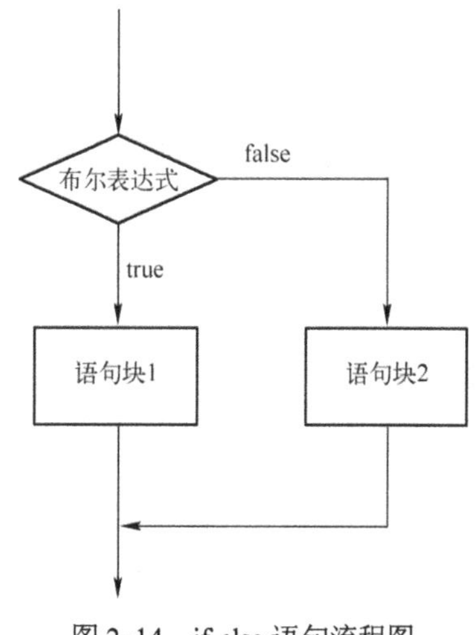

图 2-14　if-else 语句流程图

【例 2-12】 if-else 语句的应用示例。

```
public class Example208 {
    public static void main(String[] args){
        int math=55;              //数学成绩
        int chinese=87;           //语文成绩
        if(math>60){              //条件判断
           System.out.println("数学及格了！");
        }else{
           System.out.println("数学不及格！");
        }
        if(chinese>60){           //条件判断
           System.out.println("语文及格了！");
        }else{
           System.out.println("语文不及格！");
        }
    }
}
```

数学不及格！
语文及格了！

图 2-15　例 2-12 程序运行结果

程序运行结果如图 2-15 所示。

3．嵌套 if 语句

现实问题比较复杂，单个的 if-else 语句可能不能解决问题，因此 Java 语言提供了 if 语句的嵌套功能，即一个 if 语句中还能有一个 if 语句。

语法格式如下。

```
if(布尔表达式 1)
    语句块 1;
else if(布尔表达式 2)
    语句块 2;
else if(布尔表达式 3)
```

```
    语句块 3;
…
else 语句块 n;
```

嵌套 if 语句的流程图如图 2-16 所示。

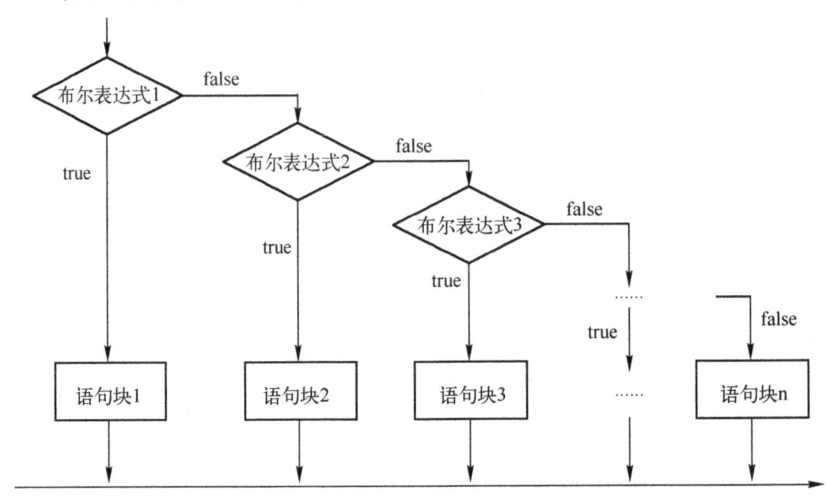

图 2-16　嵌套 if 语句流程图

【例 2-13】 if-else 语句嵌套的应用示例。

```
public class Example209 {
    public static void main(String[] args){
        int x=30;
        if(x>40){//条件判断
            System.out.println("x 的值大于 40");
        }else if(x>20){//条件判断
            System.out.println("x 的值大于 20，小于 40");
        }else if(x>0){//条件判断
            System.out.println("x 的值大于 0，小于 20");
        }else{//条件判断
            System.out.println("x 的值小于 0");
        }
    }
}
```

x的值大于20，小于40

图 2-17　例 2-13 程序运行结果

程序运行结果如图 2-17 所示。

2.2.2　switch 语句

2-7　switch 语句

if-else 语句只能有两个分支，而 switch 语句可以有多个分支。Switch-case 语句判断一个变量与一系列值中某个值是否相等，每个值称为一个分支，因此又称为多分支选择语句。在要处理多种分支情况时，switch 语句可以简化程序，使程序结构清楚明了，可读性强。switch 语句的一般格式如下所示。

```
switch(表达式){
    case 值 1:语句块 1;break;
    case 值 2:语句块 2;break;
    ...
```

```
    case 值 n:语句块 n;break;
    [default:默认语句;]
}
```

【参数说明】

- switch 语句在运行时首先计算 switch 后面圆括号中“表达式”的值，这个值可以是整型、字符型或 String 类型。
- 各个 case 子句中的常量值的类型应与 switch 后面圆括号中“表达式”的值类型一致。
- 各 case 子句中的常量值具有唯一性，不允许重复。
- 语句块可以是单条语句，也可以是复合语句，复合语句不必用大括号括起来。
- default 默认语句是可选的，可以省略。当表达式的值与 case 子句中常量的值都不匹配时，执行 default 默认语句。

switch 语句的执行过程为：将表达式的值与各个 case 子句中的常量值进行比较，如果相等，则执行该 case 子句后面的语句块，执行完毕后，执行 break 语句，跳出 switch 语句；如果没有与表达式的值相等的 case 常量值，则执行 default 默认语句；如果没有 default 默认语句，则直接跳出 switch 语句，不进行任何操作。switch-case 语句流程图如图 2-18 所示。

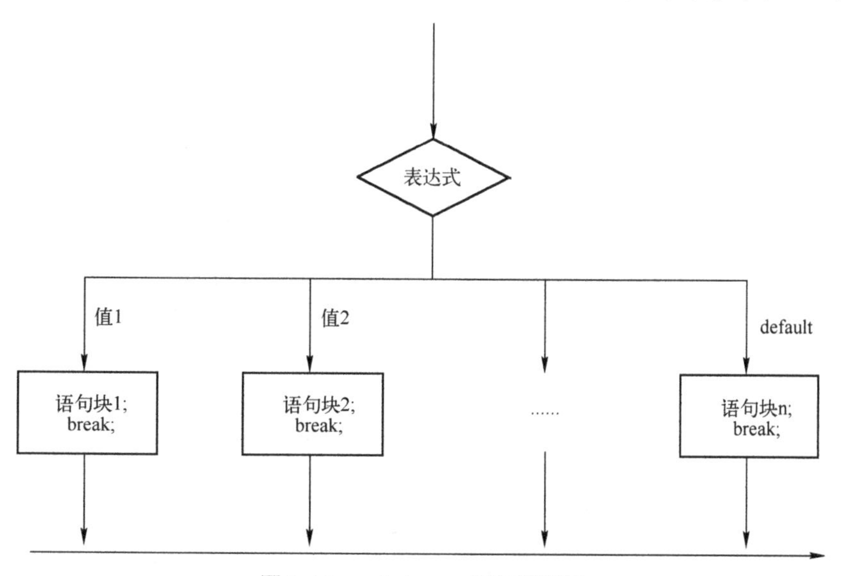

图 2-18　switch-case 语句流程图

【例 2-14】 给定一个表示月份的数字，输出该月份的英文名称。

```
public class Example210 {
    public static void main(String[] args){
        int month=8;            //定义整型 month 变量，赋值八月份
        switch(month){          //括号中表达式的值为 8，数据类型为整型
            case 1:System.out.println("January");break;//case 后的常量值
类型也是整型
            case 2:System.out.println("February");break;
            case 3:System.out.println("March");break;
            case 4:System.out.println("April");break;
            case 5:System.out.println("May");break;
```

```
                case 6:System.out.println("June");break;
                case 7:System.out.println("July");break;
                case 8:System.out.println("August");break;
                case 9:System.out.println("September");break;
                case 10:System.out.println("October");break;
                case 11:System.out.println("November");break;
                case 12:System.out.println("December");break;
                default:System.out.println("Sorry!I don't know!");
            }
        }
    }
```

程序运行结果如图 2-19 所示。

如果代码中第 3 行改为“int month=13;”，将会执行 default 默认语句，程序运行结果如图 2-20 所示。

```
August
```

图 2-19　例 2-14 程序运行结果

```
Sorry!I don't know!
```

图 2-20　例 2-14 程序运行结果（month=13）

【思考】若把 break 语句全部去掉，会发生什么呢？运行结果是什么？

```
    public class Example211 {
        public static void main(String[] args){
            int month=8;            //定义整型 month 变量，赋值八月份
            switch(month){          //括号中表达式的值为 8，数据类型为整型
                case 1:System.out.println("January");//case 后的常量值类型跟
month 一样都是整型
                case 2:System.out.println("February");
                case 3:System.out.println("March");
                case 4:System.out.println("April");
                case 5:System.out.println("May");
                case 6:System.out.println("June");
                case 7:System.out.println("July");
                case 8:System.out.println("August");
                case 9:System.out.println("September");
                case 10:System.out.println("October");
                case 11:System.out.println("November");
                case 12:System.out.println("December");
                default:System.out.println("Sorry!I don't know!");
            }
        }
    }
```

去掉 break 语句后的程序运行结果如图 2-21 所示。

```
August
September
October
November
December
Sorry!I don't know!
```

图 2-21　例 2-14 程序运行结果（去掉 break 语句）

任务实施

通过储备知识的学习，可以知道任务 2.2 有多种可以解决的办法。

用 if-else 语句实现的代码如下所示。

```
    public class Task202_1 {
```

```
    public static void main(String[] args){
        int year=2018;
        if((year%4==0 && year%100!=0)||(year%400==0))//判断闰年成立的条件
            System.out.println(year+"是闰年！");
        else
            System.out.println(year+"不是闰年！");
    }
}
```

用嵌套 if 语句实现的代码如下所示。

```
public class Task202_2 {
    public static void main(String[] args){
        int year=2016;
        boolean leap;
        if(year%4==0){
            if(year%100==0){
                if(year%400==0)
                    leap=true;
                else
                    leap=false;
            }else
                leap=true;
        }else
            leap=false;
        if(leap==true)
            System.out.println(year+"是闰年！");
        else
            System.out.println(year+"不是闰年！");
    }
}
```

用 if-else-if 语句实现的代码如下所示。

```
public class Task202_3 {
    public static void main(String[] args){
        int year=2016;
        boolean leap;
        if(year%4!=0)
            leap=false;
        else if(year%100!=0)
            leap=true;
        else if(year%400!=0)
            leap=false;
        else leap=true;
        if(leap==true)
            System.out.println(year+"是闰年！");
        else
            System.out.println(year+"不是闰年！");
    }
}
```

任务演练

【任务描述】

减肥计划，即输入一个 1～7 的数字，显示对应的减肥活动。

周一：跑步

周二：游泳

周三：慢走

周四：动感单车

周五：拳击

周六：爬山

周日：好好吃一顿

【任务目的】

熟练运用各种选择语句解决简单问题，针对具体的问题挑选合适的选择语句。

【任务内容】

分析题目，判断使用 switch 语句来实现。编程思路如下所示。

- 输入一个数字，用一个变量接收。
- 对该数字进行判断，用 switch 语句实现。
- 在对应的语句控制中输出对应的减肥活动。

具体步骤如下。

1）启动 Eclipse，创建 Java 项目，项目名称设为“项目实训 2_2”。

2）创建类 Test，在类体中定义变量 sc 用来接收输入的表示周几的数字，定义 week 变量用来保存该数字。

3）用 switch-case 语句判断，输出对应的减肥活动。

4）在代码页面上右击，在弹出的快捷菜单中选择“Run As”→“Java Application”命令，运行程序。

任务 2.3　循环语句

请输出 2000—2100 年中所有的闰年。

任务 2.2 给出的实施方法可以判断一个年份是不是闰年，而任务 2.3 需要重复判断是不是闰年，Java 语言中提供了循环语句来解决这个问题。

知识储备

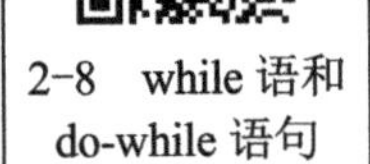

2-8　while 语和 do-while 语句

2.3.1　while 语句

while 语句主要用于循环次数不确定的情况，一般格式如下。

```
while(布尔表达式){
    语句块;      //可以是单条语句，也可以是复合语句
}
```

while 语句的执行过程为：首先计算布尔表达式的值，如果值为 false，则不执行语句块。如果值为 true，则执行语句块，重复这个过程直到表达式的值为 false 才退出循环。while 语句流程图如图 2-22 所示。

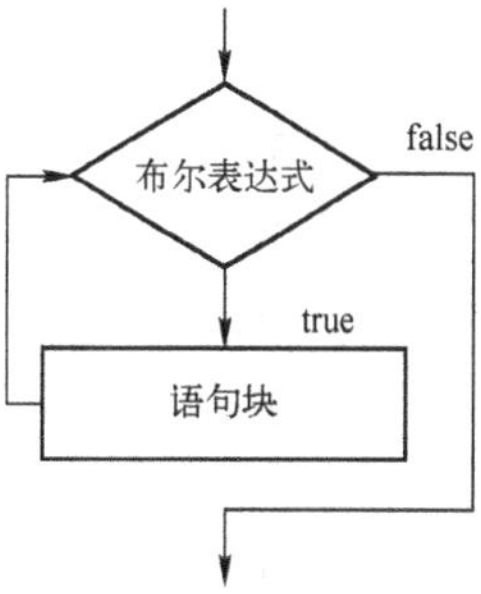

图 2-22　while 语句流程图

【例 2-15】 用 while 语句求 1～100 的和。

```
public class Example212 {
    public static void main(String[] args){
        int x=1;     //定义 int 型变量，并赋初值
        int sum=0;   //定义变量用于保存各数相加后的结果
        while(x<=100){  //while 循环语句，当变量满足条件表达式时执行循环体语句
            sum=sum+x;
            x++;         //当使用了 x 变量后自加 1

        }
        System.out.println("1 到 100 的和为："+sum);
    }
}
```

程序运行结果如图 2-23 所示。

1到100的和为：5050

图 2-23　例 2-15 程序运行结果

2.3.2　do-while 语句

do-while 循环语句的一般格式如下。

```
do{
    语句块;
}while(布尔表达式);
```

【参数说明】

- do-while 语句的执行过程为：先执行语句块，然后计算布尔表达式的值，如果值为 false 则退出循环，值为 true 则继续执行语句块，一直到值为 false 时退出循环。
- do-while 语句和 while 语句的区别是，do-while 语句的语句块至少被执行过一次，而 while 语句中的语句块只有布尔表达式的值为 true 时才被执行。

do-while 语句流程图如图 2-24 所示。

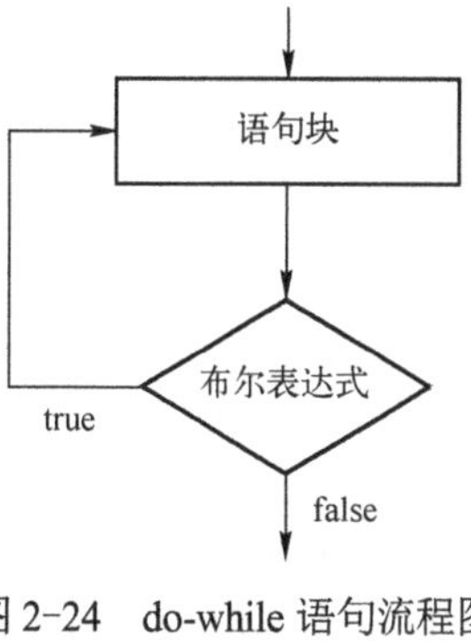

图 2-24　do-while 语句流程图

【例 2-16】 do-while 语句的应用示例。

```
public class Example213 {
    public static void main(String args[]){
        int x = 10;
        do{
          System.out.print("value of x : " + x );
          x++;
          System.out.print("\n");
        }while( x < 13 );    //指定循环条件
    }
}
```

【分析结果】上面 do-while 语句的执行步骤如下所示。

1）定义一个整型变量 x，并赋初值为 10。

2）执行 do 后面大括号内的语句，输出 value of x：10，x 自增 1，变为 11。

3）判断 while 后面的布尔表达式是否成立。x=11，11<13 成立，继续执行大括号内的语句。此时已经完整地执行了一遍 do-while 语句。

```
value of x : 10
value of x : 11
value of x : 12
```

图 2-25　例 2-16 程序运行结果

当 x 自增到 13 的时候，布尔表达式 13<13 不成立，值为 false，退出循环。程序最终输出结果如图 2-25 所示。

在使用 while 语句和 do-while 语句时，如果 while 语句的布尔表达式的值一直为 true，那么将会陷入死循环。

2-9　for 语句

2.3.3　for 语句

for 循环语句的一般格式如下。

```
for(表达式 1;表达式 2;表达式 3){
    语句块;
}
```

for 循环语句的执行过程为：首先执行表达式 1 且仅执行一次，然后开始循环，每一次循环都先计算表达式 2 的值，如果表达式 2 的值为 true，则执行语句块，并且执行表达式 3，重复以上步骤；如果表达式 2 的值为 false，则退出循环。for 语句流程图如图 2-26 所示。

表达式1
表达式2
false
true
语句块
表达式3

图 2-26　for 语句流程图

【例 2-17】 用 for 循环语句计算 1～100 之间整数的和。

```
public class Example214 {
    public static void main(String[] args) {
        int sum=0;  //定义一个变量 sum，赋初值 0，用来保存每次循环后 sum 的值
        for(int i=1;i<=100;i++){           //循环条件
            sum=sum+i;              //循环体
        }
        System.out.println("1 到 100 的和为："+sum);
    }
}
```

在上面代码中，首先定义一个变量 sum 用来保存各数相加的结果，并且赋初值为 0。这里的 for 循环语句是怎么执行的呢？首先执行表达式 i=1 且仅执行一次，将 1 赋值给了 i，接着判断表达式 i<=100。由于这时 i 的值为 1，结果为 true，因此接着执行 sum=sum+i，意思是将 sum 和 i 相加的和赋值给 sum，这时 sum 的值变为了 1。接着执行表达式 i++，i 自增之后从 1 变为 2。继续按照刚刚的步骤循环，直到 i 增加到 101，表达式 i<=100 的值变为 false，退出循环。程序运行结果如图 2-27 所示。

```
1到100的和为：5050
```

图 2-27　例 2-17 程序运行结果

2.3.4 跳转语句

2-10 跳转语句

当程序进行到某一步时，想要结束或者中断这个循环，可以用跳转语句来实现这个功能。这里重点介绍两种跳转语句：break 语句和 continue 语句。

break 语句和 continue 语句都可以用来跳出当前循环，break 语句还可以用在 switch 语句当中。break 语句和 continue 语句两者的主要区别是：break 语句用于结束整个循环语句，不再执行该循环语句或者程序块；而 continue 语句的作用是中断当前的这次循环，还会继续执行后面的循环。简而言之，break 语句跳出循环，continue 语句继续执行下一个循环。下面用具体的案例来说明。

【例 2-18】 break 语句和 continue 语句的应用示例。

```
public class Example215 {
    public static void main(String[] args){
        for(int i=0; i<5; i++){
            if(i == 0){
                break; //跳出循环
            }
            System.out.println(i);
        }
    }
}
```

在上面代码中，for 循环语句当中的 break 语句用来跳出整个循环，因此运行结果不会有任何输出。接下来将 break 语句注释掉，加上 continue 语句，代码如下所示。

```
public class Example215 {
    public static void main(String[] args){
        for(int i=0; i<5; i++){
            if(i == 0){
                // break;
                continue;      //结束本次循环
            }
            System.out.println(i);
        }
    }
}
```

在上面代码中，当 i 的值为 0 时，continue 语句会结束本次循环，因此后面的"System.out.println(i);"将不会执行，而进入到下一次循环，即 i 会自增 1 变为 1，此时 i<5 成立，i==0 不成立，执行"System.out.println(i);"输出 1，重复上述过程直到不满足 for 循环的循环条件时，退出 for 循环。程序运行结果如图 2-28 所示。

```
1
2
3
4
```

图 2-28 例 2-18 程序运行结果（用 continue 语句）

任务实施

通过储备知识的学习，可以知道任务 2.3 有多种可以解决的办法。

用 while 语句实现的代码如下所示。

```
public class Task203_1 {
    public static void main(String[] args){
        int year=2000;
        while(year<=2100){
            if((year%4==0 && year%100!=0)||(year%400==0))//判断是否闰年的条件
                System.out.println(year+"是闰年！");
            else
                System.out.println(year+"不是闰年！");
            year++;
        }
    }
}
```

用 for 语句实现的代码如下所示。

```
public class Task203_2 {
    public static void main(String[] args){
        for(int year=2000;year<=2100;year++){
            if((year%4==0 && year%100!=0)||(year%400==0))//判断是否闰年的条件
                System.out.println(year+"是闰年！");
            else
                System.out.println(year+"不是闰年！");
        }
    }
}
```

用 do-while 语句实现的代码如下所示。

```
public class Task203_3 {
    public static void main(String[] args){
        int year=2000;
        do{
            if((year%4==0 && year%100!=0)||(year%400==0))//判断是否闰年的条件
                System.out.println(year+"是闰年！");
            else
                System.out.println(year+"不是闰年！");
        year++;
        }while(year<=2100);
    }
}
```

任务演练

【任务描述】

用循环语句依次输出 1～100 之间的整数，每 10 个数一行。

【任务目的】

1）熟练掌握 Java 循环语句的用法。

2）掌握 while 循环语句和 for 循环语句的不同之处。

【任务内容】

具体步骤如下。

1）启动 Eclipse，创建 Java 项目，项目名称设为“项目实训 2_3”。

2）创建类 Test。

3）分别用 for 循环语句和 while 循环语句实现输出 1～100 之间的整数。

在代码页面上右击，在弹出的快捷菜单中选择“Run As”→“Java Application”命令，运行程序，并观察结果。

单元小结

本单元学习了 Java 基础知识，包括常量、变量、数据类型、运算符等。然后介绍了选择结构语句（if、switch）、循环结构语句（for、while）的概念和使用。通过本单元的学习，读者能够掌握 Java 的基本语法、变量和运算符的使用，及几种控制语句的使用。本单元内容是 Java 中非常基础且重要的内容，读者一定要反复上机实践。

习题

1．从控制台输入一个大/小写字母，输出这个字母的小/大写字母。（大小写转换）

2．编程输出计算机支持的最大整数值。

3．编程输出浮点类型的最大值与最小值。

4．举例说明基本类型的自动类型转换和强制类型转换。

5．从控制台输入 1 个数，判断它的奇偶性。

6．用 for 循环语句求 1～100 内整数相加的和。

7．求 101～200 之间的素数个数，并输出所有素数。

8．打印出所有水仙花数。

9．利用条件运算符的嵌套实现：考试成绩不低于 90 分时用 A 表示，成绩在 60～89 分之间时用 B 表示，成绩在 60 分以下时用 C 表示。

10．利用递归方法求 12!。

11．判断某个年份是否为闰年。

12．输入两个整数，判断第一个整数是否是第二个整数的倍数。

13．输入一个年份和一个月份，判断该年该月有多少天。（要求分别使用嵌套的 if-else 语句和 switch 语句实现）

14．使用 while 循环求 1～100 以内所有奇数的和。

15．使用 while 循环求式子 2+22+222+2222+22222 的值。

16．请编程验证“角谷猜想”：对任意的自然数，若是奇数，就对它乘以 3 加 1；若是偶数，就对它除以 2；这样得到一个新数，再按上述奇数、偶数的计算规则进行计算，一直进行下去，最终将得到 1。

17．判断并输出 500 以内既能被 3 整除又能被 6 整除的整数。

18．使用 for 循环的嵌套编程输出如图 2-29 所示的图形。

```
     *
    ***
   *****
  *******
 *********
***********
 *********
  *******
   *****
    ***
     *
```

图 2-29　题 18 图

19．输入一行字符，分别统计出其中英文字母、空格、数字和其他字符的个数。

20．如果一个数恰好等于它的因子之和，就称这个数为“完数”。例如 6=1+2+3，编程实现找出 500 以内的所有完数。完数所有的真因子（即除了自身以外的约数）的和（即因子函数），恰好等于它本身。

21．有 1、2、3、4 四个数字，能组成多少个互不相同且无重复数字的三位数？它们都是多少？

22．一个球从 100m 高度自由落下，每次落地后反弹回原高度的一半，再落下，求它在第 n 次落地时，共经过多少米？反弹多高？

23．猴子第一天摘下若干个桃子，吃了一半，还不过瘾，又多吃了一个，第二天早上又将剩下的桃子吃掉一半，再多吃了一个。以后每天早上都吃了前一天剩下的一半多一个。到第 10 天早上想再吃时，只剩下一个桃子。请问猴子第一天共摘了多少个桃子？

24．求 1!+2!+3!+...+20!的值。

25．有五个人坐在一起，第五个人说自己比第四个人大 2 岁，第四个人说自己比第三个人大 2 岁，第三个人又说自己比第二个人大 2 岁，第二个人说自己比第一个人大 2 岁。第一个人是 10 岁。请问第五个人多少岁？

26．输入某年某月某日，判断这一天是这一年的第几天。

27．输入三个整数 x，y，z，请把这三个数按由小到大的顺序输出。

28．有一个分数数列：2/1，3/2，5/3，8/5，13/8，21/13...，求出这个数列的前 20 项之和。

29．请输入字母 M、T、W、F、S（周一到周日英文单词首字母）来判断是星期几，如果第一个字母一样（如 Tuesday 和 Thursday），则继续判断第二个字母。

30．编写一个函数，当输入的 n 为偶数时，求 1/2+1/4+…+1/n 的值，当输入的 n 为奇数时，求 1/1+1/3+...+1/n 的值。

31．不借助第三个变量，实现两个变量值的互换。（提示：用异或运算符）

32．根据如图 2-30 所示的 QQ 等级计算图，用 if-else 语句编写一个程序，实现输入 QQ 等级，输出该等级需要的活跃天数。

等级	等级图标	原来需要的小时数	现需要天数
1		20	5
2		50	12
3		90	21
4		140	32
5		200	45
6		270	60
7		350	77
8		440	96
12		900	192
16		1520	320
32		5600	1152
48		12240	2496

图 2-30　题 32 图

33. 依法纳税是每个公民应尽的义务。新个税法于 2019 年 1 月 1 日正式生效，2019 年 1 月 1 日（含当日）之后发放的年终奖已构成 2019 年收入，应计入 2019 年度综合所得合并纳税，适用新政策（个税起征点为 5000 元）确定的计算方式。按照相应文件规定，计算公式为应纳税额=全年一次性奖金收入×适用税率-速算扣除数。按月换算后的综合所得税率表如表 2-9 所示。编写程序实现：根据输入的年终奖金额，计算并输出纳税金额及实发金额。年终奖为 36 000 元对应的纳税金额是多少？实发多少？年终奖 36 001 元对应的纳税金额是多少？实发多少？

表 2-9　个人所得税税率表（综合所得适用）

级数	月度应纳税所得额	税率/%	速算扣除数/元
1	不超过 3000 元的部分	3	0
2	超过 3000 元不超过 12 000 元的部分	10	210
3	超过 12 000 元不超过 25 000 元的部分	20	1410
4	超过 25 000 元不超过 35 000 元的部分	25	2660
5	超过 35 000 元不超过 55 000 元的部分	30	4410
6	超过 55 000 元不超过 80 000 元的部分	35	7160
7	超过 80 000 元的部分	45	15 160

34. 某商场实行会员折扣制度，即对会员的消费金额进行累加，当超过一定数额时，可以享受如表 2-10 所示的折扣。请编程实现：输入一个购物金额，输出该消费金额可以享受的折扣。

表 2-10　会员折扣制度表

购物金额（元）	折扣
小于 200	不享受折扣
大于等于 200 小于 400	95 折
大于等于 400 小于 600	9 折
大于等于 600 小于 800	85 折
大于等于 800 小于 1000	83 折
大于等于 1000 小于 1200	8 折
大于等于 1200 小于 1400	78 折
大于等于 1400 小于 1600	75 折
大于等于 1600 小于 1800	73 折
大于等于 1800 小于 2000	7 折
大于等于 2000 小于 2200	65 折
大于等于 2200	6 折

35. 输出如图 2-31 所示的空心菱形。

图 2-31　题 35 图

单元3　面向对象基础

学习目标

【知识目标】

- 理解面向对象的基本概念。
- 掌握类的定义及对象的创建。
- 掌握成员变量和成员方法的定义及使用。
- 掌握静态类及静态成员的使用。
- 掌握类的封装性。

【能力目标】

- 能够理解面向对象的封装性、继承性和多态性。
- 能够将常见的事务抽象成类。
- 能够正确定义类及类的成员。
- 能够使用访问修饰符控制封装程度。

3-1　面向对象概述

任务3.1　类和对象

如何描述一本书？

知识储备

3.1.1　面向对象概述

早期的编程语言采用面向过程的思想进行程序设计，面向过程就是针对某一需求，分析出解决问题所需要的步骤，然后用函数把这些步骤一一实现，使用的时候一个一个依次调用就可以了。随着用户需求的不断增加，软件规模越来越大，传统的面向过程开发方式的弊端也逐渐暴露出来，没有办法把一个包含了多个相互关联的过程的复杂系统表述清楚，这时面向对象的思想就应运而生。

面向对象的思想更加符合人的思维模式，最初起源于20世纪60年代中期的仿真程序设计语言Simula。面向对象的思想力图从实际问题出发，把现实世界的实物抽象出所用的数据和操作数据的方法，把一类事物的数据和操作数据的方法封装在一起，形成一个类，再把类实例化，形成对象。

把日常生活中的事物用学习语言描述出来，把事物的描述信息抽象成事物的属性，把事物能够做的事情抽象成事物的行为，把属性和行为封装起来，就是某一类事物。比如，大家经常使用的手机这一事物，用来描述手机的信息一般就是型号、价格、打电话、发信息等，描述手机的型号和价格（名词）就是手机的属性，描述手机动作的打电话和发信息（动词）

就是手机的行为。所有的手机都具有这些属性和行为，可以将这些属性和行为封装起来描述手机类。由此可见，类实质上就是封装某一类事物的属性和行为的载体。某一个具体的手机，比如你手上用的手机，就是手机类抽象出来的一个实例。

面向对象中的类就是对某一类事物的总称，一个手机、一辆汽车和水里游的一条鱼不能称为一个类，具有相同特征和行为的一类事物就是类，对象就是符合某个类定义所产生出来的实例。虽然在现实生活中，大家习惯用类名称呼一个具体的对象，比如说借你的手机打个电话，这个手机虽然是一个类名，但是大家用手机指代的是手机类的一个具体的对象，而不是类，类是抽象的，但是解决实际问题的时候，比如我要用手机给你打个电话，要用手机类的一个对象，也就是一个具体的手机来解决打电话的问题。

3.1.2 面向对象的特点

面向对象的实质就是对现实世界的对象进行建模操作，能够有效地组织和管理一些比较复杂的应用程序的开发，面向对象程序设计的特点可以概括为封装性、继承性和多态性。

1．封装性

封装性是指将对象的属性和行为结合在一起，形成一个不可分割的独立单位，构成一个独立的类，对外隐藏实现的细节，实现了信息的隐藏。例如，人们使用洗衣机洗衣服，只要把脏衣服放到洗衣机里，按一些按钮就可以实现具体的洗涤功能，无须知道洗衣机内部是如何工作的。

采用封装的思想后，使用类的用户不能操作类内部的数据，避免类外部对类内部数据的影响，保证了类内部数据的正确性。

2．继承性

继承性是指使得一个类可以使用另一个类的属性和行为。如果有些类很相似，就可以把几个类共同的属性和行为抽象出来，形成一个新类，这个新类就是父类（或称为超类、基类），其他的类就是子类，称子类继承父类。例如，经理类的属性有姓名、工号、工资、奖金，行为有工作，职员类的属性有姓名、工号、工资，行为类有工作。可以把经理类和员工类的共同的属性和行为抽象出来，定义一个员工类，员工类的属性有姓名、工号和工资，行为有工作，员工类就是经理类和职员类的父类，职员类和经理类就是员工类的子类，可以说，职员类和经理类继承员工类。

继承可以提高代码的重用性。例如，定义经理类时，只需要写出它特有的属性奖金即可，其他共同的属性和行为无须再写。继承也可以提高代码的可维护性，如果需要记录经理和职员的生日，只需要在员工类中增加一个生日属性，经理类和职员类中就都有生日属性了。

3．多态性

多态性是指程序的多种表现形式，父类中的属性和行为被子类继承之后，可以具有不同的表现行为。例如，员工类中定义的工作行为，被经理类和职员类继承后，经理类和职员类的工作方式具有不同的表现形式。

在同一类中，行为的名称虽一样，但也会具有不同的表现形式。例如，计算器可以实现加、减、乘、除的运算，加运算可以实现整数的相加，也可以实现小数的相加，既可以实现两个数的相加，又可以实现三个数的相加。在一个计算器类中，加操作根据参数的类型和数量的不同，可以有不同的表现形式，这也是多态的一种表现。

3.1.3 类

3-2 类的定义

1．类的定义

Java 中最基本的单元是类，用类来描述事物，类的属性用成员变量表示，行为用成员方法表示，定义类的过程就是定义类的成员变量和成员方法的过程。声明类的语法格式如下。

```
[类修饰符] class 类名 [extends 父类][implements 接口列表] {
    [声明成员变量]
    [定义构造方法]
    [成员方法定义]
}
```

【参数说明】

- []：表示其中的内容为可选项。
- 类修饰符：可以省略，用于控制类的访问权限，可能的取值有 public、private 和 protected。public 表示类是公共的，可以被外部访问；private 表示类将隐藏其内的所有数据，以免用户直接访问；protected 表示同意包内的类可以访问此类的数据。
- class：关键字，定义类的时候，在类名前加关键字 class。
- 类名：必须符合标识符的命名规则。
- extends 父类：可以省略，extends 是关键字，表示继承关键字后面的父类，父类指被继承的类。
- implements 接口列表：可以省略，implements 是关键字，表示实现关键字后面的接口，接口列表指要实现的接口名称，多个接口之间用逗号分隔。
- {}：大括号{}括起来的部分是类体，里面是类的成员，包括成员变量的定义、成员方法的定义、构造方法的定义。构造方法是一种特殊的成员方法。

例如：

```
class  Phone{
}
```

表示定义了一个手机类，class 关键字后面的 Phone 是类名，类的命名除了遵守标识符的命名规则之外，一般约定如果类名是一个单词，则首字母要大写；如果类名由多个单词组成，则每个单词的首字母都需要大写。Phone 里面的内容即便为空，大括号也不能省略。

2．成员变量的定义

类的成员变量体现的是类的属性，定义在类体中，并且在成员方法之外。成员变量包含变量和常量，变量又细分为实例变量和类变量，实例变量被类的对象调用，而类变量由类名直接调用。

3-3 成员变量的定义

定义成员变量的语法格式如下。

```
[修饰符] [static] [final] 变量类型  变量名[=初始值];
```

【参数说明】

- 修饰符：用于指定变量的访问权限。可能的取值有 public、protected 和 private，是可选项。
- static：用于指定该成员变量为静态变量。可以直接通过类名访问；属于类变量，不属于任何一个类的对象；任何对象对它访问时，取得的都是相同的数值；省略 static 表示该成员变量是实例变量。

- final：用于指定该成员变量为常量。其值不能改变，只能被初始化一次。
- 变量类型：其值可以为 Java 中的任何一种数据类型，用于指定成员变量的数据类型。
- 变量名：必须是合法的标识符，用于指定成员变量的名称，为必选项。

例如，对手机类 Phone 进行修改，其成员变量有品牌、颜色和价格，代码如下所示。

```
class Phone{
    public String brand;     //定义品牌
    public String color;     //定义颜色
    public int price ;       //定义价格
}
```

例如，定义一个名为 Circle 的类，为其定义一个常量 PI、成员变量 r、静态成员变量 count 来统计 Circle 类的对象个数，代码如下。

```
class Circle{
    public final float PI=3.1415926f;     //用 final 修饰 PI 为常量
    public float r=0.0f;                  //定义成员变量 r
    public static int count;              //定义静态成员变量 count
}
```

静态成员变量和实例成员变量都是定义在类体内方法外的，不同对象的实例成员变量分配不同的内存空间，而不同对象的静态成员变量共享一个内存空间。静态成员变量和实例成员变量的区别如下。

- 修饰关键字不同。实例成员变量不能用 static 修饰，静态成员变量用 static 修饰。
- 生命周期不同。实例成员变量随着对象的创建而创建，随着对象被收回而释放，静态成员变量随着类的加载而存在，随着类的消失而消失。
- 调用方法不同。实例成员变量只能被对象调用，静态成员变量既可以被类调用，又可以被对象调用。

3-4 成员方法的定义

3. 成员方法的定义

成员方法表示类所具有的功能或行为，它是一段用来完成某些操作的程序片段，类似于过程化编程语言中的函数，类的成员方法定义在类体中，包含方法的声明和方法体。定义成员方法的语法格式如下。

```
[修饰符] [static] 方法返回值的类型 方法名([参数列表]){ //方法声明
    [方法体]
}
```

【参数说明】

- 修饰符：用于指定变量的访问权限。可能的取值为 public、protected 和 private，是可选项。
- static：用于指定该成员方法为静态方法。可以直接通过类名访问，是可选项。属于类方法，省略 static 表示该成员方法是实例方法。
- 方法返回值的类型：用于指定方法的返回值类型。如果方法没有返回值，则在方法声明中可以使用 void 关键字进行标识。如果方法有返回值，在方法体中必须包含

return 语句，返回与方法声明中指定的返回类型一样的值，也就是说，方法返回值的类型必须和声明方法时指定的返回值类型相同。

- 方法名：用于指定成员方法的名称。方法名必须是合法的 Java 标识符。除此之外，一般约定如果方法名是一个单词，则全部小写；如果方法名由多个单词组成，则第一个单词全部小写，从第二个单词开始首字母大写。
- 参数列表：用于指定方法执行需要的参数。参数声明的形式是“参数类型 参数名”，参数类型可以是任何 Java 数据类型，如果有多个参数，各参数声明之间使用逗号分隔。
- 方法体：方法体是方法的实现部分，是实现类的功能的代码。方法体是可选的，方法体为空时，表示方法什么都不做。

成员变量的定义在方法声明外，但是成员变量的操作在方法体内，在方法体内可以定义其他的变量，这些变量称为局部变量，在方法声明参数列表中指定的变量和在方法体内定义的变量都是局部变量，有效范围只限于方法内。

例如，对添加了成员变量的手机类 Phone 进行修改，为其添加成员方法打电话 phoneCall 和发信息 sendMessage，代码如下所示。

```
class Phone {
    public  String brand;            //定义品牌
    public  String color;            //定义颜色
    public  int  price;              //定义价格
    public  void  phoneCall() {      //定义成员方法打电话
        System.out.println("正在使用手机打电话的功能");
    }
    public  void  sendMessage() {    //定义成员方法发信息
        System.out.println("正在使用手机发信息的功能");
    }
}
```

对 Circle 类进行修改，为其添加静态成员方法 getCircleCount()，返回 Circle 实例化对象的个数，实例成员方法 getArea()计算圆的面积，实例成员方法 getCircumference()返回圆的周长，代码如下。

```
class Circle{
    public  final  float PI=3.1415926f;        //用 final 修饰 PI 为常量
    public  float  r=0.0f;                     //定义成员变量 r
    public  static int  count;                 //定义静态成员变量 count
    public static float getCircleCount() {     //定义静态成员方法
        return  count;
    }
    public float getArea(){                    //定义实例成员方法，求面积
        return  PI * r * r;
    }
    public float getCircumference(){           //定义实例成员方法，求周长
        return  2 * PI * r ;
    }
}
```

静态方法和实例方法的区别如下。

- 修饰关键字不同。实例方法不能用 static 修饰；静态方法用 static 修饰。
- 访问对象不同。实例方法既可以访问静态成员变量和静态方法，又可以访问实例成员变量和实例方法；而静态方法只能访问静态成员变量和静态方法，不能访问实例成员变量和实例方法，因为实例成员变量是属于某个对象的，而执行静态方法的时候，并不一定存在对象。同样的道理，由于实例方法可以访问实例成员变量，如果静态方法可以调用实例方法，将间接地允许它使用实例成员变量，而这是不允许的。
- 调用方法不同。实例方法只能被对象调用，静态方法既可以被类调用，又可以被对象调用。
- 构造方法是特殊的方法，不能声明为静态方法。

成员变量和局部变量的区别如下。

- 定义位置不同。成员变量在类体内，方法外；局部变量定义在方法内和方法参数中。
- 修饰关键字不同。局部变量不能用 public、protected、private 和 static 修饰，但可以使用 final 关键字声明局部变量为常量，成员变量都可以用以上关键字修饰。
- 初始化值不同。成员变量有默认的初始化值；局部变量没有默认的初始化值，定义之后必须赋值才能使用。
- 调用方式不同。局部变量不能用类和对象调用，只能用在方法体内，成员变量中的静态成员变量可以由类和对象调用，实例成员变量可以由对象调用。
- 生命周期不同。局部变量与方法共存亡，成员变量中的静态成员变量与类共存亡，实例成员变量与对象共存亡。

4．构造方法的定义

构造方法是一种特殊的方法，它没有返回值，但是不需要用 void 标识。构造方法的名称必须与它所在类的名称完全相同，主要用于在对对象进行实例化的时候，给对象的数据进行初始化，但是不能被对象调用，而是在创建类的对象时自动调用构造方法。如果没有为类定义构造方法，Java 会提供默认的无参构造方法。

构造方法主要具有以下特点。

3-5 构造方法的定义

- 构造方法名要与构造方法所在类的名称相同。
- 构造方法没有返回值。
- 构造方法不用 void 修饰。
- 不能在构造方法中使用 return 语句返回值。
- 构造方法只能由 new 运算符调用。
- 每个类至少有一个构造方法，如果没有为类定义构造方法，系统会自动为该类定义默认的构造方法。

定义构造方法的语法格式如下。

```
[访问修饰符] <类名>([参数列表]) {
    构造方法的语句体
}
```

例如，为手机类添加构造方法，代码如下。

```
class Phone {
```

```
    …省略成员变量的定义
    public  Phone() {           //定义无参构造方法
    }
    public  Phone(String b,String c,int p) {    //定义有参构造方法
        brand=b;
        color=c;
        price=p;
    }
    …省略成员方法的定义
}
```

Circle 类没有定义构造方法，那么系统会自动为其提供一个与 Circle 同名的构造方法；Phone 类提供了两个构造方法，那么系统便不再为其提供构造方法。

使用构造方法的时候，要注意以下几点。

1）构造方法不能使用 void 修饰。

例如，下面的代码中定义了一个 Employee 类。

```
class Employee{
    public String empname;
    public void Employee(String name) { //构造方法用 void 修饰
        empname=name;
    }
}
```

如果通过 new 运算符来生成 Employee 的一个对象，代码如下。

```
Employee e =new Employee("张三");
```

本来想为类 Employee 定义一个有参构造方法为其成员变量赋初始值，但是在构造方法的名字前面加了 void，会出现错误“The constructor Employee(String) is undefined”，由于构造方法 Employee 前面加了 void 修饰，Employee 就变成了普通方法，不再是构造方法，在实例化对象 e 的时候，就找不到相对应的有参构造方法了。

2）构造方法不能使用 private 修饰。

对于上面定义的 Employee 类进行修改，去掉构造方法前的 void，同时把 public 修改为 private，结果报错“The constructor Employee(String) is not visible”（构造方法不可见）。

3）在定义类的时候自定义了构造方法，系统就不再提供默认的构造方法。

例如，对于上面定义的类 Employee，将其修改正确，代码如下。

```
class Employee{
    public String empname;
    public Employee(String name) {
        empname=name;
    }
}
```

通过 new 运算符来生成 Employee 的一个对象，代码如下。

```
Employee e1 =new Employee("张三");
```

用类 Employee 的有参构造方法为成员变量 empname 赋值，但是如果用下面的代码实例化一个对象 e2，系统会报错“The constructor Employee() is undefined”。

```
Employee e2 =new Employee();
```

这是由于类 Employee 自己定义了一个有参构造方法，系统不再为其提供默认的构造方法了。

3.1.4 对象

3-6 对象

在面向对象程序设计中，类的实例就是对象，对象是客观存在的，一个具体的事物就是一个对象，如一个拥有实际的学号、姓名等的学生，就是一个对象，所有学生的泛称就是类。

1．对象的声明

声明一个类，就是定义一个新的引用数据类型，可以用这个数据类型声明这种类型的变量，即对象。把类看作数据类型，对象名看作变量名，一个对象的声明格式和变量的声明格式很类似，语法格式如下。

```
[变量修饰符]   类名  对象名;
```

声明一个对象只是在内存中为其建立一个引用，并置初始值为 null，表示不指向任何内存空间。

例如，声明一个 Circle 类的对象 c 的代码如下。

```
Circle c;
```

声明一个 Phone 类的对象 p 的代码如下。

```
Phone p;
```

2．创建对象

声明过的对象还不能被引用，必须用 new 关键字创建这个对象。创建对象也叫实例化对象，创建对象的过程就是为对象分配内存的过程。创建对象的语法格式如下。

```
对象名=new 类名([参数列表]);
```

类名必须与声明对象时的类名相一致，例如，对象 p 可以有两种创建方法，代码如下所示。

```
p=new Phone();  //用无参构造函数实例化对象 p
p=new Phone("华为","金色",2000);  //用有参构造函数实例化对象 p
```

例如，实例化对象 c 的代码如下。

```
c=new Circle();  //用无参构造函数实例化对象 c
```

由于 Circle 类没有定义构造函数，系统自动为其添加一个无参构造函数。

在对类的对象进行声明的时候，可以直接为其赋初始值，也可以在声明对象的时候直接实例化。语法格式如下。

```
类名 对象名=new 类名();
```

例如，在声明一个手机类 Phone 的对象的时候，直接实例化，声明 Phone 类的对象 p1 并用无参构造函数实例化对象 p1，声明 p2 并用有参构造函数创建对象 p2，代码如下。

```
Phone p1=new Phone();
Phone p2=new Phone("华为","金色",2000);
```

在声明一个 Circle 类的对象的时候，直接实例化，由于 Circle 类没有提供构造方法，那么使用 new 运算符创建其对象时，调用系统提供的默认构造方法，代码如下。

```
Circle c1=new Circle();
```

3. 成员变量的引用

声明和创建一个对象之后，就能像使用变量那样使用它。使用对象的方式是通过读取它的属性、设置它的属性来实现的。

引用对象的属性，需要使用点分隔符“.”。如果成员变量是静态的，则引用的语法格式如下。

```
类名.成员变量;
```

如果成员变量是实例变量，则引用的语法格式如下。

```
对象名.成员变量;
```

例如，通过手机类 Phone 的有参构造函数实例化的对象 p2，通过构造方法为其成员变量提供值，引用实例成员变量的代码如下。

```
System.out.println("品牌:"+p2.brand+" 颜色:"+p2.color+" 价格:"+p2.price);
```

结果会输出：

```
品牌:三星 颜色:灰色 价格:2000
```

通过 Circle 类的无参构造函数实例化的对象 c1，引用成员变量的代码及通过类名 Circle 引用静态成员变量的代码如下。

```
System.out.println(PI);        //输出常量 PI 的值为 3.1415926f
c1.r=3.0f;                     //为对象 c1 的成员变量 r 赋值 3.0
Circle.count=1;                //用类名引用静态常量 count，为 count 赋值 1
```

4. 成员方法的引用

调用对象的成员方法，也需要使用点分隔符。当成员方法没有参数时，成员方法的圆括号也不能省略。如果是调用静态成员方法，语法格式如下。

```
类名.成员方法;
```

如果成员变量是实例方法，引用成员方法的语法格式如下。

```
对象名.成员方法;
```

例如，手机类 Phone 的对象 p2，引用成员方法的代码如下。

```
p2.phoneCall();                //引用对象 p2 的成员方法 phoneCall()
p2.sendMessage();              //引用对象 p2 的成员方法 sendMessage()
```

结果会输出：

```
正在使用手机打电话的功能
正在使用手机发信息的功能
```

通过 Circle 类的对象 c1，引用实例方法及通过类名 Circle 引用静态方法的代码如下。

```
Circle.getCircleCount();       //静态方法用类名 Circle 引用
c1.getArea();                  //实例方法用对象名 c1 引用
c1.getCircumference();         //实例方法用对象名 c1 引用
```

【例 3-1】 创建手机类 Phone。

```
class Phone {
    public  String brand;                    //定义品牌
```

```
    public String color;                    //定义颜色
    public int price;                       //定义价格
    public Phone() {                        //定义无参构造方法
    }
    public Phone(String b,String c,int p) { //定义有参构造方法
        brand=b;
        color=c;
        price=p;
    }
    public void phoneCall() {               //定义成员方法打电话
        System.out.println("正在使用手机打电话的功能");
    }
    public void sendMessage() {             //定义成员方法发信息
        System.out.println("正在使用手机发信息的功能");
    }
}
public class Example301{                    //定义主类测试手机类的用法
    public static void main(String[] args) {
        Phone p1=new Phone();               //用无参构造函数实例化对象 p1
        Phone p2=new Phone("华为","香槟金",1500);//用有参构造函数实例化对象 p2
        p1.brand="三星";
        p1.color="灰色";
        p1.price=2000;
        System.out.println("第一款手机的信息如下：");
        System.out.println("品牌是："+p1.brand+" 颜色是："+p1.color+" 价格
是"+p1.price);
        p1.phoneCall();             //引用对象 p1 的成员方法 phoneCall()
        p1.sendMessage();           //引用对象 p1 的成员方法 sendMessage()
        System.out.println("第二款手机的信息如下：");
        System.out.println("品牌是："+p2.brand+" 颜色是："+p2.color+" 价格
是"+p2.price);
        p2.phoneCall();             //引用对象 p1 的成员方法 phoneCall()
        p2.sendMessage();           //引用对象 p1 的成员方法 sendMessage()
    }
}
```

定义手机类 Phone，为其定义成员变量品牌 brand、颜色 color、价格 price，实例成员方法 phoneCall()和 sendMessage()，一个空的无参构造方法， 一个有参构造方法，其中包含三个参数，分别为三个成员变量赋初始值，然后定义一个主类 Example301，测试手机类 Phone 的用法，程序运行结果如图 3-1 所示。

```
第一款手机的信息如下：
品牌是：三星 颜色是：灰色 价格是2000
正在使用手机打电话的功能
正在使用手机发信息的功能
第二款手机的信息如下：
品牌是：华为 颜色是：香槟金 价格是1500
正在使用手机打电话的功能
正在使用手机发信息的功能
```

图 3-1　例 3-1 程序运行结果

在主类 Example301 中，定义了一个主方法 main，在主方法里实例化了两个手机类 p1 和 p2，分别用无参构造函数和有参构造函数进行实例化对象；p1 是无参构造函数实例化的对象，没有为成员变量赋值，需要用“对象名.成员变量名”的方法分别为三个成员变量赋值；p2 是有参构造函数实例化的对象，通过构造函数的三个参数分别为三个成员变量赋值；输出两款手机的信息，并通过“对象名.成员方法名”来输出两款手机的行为。

【例 3-2】 创建类 Circle。

```
class Circle{
   public final float PI=3.1415926f;           //用 final 修饰 PI 为常量
   public float r=0.0f;                        //定义成员变量 r
   public static int count;                    //定义静态成员变量 count
   public static int getCircleCount() {        //定义静态成员方法
      return  count;
   }
   public float getArea(){                     //定义实例成员方法，求面积
      return  PI * r * r;
   }
   public float getCircumference(){            //定义实例成员方法，求周长
      return  2 * PI * r ;
   }
}
public class Example302 {                      //定义主类测试 Circle 的用法
    public static void main(String[] args) {
        Circle c1=new Circle(); //用系统提供的无参构造函数来实例化对象 c1
        Circle.count++;         //通过类名.静态成员变量名的方法对 count 赋值
        Circle c2=new Circle(); //用系统提供的无参构造函数来实例化对象 c2
        Circle.count++;         //静态成员变量 count 用来计算 Circle 类对象的个数
        c1.r=3.0f;              //通过对象名.成员变量名的方法对成员变量 r 赋值
        c2.r=6.0f;              //为对象 c2 的成员变量 r 赋值
        System.out.println("Cirle 类对象的个数为："+Circle.getCircleCount());
        System.out.println("第一个对象的面积和周长：");
        System.out.println("面积："+c1.getArea()+"周长："+c1.getCircumference());
        System.out.println("第二个对象的面积和周长：");
        System.out.println("面积："+c2.getArea()+"周长："+c2.getCircumference());
    }
}
```

定义 Circle 类，为其定义常量 PI、实例成员变量 r、静态成员变量 count（count 默认初始值为 0）、实例成员方法 getArea()和 getCircumference()、静态成员方法 getCircleCount()；没有定义构造方法，使用系统提供的默认构造方法。定义一个主类 Example302，测试 Circle 的用法，程序运行结果如图 3-2 所示。

```
Cirle类对象的个数为：2
第一个对象的面积和周长：
面积：28.274334 周长：18.849556
第二个对象的面积和周长：
面积：113.097336 周长：37.699112
```

图 3-2　例 3-2 程序运行结果

在主类 Example302 中，定义了一个主方法 main，在主方法里实例化了两个 Circle 类的

对象 c1 和 c2，每实例化一个对象，用来保存类 Circle 的对象个数的静态成员变量 count 的值加 1；分别为对象 c1 和 c2 的成员变量 r 赋值；通过类名访问静态成员方法 getCircleCount() 输出 Circle 类的对象个数，并分别输出对象 c1 和 c2 的面积和周长。

任务实施

定义书类 Book，成员变量有书名、页数、单价、出版社、作者，成员方法具有的功能是能够输出“哪个作者出版的书有多少页，价格是多少，由什么出版社出版”这样的信息，并为其定义有参构造方法，用来在创建对象时为其成员变量赋值。

```
class Book{
    public  String title;        //书名
    public  int page;            //页数
    public  int price;           //价格
    public  String publisher;    //出版社
    public  String author;       //作者
    public Book(String title,int page,int price,String publisher,String author){
        this.title=title;
        this.page=page;
        this.price=price;
        this.publisher =publisher;
        this.author =author;
    }
    public void displayBookInformation() {
        System.out.println("由"+author+"编著的名为"+title+"的书，有"+page+"
页，价格为"+price+"，由"+publisher+"出版");
    }
}
public class Task301 {
    public static void main(String[] args) {
        Book b1=new Book("网页程序设计教程",462,60,"机械工业出版社","王松杰");
        b1.displayBookInformation();     //调用成员方法输出对象 b1 的信息
        Book b2=new Book("Java 程序设计",258,39,"北京邮电大学出版社","张晓");
        b2.displayBookInformation();     //调用成员方法输出对象 b2 的信息
    }
}
```

任务演练

【任务描述】

编程创建 Student 类，为其定义成员变量及成员方法，并定义有参构造方法，每创建一个新的学生对象，就统计一次学生人数。

【任务目的】

1）掌握类和对象的定义。

2）掌握对象的使用。

3）掌握构造方法的定义和使用。

4）了解静态成员变量的用法。

【任务内容】

创建 Student 类，成员变量由学号 id、姓名 name、年龄 age、性别 gender 和用于统计学生人数的静态成员变量 num；有参构造方法为成员变量赋值，其中静态成员变量的值自增1，成员方法 showInfo()用于输出对象的学号、姓名、年龄和性别信息；静态成员方法 showNum()用于输出当前创建的学生人数。

步骤如下。

1）启动 Eclipse，创建 Java 项目，项目名称设为“项目实训 3_1”。

2）创建类 Student，在类体中定义成员变量 id(String)、name(String)、age(int)、gender(boolean)和静态成员变量 num(int)；定义有参构造方法，为实例成员变量赋值，并让 num 自增 1；定义成员方法 showInfo()，输出实例成员变量的值，在输出之前对 gender 成员变量进行预处理，当值为 True 时，性别为“男”，否则性别为“女”；定义静态成员方法 showNum()，输出静态成员变量 num 的信息。

3）创建主类 Project301，在 main()方法中创建 Student 类的多个对象，结束后每个对象都调用 showInfo()方法显示学生的信息，并调用静态方法 showNum()显示目前学生的人数。

在代码页面上右击，在弹出的快捷菜单中选择“Run As” → “Java Application”命令，运行程序。

任务 3.2　包

创建 Car.java 包，在此包中定义 Bus 类、Truck 类和 Taxi 类；创建 test.java 包，在此包中定义一个 CarTest 类，来测试包 Car.java 的用法。

3-7　包的声明

知识储备

3.2.1　包的声明

一个 Java 项目包含很多个模块，这些模块分别由不同的开发人员完成，每个开发人员需要定义很多个类来实现模块的功能。那么，开发人员在对类进行命名的时候，由于不知道其他人对类的命名情况，很可能会发生类同名的现象。为了解决类名冲突的问题，需要用包（Package）来实现。

包是 Java 提供的一种为了更好地组织类而建立的命名空间机制，把一组功能相关的类和接口组织在一起，放在同一个包中。同一个包的类名必须是不同的，但不同的包中的类名是可以相同的，当同时调用两个包中具有同名的类时，在类名的前面加上包名加以区分，这样可以避免类名冲突问题。

包定义了软件单元，相当于系统中的文件夹，它能够独立发布，并能够与其他包一起组成一个应用程序。包是相关类与接口的集合，例如，String 类位于 java.lang 包中，Scanner 类包含在 java.util 包之中。包是比类更大的一个程序单元，并且包提供了命名空间和访问权限的管理。使用包的好处如下所述。

- 方便了解哪些类和接口是相关的，也方便按功能查找类和接口。
- 包创建了一个“命名空间”，以避免类型之间的命名冲突。一个包中的类名、接口名不会与其他包中的类名和接口名发生冲突。利用包也方便对编写的程序进行管理。

● 允许包中的类比较自由地访问包中的其他类，同时又比较严格地限制包外面的类对包内的类进行访问。

代码文件中的包声明指定了该代码所属包的名称。包声明语句必须在代码文件中的所有类声明的前面。除了注释语句之外，包声明语句是 Java 代码文件的第一条语句，也就是说，它只能写在代码的第一行。创建包就是在当前文件夹下创建一个子文件夹，以便存放这个包中包含的所有类的.class 文件。包使用关键字 package 进行声明，语法格式如下。

```
package 包名;
```

包名必须符合 Java 标识符的命名规则，按照习惯，包名一般使用小写字母。在使用 Java 开发项目的时候，不同项目的两个程序员很可能为两个不同的包取了相同的名字，为了避免混淆，可以使用表示从属关系的层次结构来命名包。例如，可以使用“公司域名.项目名.模块名.代码块名”这样的形式，如下所示。

```
com.abc.pro1.m1.demo1
com.abc.pro1.m1.demo2
com.abc.pro1.m2.demo1
com.abc.pro2.m1.demo1
```

若类名以包名作为其前缀，则称其为该类的全限定名，如 String 类的完全限定名是“java.lang.String”。

使用包的更重要的意义是，给每个包创建了一个新的命名空间。利用包可以方便地根据功能找到相关的类。Java 中常用的包如下。

● java.lang：语言包，包含了基本的类和接口。
● java.util：包含实用工具类和接口，如各种常用的数据结构、字符串及日期和时间等。
● java.awt：抽象窗口工具包，包含创建和维护图形窗口的所有类和接口，是 Java 最早用于编写图形界面应用程序的开发包。
● java.swing：在 java.awt 包基础上提供的新的界面工具包，比 java.awt 包中相应的组件更灵活，更易于使用。但是，事件的响应等工作还是要用 java.awt 包来完成。
● java.io：包含输入、输出相关的类。
● java.applet：小程序包，包含与 Applet 相关的几个类和接口，可以创建 Applet，用浏览器与 Applet 交互，并播放声音片段。
● java.sql：包含向数据库发送 SQL 语句的类。

一个类只能属于一个包，默认的是一个无名包。当定义一个类文件的时候，在没有选择所属包的情况下，该类就属于系统默认包（Default Package）。一般来说，一个稍具规模的应用程序都应该把所有定义的类划分到几个包中，每个包对应该应用程序的一个子系统。

包可以嵌套，在一个包内部声明的包称为该包的子包，子包下面还可以再声明自己的子包。声明一个子包的语法格式如下。

```
package 包名.包名[.包名.….包名];
```

方括号表示括号中的项是可选的。在一个包中所包含的包称为子包，而包含子包的包称为上层包。一个子包的包名和它的所有上层包的包名构成的包名被称为该子包的全限定名。例如，java.lang 就是一个嵌套包，包 lang 嵌套在更大的包 java 中。包的嵌套可以对一些相关的包进行具有层次结构的命名组织方法，以便于程序员查找某个类，并不提供包之间的特殊访问能力。从编译器角度来看，嵌套包之间没有任何关系。

包被映射到程序所对应的存储路径下的目录结构上，一个包名就是一个目录名，它的子包名是一个子目录名，该子包的完全限定名对应一个子目录的全路径。

几乎所有 Java IDE 都采用包和项目机制来管理应用程序的编写和开发。IDE 中的包机制为创建和引入包或类提供了方便。下面以 Eclipse 为例，讨论如何在 IDE 中设置包。

假设 PackageTest.java 是项目 MyJava 的包 com.cqcet.java 的 Java 源代码文件。Eclipse 提供了多种设置包的方法。列举典型步骤如下所示。

1）创建项目 ProjectPackage。选择“File”→“New”→“Java Project”菜单命令，输入项目名“ProjectPackage”，单击“Finish”按钮。

2）在项目名 ProjectPackage 下，选择“File”→“New”→“Package”菜单命令，在“Name”文本框中输入包名“com.cqcet.java”，单击“Finish”按钮。

3）在包 com.cqcet.java 下，选择“File”→“New”→“Class”菜单命令，输入类名“PackageTest.java”。注意 Eclipse 自动在 PackageTest.java 文件的程序开始处加入 com.cqcet.java。

若项目 ProjectPackage 位于工作区 D:\Users\admin\eclipse-workspace，则 PackageTest.java 文件位于 D:\Users\admin\eclipse-workspace\ProjectPackage\src\com\cqcet\java 目录下。

3-8 包的导入

3.2.2 包的导入

要使用其他包中的某个类，则必须导入该类所在的包。导入包的语法格式如下。

```
import 包名[.包名[.包名.…]].(类名|*);
```

1）引入整个包时，可以方便地访问包中的每个类。但是引入所有的包会占用过多的内存，因此通常是只引入需要的类。

例如，导入包 abc 中的单个类 ClassName 的形式如下。

```
import abc.ClassName;
```

导入包 abc 中所有的类和接口的形式如下。

```
import abc.*;
```

2）程序中不一定要有引入语句。当需要引用的类与当前类在同一个包中，就可以直接使用，而不需要引入。

3）在某些情况下，使用 import 语句不能正确导入所需要的类。

例如，在程序中导入包 java.sql 和 java.util，代码如下。

```
import java.sql.*;
import java.util.*;
```

如果在程序中使用 Date 类，则会引发如下编译错误“The type Date is ambiguous”，原因是在包 java.sql 和包 java.util 中都有 Date 类。此时只能在源文件中使用类全名，代码如下。

```
java.util.Date utildate=new java.util.Date();
java.sql.Date sqldate=new java.sql.Date(utildate.getTime());
```

4）静态导入语句用于导入指定类的静态成员变量或方法，导入某个类的单个静态成员变量或方法的语法格式如下。

```
import static 包名[.包名[.包名.…]].类名.静态成员变量|静态成员方法;
```

导入某个类的全部静态成员变量和方法的语法格式如下。

```
import static 包名[.包名[.包名.…]].类名.*;
```

*号只代表静态成员变量和方法，不包含非静态成员变量和方法。import static 语句与 import 语句的位置相同，这两种语句的功能非常相似，只是导入的对象不一样，它们都用于减少程序中代码的编写量。

这里需要再次强调的是，import 语句中的“*”只能代表类，不能代表包。“import abc.*”语句表示导入 abc 包中所有的类。假设 hh 是 abc 包的子包，则 hh 不会被导入。要导入 abc 包的子包 hh 中的所有类，则使用“import abc.hh.*”语句。

【例 3-3】 创建包 com.cqcet.java，在包中创建类 PackageTest1.java 和 PackageTest2.java 两个 java 文件，在另外一个包中创建主类 Example303。

```
//文件 PackageTest1.java 中的内容
package com.cqcet.java;
public class PackageTest1 {
    public void displayMessage() {
        System.out.println("我是包 com.cqcet.java 里面的类 PackageTest1.java");
    }
}
//文件 PackageTest2.java 中的内容
package com.cqcet.java;
public class PackageTest2 {
    public void displayMessage() {
        System.out.println("我是包 com.cqcet.java 里面的类 PackageTest1.java");
    }
}
//主类 Example303.java 中的内容
import com.cqcet.java.PackageTest1;
public class Example303{
    public static void main(String[] args) {
        PackageTest1 pt1=new PackageTest1();
        pt1.displayMessage();
     }
}
```

程序运行结果如图 3-3 所示。

我是包com.cqcet.java里面的类PackageTest1.java

图 3-3　例 3-3 程序运行结果

在主类 Example303.java 中用“import com.cqcet.java.PackageTest1;”语句导入了包中的类 PackageTest1，那么只能用 PackageTest1 类，而不能用包中的另外一个类 PackageTest2。

【例 3-4】 在控制台输入圆的半径，求圆的面积。

```
import static java.lang.System.*;
import static java.lang.Math.*;
import java.util.Scanner;
```

```
public class Example304{
    public static void main(String[] args) {
        Scanner sc=new Scanner(in);
        out.println("请输入圆的半径：");
        float r=sc.nextFloat();
        float area=(float) (PI*pow(r,2));
        out.print("半径为："+r+"的圆，面积为："+area);
    }
}
```

在程序中导入java.lang包中的System类和Math类的全部静态成员变量和方法，不包含非静态成员变量和方法。其中，in和out是java.lang.System类的静态成员变量，分别代表标准输入和标准输出；PI和pow()是java.lang.Math类的静态成员变量和静态成员方法，程序运行结果如图3-4所示。

```
请输入圆的半径：
3
半径为：3.0的圆，面积为：28.274334
```

图3-4 例3-4程序运行结果

任务实施

创建一个项目Task302，创建car.java包，在此包中定义Bus类和Truck类，创建test.java包，在此包中定义一个Task302类，来测试包car.java的用法。

具体实现步骤如下。

1）启动Eclipse，创建Java项目，项目名称设为“Task302”。

2）在Task302下创建car.java包，并在car.java包下创建Bus.java类。

```
//Bus.java 文件中的内容
package car.java;
public class Bus {
    int enginenumber;
    String color;
    int passengers;
    public Bus(int engineNumber,String color,int passengers) {
        this.enginenumber=engineNumber;
        this.color=color;
        this.passengers=passengers;
    }
    public void display() {
        System.out.println("巴士引擎数:"+enginenumber+" 外观颜色:"+color+"
最大载客数"+passengers+"个人");
    }
    public void brake() {
        System.out.println("巴士刹车");
    }
    public void accelerated() {
        System.out.println("巴士加速");
    }
    public void reportedStop() {
```

```
            System.out.println("巴士报站");
        }
    }
```

3）在 car.java 包下创建 Truck.java 类。

```
    //Truck.java 文件中的内容
    package car.java;
    public class Truck {
        int enginenumber;
        String color;
        int load;
        public Truck(int engineNumber,String color,int load) {
            this.enginenumber=engineNumber;
            this.color=color;
            this.load=load;
        }
        public void display() {
            System.out.println("卡车引擎数:"+enginenumber+" 外观颜色:"+color+"
最大载重量"+load+"顿");
        }
        public void brake() {
            System.out.println("卡车刹车");
        }
        public void accelerated() {
            System.out.println("卡车加速");
        }
        public void unloading() {
            System.out.println("卡车卸货");
        }
    }
```

4）在 Task302 下创建 test.java 包，并在 test.java 包下创建 Task302.java 类，在 Task302 类的 main()方法里，创建 car.java 包下的 Bus 类和 Truck 类的对象，并调用 Bus 类和 Truck 类的方法。

```
    package test.java;
    import car.java.*;
    public class Task302 {
        public static void main(String[] args) {
        Bus bs=new Bus(8,"蓝色",38);
        Truck tk=new Truck(10,"黑色",50);
        bs.display();
        bs.brake();
        bs.accelerated();
        bs.reportedStop();
        tk.display();
        tk.brake();
        tk.accelerated();
        tk.unloading();
        }
    }
```

任务演练

【任务描述】

创建项目“项目实训 3_2”，创建多个包，并使用多个包中的类。

【任务目的】

1）掌握包的创建方法。

2）掌握包的引用。

【任务内容】

步骤如下。

1）启动 Eclipse，创建 Java 项目，项目名称设为“项目实训 3_2”。

2）在项目名“项目实训 3_2”下创建包 com.cqcet.java1、com.cqcet.java2 和 test.java。

3）在 com.cqcet.java1 包下创建类 PackageTest1.java 和 Test.java 文件，在 com.cqcet.java2 包下创建类 PackageTest2.java 和 Test.java 文件，在 test.java 包下创建主类 Project302。

4）主类 Project302 的主方法 main()中创建类 PackageTest1 和 PackageTest2 的对象，并分别创建 com.cqcet.java1 包和 com.cqcet.java2 包的相同类名 Test 类的对象。

在代码页面上右击，在弹出的快捷菜单中选择“Run As”→“Java Application”命令，运行程序，查看不同包中类的使用方法及不同包中同名的类的使用方法。

任务 3.3　封装

封装已经定义的 Circle 类。

3-9　访问修饰符

知识储备

3.3.1　访问修饰符

在面向对象的程序设计过程中，为了使类的对象的某些成员变量和成员方法不被其他对象访问，保证数据和信息的安全，需要把对象的属性和行为封装成类，对类的成员设置私有的访问模式，外部的用户不能直接访问这些数据，可以通过类提供的公有接口来访问开放给用户的数据。

Java 提供了 public、protected、private 和缺省值四种访问权限控制修饰符。这种访问权限控制实现了一定范围内的信息隐藏。表 3-1 列出了各种访问权限的作用范围，“√”表示可以访问，“×”表示不可以访问。

表 3-1　各访问权限的作用范围

访问权限	同一个类中	同一个包中	不同包中的子类	不同包中的非子类
public	√	√	√	√
protected	√	√	√	×
(default)	√	√	×	×
private	√	×	×	×

1．public

如果一个类被声明为 public，那么这个类可以被其他所有的类访问，即使用 public 修饰的类作为整体对外界是可访问的，其他类可以创建这个类的对象，但并不代表这个类的所有成员变量和成员方法都能够被外界访问。类的成员变量和成员方法能否为其他类访问，还需要看这些成员变量和成员方法的访问控制修饰符。

2．protected

类中被限定为 protected 的成员可以被三种类引用：该类本身、它的子类（包括同一包中的和不同包中的子类）及同一包中的其他类。如果一个类有子类，而不管子类是否与自己在同一包中，都想让子类能够访问自己的某些成员，就可以将这些成员用 protected 修饰符加以声明。

3．缺省访问控制修饰符（default）

实际上并没有一个叫 default 的访问权限控制修饰符，如果在成员变量和成员方法前不加任何访问权限控制修饰符，就称之为（default），也称为包访问控制。这样同一包内的其他类都能访问该成员，但不能访问包外的所有类。（default）允许将相关的类都组合到一个包里，使它们相互间方便沟通。

4．private

类中被限定为 private 的成员变量和成员方法只能被这个类本身的方法访问，它不能在类外通过名字来访问。private 的访问权限有助于对客户隐藏类的实现细节，从而减少错误，提高程序的可修改性。建议把一个类中的所有实例变量都设为 private，必要时用 public 方法设置或读取实例变量的值。类中的一些辅助方法也可以设为 private，因为这些方法没有必要让外界知道，对方法的修改也不会影响程序的其他部分。这样，类的编程人员就可以对可以操作的类的数据加以控制。另外，对于构造方法，也可以限定为 private。如果将一个类的构造方法声明为 private，则其他类不能通过构造方法生成该类的对象，但可以通过该类中可以访问的方法间接地生成一个对象实例。

访问权限开放程度的顺序可表示如下：public>protected>（default）>private。可见，public 的开放性最大，其次是 protected、（default）、private，private 的开放性最小。

【例 3-5】 定义 User 类，其成员变量有用户名和密码，行为有登录和退出功能。

```
    import java.util.Scanner;
    class User{
        private String name;
        private String password;
        private boolean isValid() {
            if(name.toLowerCase().equals("admin")&&password.toLowerCase().
equals("123456"))
                return true;
            else
                return false;
        }
        public void login(String name, String password) {
            this.name=name;
            this.password=password;
            if(isValid())
                System.out.println("用户"+this.name+"成功登录系统");
```

```
            else
            System.out.println("用户和密码错误，请重新输入");
        }
    }
    public class Example305{
        public static void main(String[] args) {
            Scanner sc=new Scanner(System.in);
            User u=new User();
            System.out.println("请输入用户名:");
            String name=sc.next();
            System.out.println("请输入密码:");
            String password=sc.next();
            u.login(name, password);
        }
    }
```

创建一个 User 对象，根据输入的用户名和密码判断是否能登录，定义一个主类 Example303，测试 User 类的用法，程序运行结果如图 3-5 所示。

```
请输入用户名:
admin
请输入密码:
123456
用户admin成功登录系统
```

图 3-5　例 3-5 程序运行结果

在定义 User 类的时候，将类的实例变量 name 和 password 都声明为 private，因此 User 类的外部的类 Example303 中的 u 无法调用它们，而 User 类的成员方法 login()定义为 public，可以通过成员方法 login()对私有成员变量 name 和 password 进行访问。这样可以使数据操作方面的问题局限在类的方法中，保证对象的安全性。

那么，当定义一个类的时候，如何确定该类中成员变量和成员方法的访问权限呢？这要根据实际的需求来判断。假定 User 类用于一个电子商务网站，登录功能是必须提供给外部使用者的，例如登录页面就会使用到 User 类。isValid()方法用于验证用户名和密码的正确性，该功能仅仅用于登录时核实用户身份，即 isValid()方法只会被 login()方法使用，因此，设置 isValid()方法为 private 就是合理的。但如果需求发生改变，验证用户名和密码正确性的功能不仅仅是登录时需要使用，在添加商品到购物车、下订单和付款时都需要该功能，那么 isValid()方法就有必要修改为 public 方法了。

所以在设计程序时，除了要考虑识别对象，还要充分考虑该对象的封装。类对象内的成员变量和成员方法，包括类本身，哪些应该暴露在外，哪些应该被隐藏，都需要根据实际的需求给予正确的设计。

3-10　实现封装

3.3.2 实现封装

封装性是面向对象程序设计语言的三大特征之一，面向对象中所有的实体都是以对象为基本单位的，每个对象都有自己的属性和行为，可以用类将具有相同属性和行为的对象封装到一起，将类的某些信息隐藏在类的内部，不允许外部的类直接访问，而是通过该类提供的方法来实现对隐藏信息的访问。

开发者把类的所有功能都实现好，使用者不必理解功能的具体实现细节，直接使用即可。通过封装，隐藏了类的实现细节，只能通过规定的方法访问类的数据，如果类的行为发生改变，只需要修改此类即可，与其他的类无关。

例如，在对手机类实例化一个对象 p1 后，对 p1 的成员变量进行赋值“p1.price=-2000;”，如果直接访问对象 p1 的数据，容易非法操作，而且很不安全，那么需要对手机类

Phone 的数据进行封装，让用户不能直接访问对象的数据，通过类提供的方法来访问。

封装的实现需要通过 private 访问修饰符私有化类的成员变量，保证外部的类不能访问类的私有成员；再为私有成员变量提供一个公有的访问方法，即 getter 和 setter 方法；设置对类的私有成员变量对外的访问接口，外部的类通过 Java 提供的用访问修饰符 public 声明的方法来访问私有成员变量。

1. setter 方法

setter 方法用于设置成员变量的值，没有返回值，以 set 开头，set 后面跟需要设置的成员变量的名字，成员变量每个单词的首字母大写，用参数对成员变量进行赋值，参数的类型也要和对应的成员变量的类型相同，语法格式如下。

```
public void set成员变量名(成员变量类型 变量名) {
   成员变量名=变量名
}
```

注意：set 和成员变量名之间没有空格。

例如，对于手机类 Phone 的实例成员变量 price，如果设置成 private，那么用 setter 方法对 price 进行封装的代码如下。

```
public void setPrice(int phoneprice) {
    price=phoneprice;
}
```

对于以上代码，访问成员变量 price 时，需要用 setPrice()方法。在调用手机对象的 setPrice()方法时，如果传递一个负数，不太合理，可以在方法里面添加判断代码，如下所示。

```
public void setPrice(int phoneprice) {
    if(phoneprice>0)
        price=phoneprice;
}
```

这样，如果传递的参数不符合要求，就不会赋值给实例成员变量 price，只有符合要求的参数才能传递给 price。如果 setPrice()方法的参数和实例成员变量重名，需要用关键字 this 来区分。

3-11 this 关键字

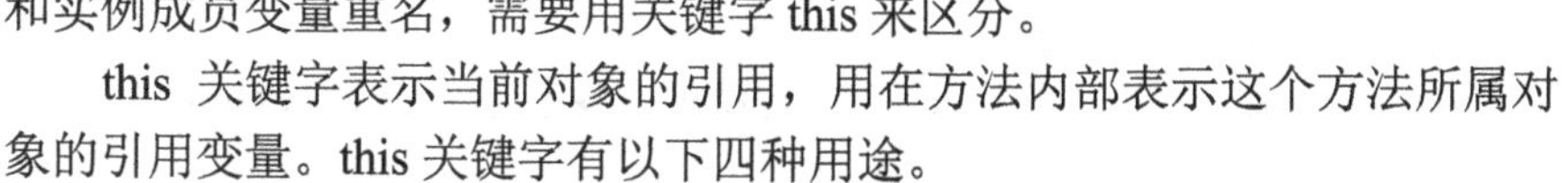

this 关键字表示当前对象的引用，用在方法内部表示这个方法所属对象的引用变量。this 关键字有以下四种用途。

（1）this 引用成员变量

当为类定义有参构造方法时，构造方法传递的参数与成员变量名相同。当 setter 方法传递的参数与成员变量名相同时，需要使用 this 关键字来区分。

例如对于以上的代码进行修改，代码如下。

```
public void setPrice(int price) {
    if(price>0)
        this.price=price;
}
```

对于手机类 Phone 的有参构造方法，修改代码如下。

```
public  Phone(String brand,String color,int price) {
    this.brand=brand;            //用 this 区分成员变量和参数的重名问题
```

```
        this.color=color;
        this.price=price;
    }
```

（2）this 引用构造方法

如果定义了多个构造方法，在一个类的构造方法内部引用其他构造方法，可以降低代码的重复率，也可以使所有的构造方法保持统一，方便以后的代码修改和维护。

例如，对手机类 Phone 的两个构造方法进行修改，代码如下。

```
public Phone() {                    //定义无参构造方法
    this(null, null, 0);            //用 this 调用有参构造方法
}
public Phone(String brand,String color,int price) {
    this.brand=brand;               //用 this 区分成员变量和参数的重名问题
    this.color=color;
    this.price=price;
}
```

（3）this 代表自身对象

每一个类的内部都有一个隐含的表示自身类的成员变量，用 this 表示自身类的成员变量。

【例 3-6】 定义一个类 test，为 test 类定义与自身同名的成员变量。

```
class test{
    test instance;
    public test() {
        instance=this;
    }
    public void print() {
        System.out.println("this 关键字为："+this);
    }
}
 public class Example306{
     public static void main(String[] args) {
        test  t=new test();
        t.print();
        System.out.println("类 test 的对象为："+t);
        System.out.println("类 test 代表自身的成员变量为："+t.instance);
     }
 }
```

定义主类测试 test 类的成员变量、this、类 test 的对象的关系，运行结果如图 3-6 所示。

```
this关键字为：test@15db9742
类test的对象为：test@15db9742
类test代表自身的成员变量为：test@15db9742
```

图 3-6　例 3-6 程序运行结果

从运行结果可以看出，在类中 this 代表类 test 的一个对象，this 的值与 test 对象的值是相同的。

（4）this 引用成员方法

在一个类的内部，成员方法之间的相互调用也可以使用“this.成员方法名(参数列表)”，

只不过都可以省略。

【例 3-7】 定义类 calculate。

```
class calculate{
    private int a;
    private int b;
    public int getA() {
        return a;
    }
    public void setA(int a) {
        this.a = a;
    }
    public int getB() {
        return b;
    }
    public void setB(int b) {
        this.b = b;
    }
    public int add(int a,int b) {  //this 可以省略
        this.setA(a);
        this.setB(b);
        return(this.getA() + this.getB());
    }
}
public class Example307{
    public static void main(String[] args) {
        calculate t=new calculate();
        System.out.println("运行结果为: "+t.add(2, 5));
    }
}
```

类 calculate 包含两个私有成员，用 getter 和 setter 方法访问，方法 add()中调用私有成员的 getter 和 setter 方法，为私有成员赋值并读取私有成员，最后定义主类测试 calculate 的用法。程序运行结果如图 3-7 所示。

```
运行结果为：7
```

图 3-7　例 3-7 程序运行结果

2．getter 方法

getter 方法用于读取对象的属性值，对一个私有成员变量创建 getter 方法，可以得到这个私有成员变量的读取权限，通过 getter 方法返回成员变量的值，方法返回值和返回的成员变量的类型一致。语法格式如下。

```
public 成员变量类型 get 成员变量名 () {
    return 成员变量名;
}
```

注意：get 和成员变量名之间没有空格，成员变量名首字母要大写。

例如，对于手机类 Phone 的实例成员变量 price，用 setter 方法读取对象的成员变量 price 的值，代码如下。

```
    public int getPrice () {
        return price;
    }
```

如果一个私有成员变量同时提供了 getter 方法和 setter 方法，那么这个成员变量既可以读也可以写；如果只提供了 getter 方法没有提供 setter 方法，那么这个成员变量只能读；如果只提供了 setter 方法没有提供 getter 方法，那么这个成员变量只能写入值；如果既没有提供 getter 方法又没有提供 setter 方法，那么这个成员变量既不能读也不能写，对外部不可见。

【例 3-8】 对于例 3-1 中编写的手机类 Phone 进行修改，定义类 PhoneNew。

```
class PhoneNew {
    private String brand;   //定义品牌
    private String color;   //定义颜色
    private int price;      //定义价格
    public void setBrand(String brand) {  //设置 brand 的值
        this.brand = brand;
    }
    public String getBrand() {  //读取 brand 的值
        return brand;
    }
    public void setColor(String color) {  //设置 color 的值
        this.color = color;
    }
    public String getColor() {  //读取 color 的值
        return color;
    }
    public void setPrice(int price) {  //设置 price 的值
        if(price>0)
            this.price = price;
        else
            System.out.println("手机价格不符合要求");
    }
    public int getPrice() {     //读取 price 的值
        return price;
    }
    public  void  phoneCall() {  //定义成员方法打电话
        System.out.println("用手机打电话");
    }
    public  void  sendMessage() {     //定义成员方法发信息
        System.out.println("用手机发信息");
    }
}
public class Example308{  //定义测试类
     public static void main(String[] args) {
        PhoneNew  p=new PhoneNew();//实例化对象 p
        p.setBrand("三星");
        p.setColor("灰色");;
        p.setPrice(2000);
        System.out.println("品牌:"+p.getBrand()+" 颜色:"+p.getColor()+"
价格:"+p.getPrice());
```

```
        p.phoneCall();    //引用对象p的成员方法phoneCall()
        p.sendMessage();  //引用对象p的成员方法sendMessage()
    }
}
```

代码封装了类 PhoneNew 的每个成员变量，定义一个主类 Example308，测试手机类 PhoneNew 的用法，程序运行结果如图 3-8 所示。

```
品牌:三星 颜色:灰色 价格:2000
用手机打电话
用手机发信息
```

图 3-8　例 3-8 程序运行结果

手机类 PhoneNew 有三个私有的实例成员变量：品牌 brand、颜色 color 和价格 price，分别为其定义 getter 方法和 setter 方法，在每个实例成员变量的 setter 方法中，方法的参数和实例成员变量同名，用 this 关键字区分实例成员变量和方法参数；在主类中实例化 PhoneNew 的对象 p，为对象 p 的三个私有成员变量赋值，需要调用对应的 setter 方法，需要输出对象 p 的私有成员信息，那么调用对应的 getter 方法。如果把"p.setPrice(2000)"里面的参数改为-2000，那么将不会把-2000 赋值给手机的私有成员变量 price。

【例 3-9】 对于例 3-2 中编写的 Circle 类进行修改，定义 CircleNew。

```
class CircleNew{
    private final float PI=3.1415926f;  //用final修饰PI为常量
    private float r=0.0f;               //定义成员变量r
    private static int count;           //定义静态成员变量count
    public float getR() {
        return r;
    }
    public void setR(float r) {
        this.r = r;
    }
    public static int getCount() {
        return count;
    }
    public CircleNew(){
        count++;
    }
    public float getArea(){             //定义实例成员方法，求面积
        return  PI * r * r;
    }
    public float getCircumference(){    //定义实例成员方法，求周长
        return  2 * PI * r ;
    }
}
public class Example309 {               //定义主类测试Circle的用法
    public static void main(String[] args) {
        CircleNew c1=new CircleNew(); //用系统提供的无参构造函数来实例化对象c1
        CircleNew c2=new CircleNew(); //用系统提供的无参构造函数来实例化对象c2
        c1.setR(3.0f);              //通过setter方法对对象c1的成员变量r赋值
        c2.setR(6.0f);              //通过setter方法为对象c2的成员变量r赋值
```

```
            System.out.println("CirleNew类对象的个数为: "+CircleNew.getCount());
            System.out.println("第一个对象的面积和周长: ");
            System.out.println("面积: "+c1.getArea()+"周长: "+c1.getCircumference());
            System.out.println("第二个对象的面积和周长: ");
            System.out.println("面积: "+c2.getArea()+"周长: "+c2.getCircumference());
        }
    }
```

将 CircleNew 类的成员变量 count 和 r 设置成 private 并封装，定义一个主类 Example309，测试 CircleNew 的用法，程序运行结果如图 3-9 所示。

```
CirleNew类对象的个数为：2
第一个对象的面积和周长：
面积：28.274334 周长：18.849556
第二个对象的面积和周长：
面积：113.097336 周长：37.699112
```

图 3-9　例 3-9 程序运行结果

CircleNew 的私有成员变量 PI 在类外面不会被使用，所以没有为它定义 getter 方法和 setter 方法；静态私有成员变量 count 在类外只会读取它的值，所以没有为其定义 setter 方法。

任务实施

封装已经定义的 Book 类，定义 BookNew，把成员变量设置成 private，并封装 BookNew 的私有成员变量，定义一个主类 Task303，测试 BookNew 的用法。

```
    class BookNew{
        private String title;        //书名
        private int page;            //页数
        private int price;           //价格
        private String publisher;    //出版社
        private String author;       //作者
        public String getTitle() {
            return title;
        }
        public void setTitle(String title) {
            this.title = title;
        }
        public int getPage() {
            return page;
        }
        public void setPage(int page) {
            if(page>0)
                this.page = page;
        }
        public int getPrice() {
            return price;
        }
        public void setPrice(int price) {
            if(price>0)
```

```
            this.price = price;
        }
        public String getPublisher() {
            return publisher;
        }
        public void setPublisher(String publisher) {
            this.publisher = publisher;
        }
        public String getAuthor() {
            return author;
        }
        public void setAuthor(String author) {
            this.author = author;
        }
        public void displayBookInformation() {
            System.out.println("作者: "+author);
            System.out.println("书名: "+title);
            System.out.println("页数: "+page);
            System.out.println("价格: "+price);
            System.out.println("出版社: "+publisher);
        }
    }
    public class Task303 {
        public static void main(String[] args) {
            BookNew bn=new BookNew();          //声明并创建对象
            bn.setAuthor("张晓");
            bn.setPage(258);
            bn.setPrice(39);
            bn.setPublisher("北京邮电大学出版社");
            bn.setTitle("Java 程序设计");
            bn.displayBookInformation();
        }
    }
```

任务演练

【任务描述】

定义三角形类 Triangle，有三个边长，通过三个边长可以判断它们是否能组成三角形，如果能组成三角形，输出三角形的周长和面积，如果不能组成三角形，提示三条边不能组成三角形。封装三个成员变量。

【任务目的】

1）掌握 getter 的用法。

2）掌握 setter 的用法。

【任务内容】

具体步骤如下。

1）启动 Eclipse，创建 Java 项目，项目名称设为“项目实训 3_3”。

2）创建类 Triangle，三个私有成员变量 a、b 和 c，为三个私有成员变量分别设置 getter

方法和 setter 方法。当设置 setter 方法时，赋值之前要判断参数是否大于 0，参数大于 0 时才为对应的成员变量赋值。

3）为类 Triangle 定义有参构造方法，也可以通过构造方法为成员变量赋值。

4）为类 Triangle 定义 triangleTest()方法，判断三条边能否组成三角形；定义 Perimeter()，如果三条边可以组成三角形，返回三角形的周长；定义 area()方法，如果三条边能够组成三角形，则返回三角形的面积。

5）创建主类 Project303，首先在 main()方法中通过有参构造方法创建 Triangle 类的对象，判断三条边能否组成三角形。如果能组成三角形，则输出三角形的周长和面积；然后再通过三条边的 setter 方法修改三条边的值，再判断修改后的三条边能否组成三角形，如果能，输出三角形的周长和面积，否则，提示三条边不能组成三角形。

在代码页面上右击，在弹出的快捷菜单中选择"Run As"→"Java Application"命令，运行程序测试 Triangle 类的用法。

单元小结

面向对象的思想就是模拟现实世界，把现实世界中的事务抽象成类，使整个程序依靠各个类的对象通过互相通信和互相协作，以完成系统的功能。本章内容主要介绍了面向对象的三大特征、类和对象定义、包的声明和引用、访问权限的控制操作及 getter 方法和 setter 方法的用法。

习题

1．简述类的概念，并举个身边的类的例子。

2．创建矩形类方法来计算周长和面积。

3．创建输入长、宽来创建矩形对象，并计算矩形的数目。

4．定义一个员工类 Employee，包含员工编号 employeeid、姓名 name、年龄 age，将 Employee 类设置成 public；定义一个测试类 test，实例化员工类的对象，为成员变量赋值，并输出成员变量的信息。

5．定义一个员工类 Employee，其成员变量设置为 private，包括员工编号 employeeid、姓名 name、年龄 age，为成员变量设置 getter、setter 方法，并定义 Employee 类的无参构造方法和显示所有成员信息的方法。最后用一个类 test 来测试 Employee 类。

6．创建 person.java 包，在此包中定义 Teacher 类；创建 test.java 包，在此包中定义一个 TeacherTest 类，并在 TeacherTest 类中定义和创建 Teacher 类的对象。

单元 4　继承和多态

学习目标

【知识目标】

- 理解继承和多态的概念。
- 掌握继承、抽象类和抽象方法。
- 掌握方法重载。
- 掌握方法覆盖。
- 掌握接口的定义及类的实现。

【能力目标】

- 能够以对象间的关系及相互作用来分析问题。
- 能够理解并使用接口约定不同类型对象的行为。
- 能够理解接口和抽象类的区别。

任务 4.1　继承

4-1　继承的概念

定义图形类，并定义三角形类、矩形类和圆类继承图形类。

知识储备

4.1.1　继承的概念

继承是面向对象程序设计中的三个特征之一，通过继承使得一个对象从另一个对象中获得属性，所以可以实现代码的重用。继承不仅可以节省软件的开发周期，而且可以提高程序的可维护性。

继承的基本思想是基于某个父类扩展出一个新的子类，子类既可以拥有父类原有的属性和方法，也可以增加父类没有的属性和方法，或者直接对父类的方法进行修改。继承能够让类与类之间产生子类和父类的关系。

Java 中用 extends 关键字表示一个类继承另一个类，格式如下。

```
[修饰符] class 子类名 extends 父类名 {
  //派生类的属性和方法的定义
}
```

【参数说明】

- 父类名是已经声明的类。
- 子类名是新生成的类名。
- extends 说明要创建一个新类，该类从已存在的类继承得到，已存在的类称为父类，又叫基类；新类就叫子类，又叫派生类。

子类继承父类的原则如下。

- 子类不能继承父类中被声明为 private 的成员变量和成员方法，只能继承父类中被声明为 public 和 protected 的成员变量和成员方法。
- 子类可以定义一个与父类成员方法名相同的成员方法，子类中的新成员方法屏蔽父类的成员方法，即在子类中隐藏了与父类同名的成员方法，成员变量也类似。
- 子类不能继承父类的构造方法，因为构造方法必须与它所在的类名相同，父类和子类的名字不同，因此，子类和父类的构造方法也不会相同。
- 在子类中定义新的成员变量和成员方法，增加了子类从父类扩展的功能。

【例 4-1】 定义动物类 Animal、猫类 Cat 和狗类 Dog，猫类 Cat 和狗类 Dog 继承 Animal 类。

```
class Animal{
    String color;        //动物的颜色
    int legnumber;       //动物腿的个数
    double height;       //动物的身长
    double weight;       //动物的重量
    public void eat() {
        System.out.println("具有吃饭的功能");
    }
    public void sleep() {
        System.out.println("具有睡觉的功能");
    }
    public void display() {
        System.out.println("这个动物共有"+legnumber+"条腿,是"+color+"的");
        System.out.println("身长"+height+"厘米,重"+weight+"公斤");
    }
}
class Cat extends Animal{  //继承Animal类

}
class Dog extends Animal{  //继承Animal类

}
public class Example401 {
    public static void main(String[] args) {
        Cat c=new Cat();
        Dog d=new Dog();
        System.out.println("Cat类对象的属性和行为：");
        c.color="黑色";
        c.legnumber=4;
        c.height=30;
        c.weight=3;
        c.display();
        c.eat();
        c.sleep();
        System.out.println("Dog类对象的属性和行为：");
        d.color="白色";
```

```
            d.legnumber=4;
            d.height=60;
            d.weight=8;
            d.display();
            d.eat();
            d.sleep();
        }
    }
```

Cat 类和 Dog 类继承 Animal 类，这样，Cat 类和 Dog 类内部虽然没有定义任何成员变量和成员方法，但是都可以用 Animal 类的成员变量和成员方法，程序的运行结果如图 4-1 所示。

```
Cat类对象的属性和行为：
这个动物共有4条腿，是黑色的
身长30.0厘米，重3.0公斤
具有吃饭的功能
具有睡觉的功能
Dog类对象的属性和行为：
这个动物共有4条腿，是白色的
身长60.0厘米，重8.0公斤
具有吃饭的功能
具有睡觉的功能
```

图 4-1 例 4-1 程序运行结果

如果不用继承，需要把 Animal 类体的内容在 Cat 类和 Dog 类都要重复写一遍，Cat 类和 Dog 类才能使用和 Animal 类相同的成员变量和成员方法。因此，继承的优点如下。

- 提高了代码的可重用性。Cat 类和 Dog 类调用的都是 Animal 类中的代码。
- 提高了代码的可维护性。如果想要在 Cat 类和 Dog 类中都增加一个成员变量 “String name;”，只要在 Animal 类中增加这一属性即可，不需要在 Cat 类和 Dog 类中都添加。

4.1.2 成员变量和成员方法的屏蔽

如果子类中声明了与父类同名的成员变量和成员方法，那么在子类中，父类的成员变量和成员方法被隐藏，也就是说，在子类中屏蔽了父类的成员变量和成员方法，子类仍然继承父类的成员变量和成员方法，但是这些同名的成员变量和成员方法不能直接被访问。

【例 4-2】 修改 Cat 类的定义。

4-2 成员变量和成员方法的屏蔽

```
//AnimaL 类的定义，同例 4-1，此处省略
class Cat extends Animal{  //继承 Animal 类
    String color;
    String name;
    public void eat() {
        System.out.println("猫吃老鼠");
    }
    public void greet() {
        System.out.println("喵喵喵...");
    }
}
public class Example402 {
    public static void main(String[] args) {
        Cat c=new Cat();
        c.name="小淘气";
        c.color="灰色";
        c.legnumber=4;
        c.height=30;
        c.weight=3;
        c.display();
```

```
            System.out.println("猫是"+c.color+"的,名字叫"+c.name);
            c.eat();
            c.sleep();
            c.greet();
        }
    }
```

在 Cat 类添加了成员变量 color 和 name，以及成员方法 eat()和 greet()，成员变量 color 和成员方法 eat()都和父类 Animal 的相同，程序运行结果如图 4-2 所示。

```
这个动物共有4条腿,是null的
身长30.0厘米,重3.0公斤
猫是灰色的,名字叫小淘气
猫吃老鼠
具有睡觉的功能
喵喵喵...
```

图 4-2　例 4-2 程序运行结果

输出第一行的颜色显示为 null，后面又输出猫是灰色的，这是由于在 Cat 类中定义了一个成员变量 color，与父类 Animal 类成员变量同名的，那么在子类 Cat 的对象使用这个成员变量时，会屏蔽父类 Animal 的成员变量 color，所以子类的成员变量 color 的值是灰色，而父类 Animal 的成员变量 color 是 null。

在子类 Cat 中也定义了一个成员方法 eat()和父类 Animal 中的成员方法名字相同，输出的是子类 Cat 中定义的成员方法 eat()的信息。

4-3　super 关键字

4.1.3　super 关键字

当子类的成员变量和成员方法与父类的成员变量和成员方法同名时，会隐藏父类的成员变量和成员方法，但有时还需要用被隐藏的父类的成员变量和成员方法，这时需要借助 Java 中的 super 关键字来实现对父类成员的访问，有以下三种情况。

1）访问被隐藏的直接父类的同名成员变量，语法格式如下。

```
super.成员变量;
```

2）访问直接父类中被覆盖的同名方法，语法格式如下。

```
super.成员方法([参数列表]);
```

3）访问直接父类的构造方法，语法格式如下。

```
super([参数列表]);
```

注意：如果在子类构造方法中调用 super()语句，那么 super()语句必须是第一条语句，先初始化父类，再初始化子类。

【例 4-3】 修改 Animal 类。

```
class Animal{
    String color;          //动物的颜色
    int legnumber;         //动物腿的个数
    double height;         //动物的身长
    double weight;         //动物的重量
    public Animal(String color,int legnumber,double height,double weight){
```

```
            this.color=color;
            this.legnumber =legnumber;
            this.height=height;
            this.weight=weight;
        }
        public void eat() {
            System.out.println("Animal eat...具有吃饭的功能");
        }
        public void sleep() {
            System.out.println("Animal sleep...具有睡觉的功能");
        }
    }
    class Cat extends Animal{     //继承 Animal 类
        String color;             //子类的成员变量 color
        String name;              //子类新添加成员变量
        public Cat(String color,int legnumber,double height,double weight,
String name) {
            super(color,legnumber,height,weight);    //调用父类的构造方法
            this.color="白色";
            this.name=name;
        }
        public void displayAnimal() {
            System.out.println("Animal 共有"+legnumber+"条腿,是"+super.color+"的");
            System.out.println("身长"+height+"厘米,重"+weight+"公斤");
            super.eat();     //调用父类的 eat()方法，super 不能省略
            super.sleep();  //调用父类的 sleep()方法，super 可以省略
        }
        public void displayCat() {
            System.out.println("Cat 名字叫"+name+",共有"+legnumber+"条腿，是
"+color+"的");
            System.out.println("身长"+height+"厘米,重"+weight+"公斤");
            eat(); //子类的成员方法 eat()方法屏蔽了父类的成员方法 eat()
            sleep(); //调用继承了父类的成员方法 sleep()
            greet(); //调用子类新添加的成员方法 greet()
        }
        public void eat() {       //子类屏蔽父类的成员方法
            System.out.println("Cat eat...猫吃老鼠");
        }
        public void greet() {    //子类新添加的成员方法
            System.out.println("Cat greet...喵喵喵...");
        }
    }
    public class Example403 {
        public static void main(String[] args) {
            Cat c=new Cat("灰色",4,30,3,"小淘气");
            System.out.println("输出父类 Animal 的信息......");
            c.displayAnimal();
            System.out.println("输出子类 Cat 的信息......");
            c.displayCat();
        }
```

```
}
```

为 Animal 类添加带参数的构造方法，修改猫类 Cat，在猫类中调用父类与子类相同的成员变量和成员方法，程序运行结果如图 4-3 所示。

```
输出父类Animal的信息......
Animal共有4条腿,是灰色的
身长30.0厘米,重3.0公斤
Animal eat...具有吃饭的功能
Animal sleep...具有睡觉的功能
输出子类Cat的信息......
Cat名字叫小淘气,共有4条腿,是白色的
身长30.0厘米,重3.0公斤
Cat eat...猫吃老鼠
Animal sleep...具有睡觉的功能
Cat greet...喵喵喵...
```

图 4-3 例 4-3 程序运行结果

输出父类 Animal 的信息时，用 super.color 语句显示的是父类成员变量 color 的值，用 super.eat()调用的是父类成员方法 eat()；输出子类 Cat 的信息时，子类成员变量 color 隐藏了父类成员变量，子类成员方法 eat()隐藏了父类成员方法。

4-4 final 关键字

4.1.4 final 关键字

final 关键字可以修饰类、成员变量和成员方法。

1. final 修饰类

被 final 关键字修饰的类不能被继承，即不能有子类，有时出于安全性考虑，将一些类用 final 关键字修饰。如 String 类，它对于编译器和解释器的正常运行有很重要的作用，不能轻易改变它，因此 String 类被修饰为 final 类。

2. final 修饰成员变量

如果一个成员变量被 final 关键字修饰，则这个成员变量将成为常量，且必须初始化，初始化之后不能改变。

3. final 修饰成员方法

如果一个成员方法被 final 关键字修饰，那么它所在的类被继承后，子类中不能定义与父类用 final 修饰的成员方法名相同，即子类不能屏蔽父类使用 final 关键字修饰过的成员方法，也可以说父类中的此方法不能被覆盖。

【例 4-4】 定义 Circle 类，定义 Cylinder 类继承 Circle 类。

```
class Circle{
    public  final  float PI=3.1415926f;      //用 final 修饰 PI 为常量
    public  float  r=0.0f;                   //定义成员变量 r
    public void area(){                      //求面积
        System.out.println("半径为"+r+"的圆，面积为："+PI * r * r);
    }
    public void circumference(){             //求周长
        System.out.println("半径为"+r+"的圆，周长为："+ 2 * PI * r );
    }
}
```

```
class Cylinder extends Circle{               //定义圆柱
     public float h;                         //圆柱体的高
     public void area(){                     //求表面积
        System.out.println("半径为"+r+"的圆柱，表面积为："+2*PI*r*h);
    }
    public void volume() {                   //求体积
        System.out.println("半径为"+r+"的圆柱，体积为："+PI * r * r * h);
    }
}
public class Example404 {
    public static void main(String[] args) {
        Circle c=new Circle();
        Cylinder cyl=new Cylinder();
        c.r=3;  //圆的半径为3
        cyl.r=5; //圆柱体的半径为5
        cyl.h=10; //圆柱体的高为10
        c.area();
        c.circumference();
        cyl.area();
        cyl.volume();
    }
}
```

Circle 类中声明了常量 PI，以及分别用来求圆的面积和周长的成员方法 area()和 circumference()，在其子类 Cylinder 中添加成员变量 h，以及求圆柱体的表面积和体积的成员方法，程序运行结果如图 4-4 所示。

```
半径为3.0的圆，面积为：28.274334
半径为3.0的圆，周长为：18.849556
半径为5.0的圆柱，表面积为：314.15924
半径为5.0的圆柱，体积为：785.3981
```

图 4-4　例 4-4 程序运行结果

由于 Circle 类的成员变量 PI 用 final 修饰，PI 的值不能再改变。如果 Circle 类的成员方法 area()用 final 修饰，那么在 Cylinder 类中不能再定义 area()方法，因为用 final 修饰的成员方法不能被隐藏。

4.1.5　抽象类与抽象方法

4-5　抽象类与抽象方法

如果在一个类的类体中定义成员方法时，只声明方法的存在而不去具体实现，那么这个类就叫作抽象类，而抽象类中的没有实现的方法就叫抽象方法。抽象类和抽象方法必须用关键字 abstract 声明。

1. 抽象类

抽象类是一种特殊的类，它不能被实例化，即不能用 new 关键字来创建对象。声明抽象类的格式与声明类的格式相同，但需要用 abstract 修饰符指明它是一个抽象类。定义抽象类的语法格式如下。

```
abstract class 类名{
//类体
}
```

抽象类一定是用来继承的，例如定义了一个 Food 类的抽象类，由于抽象类不能创建对象，因此定义了一个类 Bread 来继承 Food 类，代码如下。

```
abstract class Food{
    public String name;//定义成员变量name
}
class Bread extends Food{
}
```

要想使用抽象类 Food，必须依靠它的子类 Bread，因此抽象类不能用 final 关键字修饰，被 final 关键字修饰的类不能有子类。

2．抽象方法

在抽象类中只声明而不实现的方法称为抽象方法。抽象方法只有方法的声明，而没有方法的实现代码，需要子类重写抽象方法。定义抽象方法的语法格式如下。

```
abstract <方法返回值类型> 方法名([参数列表]);
```

从抽象方法的定义形式可以看出，抽象方法需要用 abstract 修饰，没有方法体，直接用分号结束。抽象方法需要在子类中实现。抽象方法不能用 private 关键字修饰，因为用 private 修饰的成员不能被其他类访问，而抽象方法又必须在子类中实现。

例如，为 Food 类添加一个抽象方法，在 Bread 类实现，代码如下。

```
abstract class Food{
    public String name;//定义成员变量name
    public abstract void cook(); //烹饪的方法
}
class Bread extends Food{
    public void cook(){
        System.out.println("面包出炉了");
    }
}
```

抽象类一般用于描述现实世界中的抽象概念，如食物、水果等，人们看不到它们的实例，只能看到它们子类的实例，如面包、苹果等子类的实例。抽象类提供了方法声明与方法实现相分离的机制，使其各个子类表现出共同的行为模式，通过对抽象类的继承可以实现代码的复用，规范子类的行为。

【例 4-5】 定义抽象类 Animal 及猫类 Cat、狗类 Dog，猫类 Cat 和狗类 Dog 继承 Animal 类。

```
abstract class Animal{
    String name;              //动物的名字
    int age;                  //动物的年龄
    public Animal(String name,int age) {
        this.name=name;
        this.age=age;
    }
    public abstract void eat(); //定义抽象方法
    public abstract void greet();
}
```

```
class Cat extends Animal{        //继承Animal类
    public Cat(String name,int age) {
        super(name,age);
    }
    public void eat() {      //实现抽象方法
        System.out.println("小猫"+this.name+this.age+"岁了,正在吃小鱼");
    }
    public void greet() {
        System.out.println("小猫"+this.name+"欢迎你，喵喵喵...");
    }
}
class Dog extends Animal{   //继承Animal类
    public Dog(String name,int age) {
        super(name,age);
    }
    public void eat() {
        System.out.println("小狗"+this.name+this.age+"岁了,正在啃骨头");
    }
    public void greet() {
        System.out.println("小狗"+this.name+"欢迎你，汪汪汪...");
    }
}

public class Example405 {
    public static void main(String[] args) {
        Cat c=new Cat("小呆呆",3);
        Dog d=new Dog("吉娃娃",5);
        c.eat();
        c.greet();
        d.eat();
        d.greet();
    }
}
```

Cat 类和 Dog 类继承 Animal 类，并实现 Animal 类的抽象方法，程序运行结果如图 4-5 所示。

```
小猫小呆呆3岁了,正在吃小鱼
小猫小呆呆欢迎你，喵喵喵...
小狗吉娃娃5岁了,正在啃骨头
小狗吉娃娃欢迎你，汪汪汪...
```

图 4-5 例 4-5 程序运行结果

Animal 类有两个成员变量和两个抽象方法，Cat 类和 Dog 类继承 Animal 类，并实现了 Animal 类的两个抽象方法，抽象类 Animal 规定了子类 Cat 和 Dog 具有的共同的行为 eat()和 greet()。

任务实施

定义图形类 Geometric 为抽象类，它有一个边长成员变量、两个抽象方法 getArea()和 getPerimeter()分别用来求图形的面积和周长；定义三角形类 Triangle，添加两个成员变量表示两条边的边长，有条边继承图形类 Geometric 的成员变量，实现抽象类 Geometric 的抽象方法 getArea()和 getPerimeter()。以同样的方式定义矩形类 Rectangle 和圆类 Circle。最后定义主类 Task401 进行测试。

```
import static java.lang.Math.*;
abstract class Geometric{
    double a;
    public Geometric(double a) {
        this.a=a;
    }
    public abstract double getArea();
    public abstract double getPerimeter();
}
class Triangle extends Geometric{
    double b;
    double c;
    public Triangle(double a,double b,double c){
        super(a);
        this.b=b;
        this.c=c;
    }
    public double getArea(){
        double s=0.25 * sqrt((a+b+c)*(a+b-c)*(a-b+c)*(b+c-a));
        return s;
    }
    public double getPerimeter(){
        return a+b+c;
    }
}
class Rectangle extends Geometric{
    double b;
    public Rectangle(double a,double b){
        super(a);
        this.b=b;
    }
    public double getArea(){
        return a*b;
    }
    public double getPerimeter(){
        return 2*(a+b);
    }
}
class Circle extends Geometric{
    public Circle(double r) {
        super(r);
    }
    public double getArea() {
        return PI*a*a;
    }
    public double getPerimeter() {
```

```
            return 2*PI*a;
        }
    }
    public class Task401 {
        public static void main(String[] args) {
            Triangle t=new Triangle(3,4,5);
            Rectangle r=new Rectangle(10,20);
            Circle c=new Circle(8);
            System.out.print("三角形的三条边为:"+t.a+"、"+t.b+"、"+t.c);
            System.out.print("  面积是:"+t.getArea());
            System.out.println("  周长是:"+t.getPerimeter());
            System.out.print("矩形的长和宽分别为:"+r.a+"、"+r.b);
            System.out.print("  面积是:"+r.getArea());
            System.out.println("  周长是:"+r.getPerimeter());
            System.out.print("圆的半径为:"+t.a);
            System.out.print("  面积是:"+c.getArea());
            System.out.println("  周长是:"+c.getPerimeter());
        }
    }
```

任务演练

【任务描述】

定义 Person 类，以及 Person 类的子类 Student 类和 Teacher 类。

【任务目的】

1）掌握继承的定义。

2）掌握抽象方法和抽象类的定义。

【任务内容】

创建 Person 类为抽象类，该类具有抽象方法 display()和成员变量姓名 name、年龄 age、性别 sex，有参构造方法为成员变量赋值；定义子类 Student，添加成员变量学号 id 和成员方法 study()，实现抽象方法 display()；定义子类 Teacher，添加成员变量工号 num、职称 prof 和成员方法 teach()，并实现父类 Person 的抽象方法 display()。

具体步骤如下。

1）启动 Eclipse，创建 Java 项目，项目名称设为“项目实训 4_1”。

2）创建抽象类 Person，在类体中定义成员变量 name(String)、sex(String)、age(int)；定义有参构造方法为成员变量赋值；定义抽象方法 display()。

3）创建类 Student，Student 类继承 Person 类，在类体中添加成员变量 id(String)；定义有参构造方法，在构造方法的第一行用 super()调用父类 Person 的构造方法，并为新添加的成员变量 id 赋值；定义成员方法 study()，定义与父类返回值、方法名都相同的成员方法 display()，实现父类的抽象方法。

4）创建类 Teacher，Teacher 类继承 Person 类，在类体中添加成员变量 id(String)和 prof(String)；定义有参构造方法，在构造方法的第一行用 super()调用父类 Person 的构造方法，并为新添加的成员变量 id 和 prof 赋值；定义成员方法 teach()，定义与父类返回值、方法名都相同的成员方法 display()，实现父类的抽象方法。

5）创建主类 Project401，在 main()方法中创建 Student 类和 Teacher 类的对象，并调用其成员方法。

在代码页面上右击，在弹出的快捷菜单中选择“Run As”→“Java Application”命令，运行程序。

任务 4.2 接口

定义图形类接口，实现三角形类、矩形类和圆类的面积和周长的计算。

4-6 接口的定义

知识储备

4.2.1 接口的定义

在日常生活中，人们经常会用到接口，比如计算机的 USB 接口可以接 U 盘、移动硬盘及手机、数码相机等设备，因为它们都遵守统一的数据操作标准，所以不论接入的是哪一种设备，都能通过 USB 接口来实现计算机与该设备之间的数据存取。在进行软件开发时，也可以采用接口来设计系统架构，这样就可以通过更换接口的实现类来更换系统的实现，降低程序各个模块之间的耦合，从而提高代码的扩展性和可维护性。可以将 USB 接口抽象为面向对象程序设计中的接口，而 U 盘、移动硬盘及手机、数码相机等可以抽象为这个接口的实现类。

如果一个抽象类中的所有方法都是抽象的，并且该抽象类没有成员变量，可以把这个抽象类用另一种方式来定义，也就是用接口的方式定义。Java 中的接口是一种特殊的抽象类，只包含常量及成员方法的声明，接口中的所有方法都只有方法声明而没有方法体，既没有成员变量的定义，也没有成员方法的实现。通过在接口中定义一些常量和声明一些方法，可以大致规划出类的共同行为，把接口的实现留给具体的类，也就是说，接口只定义了类该做什么，而不关心如何去做。

Java 只支持单一继承，也就是说，一个子类只能有一个父类，无法实现多重继承。接口的定义包括接口声明和接口体，一般格式如下。

```
[public] interface 接口名 [extends 父接口列表] {
//常量声明
//方法声明
}
```

【参数说明】

- extends 关键字表示继承父接口，与类中的 extends 不同的是，它可以有多个父接口，各个父接口之间用逗号隔开。
- 接口的公共静态常量用 public static final 修饰。
- 接口中的方法都只有方法声明。

由于接口是为外界提供服务的，因此接口中的方法必须为 public，即使在接口中声明方法时没有用 public，也默认为 public，并且在接口中不允许定义 private 和 protected 方法。

例如，定义一个 Shape 接口，在该接口中定义一个常量 PI、两个方法 getArea()和 getCircumference()，代码如下。

```
public interface Shape {
    final float PI=3.14f;
    public float getArea(float r);
    public float getCircumference(float r);
}
```

4-7 接口的实现

需要注意的是，接口文件的文件名要与接口名相同，那么创建接口需要单独创建一个文件。创建接口的具体步骤如下。

1）创建项目 ProjectInterface。选择“File”→“New”→“Java Project”菜单命令，输入项目名“ProjectInterface”，单击“Finish”按钮。

2）在项目名 ProjectInterface 下，选择“File”→“New”→“Interface”菜单命令，在“Name”文本框中输入接口名“Shape”，单击“Finish”按钮，在文件 Shape.java 中输入接口的定义内容。

4.2.2 接口的实现

接口中声明了一组方法，而具体接口的实现方法则需要某个类来实现。在类的声明中使用 implements 关键字来实现接口，一个类可以实现多个接口，通过实现接口可以达到多重继承的效果。声明接口的语法格式如下。

```
class 类名 implements 接口 1[,接口 2,接口 3,…,接口 n]{
 //类体
}
```

若实现接口的类不是抽象类，则必须实现所有接口的所有方法；一个类在实现接口的方法时，必须使用完全相同的方法名、参数列表和相同的返回值类型；接口中抽象方法的访问修饰符默认为 public，所以在实现接口的类中必须显式地使用 public 修饰符。

接口主要用来规范类的方法，其应用方式主要有以下两种。

1）实现接口：通过类实现接口，可以实现接口中规范的方法，同一个接口的实现类可能不同，表现形式也不同，就比如同一个 USB 接口，既可以与手机传输数据，也可以与数码相机传输数据。

2）接口作为参数：接口可以作为方法定义时的参数，在实际调用方法时传入接口的实现类。通过传入不同的实现类，实现不同的行为。

【例 4-6】 定义接口 Shape 和类 Circle，类 Circle 实现接口 Shape。

```
//定义接口 Shape，接口名与文件名相同
public interface Shape {
    final float PI=3.14f;
    public float getArea(float r);
    public float getCircumference(float r);
}
//定义 Circle 类实现接口 Shape
public class Circle implements Shape {
    public float getArea(float r) {
        return PI*r*r;
    }
    public float getCircumference(float r) {
        return 2*PI*r;
```

```
    }
}
//定义主类
public class Example406 {
    public static void main(String[] args) {
        Circle c=new Circle();
        System.out.println("半径为 3 的圆面积为："+c.getArea(3));
        System.out.println("半径为 3 的圆周长为："+c.getCircumference(3));
    }
}
```

定义主类 Example406 测试实现接口的类的用法，程序运行结果如图 4-6 所示。

```
半径为3的圆面积为：28.26
半径为3的圆周长为：18.84
```

图 4-6　例 4-6 程序运行结果

还可以定义其他类来实现接口 Shape，实现同一个接口的类具有相同的常量 PI，以及相同的方法 getArea()和 getCircumference()。

【例 4-7】 定义接口 Student 和类 Pupil、Middle、Undergraduate，三个类实现接口 Student。

```
//定义接口 Student，接口名与文件名相同
public interface Student {
    void study();
    void eat();
}
//定义 Pupil、Middle 和 Undergraduate 实现接口 Student，主类 Example407 测试接口
class Pupil implements Student{
    public void study() {
        System.out.println("小学生学习小学课程");
    }
    public void eat() {
        System.out.println("小学生在小学食堂吃饭");
    }
}
class Middle implements Student{
    public void study() {
        System.out.println("中学生学习中学课程");
    }
    public void eat() {
        System.out.println("中学生在中学食堂吃饭");
    }
}
class Undergraduate implements Student{
    public void study() {
        System.out.println("大学生学习专业课程");
    }
    public void eat() {
        System.out.println("大学生在大学食堂吃饭");
    }
```

```
}
public class Example407 {
    public static void main(String[] args) {
        Pupil p=new Pupil();
        Middle m=new Middle();
        Undergraduate u=new Undergraduate();
        p.study();
        p.eat();
        m.study();
        m.eat();
        u.study();
        u.eat();
    }
}
```

定义主类 Example407 测试实现接口的类的用法，程序运行结果如图 4-7 所示。

【例 4-8】 接口作为方法的参数。

```
//接口 Student、类 Pupil、Middle 和 Undergraduate 的定义同例 4-7，此处省略
public class Example408 {
    public static void studyTask(Student s) {
        s.study();
    }
    public static void eatTask(Student s) {
        s.eat();
    }
    public static void main(String[] args) {
        Pupil p=new Pupil();
        Middle m=new Middle();
        Undergraduate u=new Undergraduate();
        studyTask(p);
        studyTask(m);
        studyTask(u);
        eatTask(p);
        eatTask(m);
        eatTask(u);
    }
}
```

在类 Example408 中有两个方法 studyTask()和 eatTask()，把接口 Student 作为方法 studyTask()和 eatTask()的参数，在 main()方法中调用时，传入具体的实现类 Pupil、Middle 和 Undergraduate 的对象，根据传入的实现类的不同，实现不同的行为。程序的运行结果如图 4-8 所示。

```
小学生学习小学课程
小学生在小学食堂吃饭
中学生学习中学课程
中学生在中学食堂吃饭
大学生学习专业课程
大学生在大学食堂吃饭
```

图 4-7　例 4-7 程序运行结果

```
小学生学习小学课程
中学生学习中学课程
大学生学习专业课程
小学生在小学食堂吃饭
中学生在中学食堂吃饭
大学生在大学食堂吃饭
```

图 4-8　例 4-8 程序运行结果

任务实施

定义图形类 Geometric 为接口，声明方法 getArea()和 getPerimeter()分别用来求图形的面积和周长，定义三角形类 Triangle，实现接口 Geometric 的抽象方法 getArea()和 getPerimeter()，用同样的方式定义矩形类 Rectangle 和圆类 Circle。最后定义主类 Task402 进行测试。

具体实现步骤如下。

1）启动 Eclipse，创建 Java 项目，项目名称设为“Task402”。

2）在 Task402 下创建接口 Geometric。

```
public interface Geometric {
    double PI=3.14;
    double getArea();
    double getPerimeter();
}
```

3）在 Task402 下创建类 Triangle 以实现接口 Geometric。

```
import static java.lang.Math.sqrt;
class Triangle implements Geometric{
    double a;
    double b;
    double c;
    public Triangle(double a,double b,double c){
        this.a=a;
        this.b=b;
        this.c=c;
    }
    public double getArea(){
        double s=0.25 * sqrt((a+b+c)*(a+b-c)*(a-b+c)*(b+c-a));
        return s;
    }
    public double getPerimeter(){
        return a+b+c;
    }
}
```

4）在 Task402 下创建类 Rectangle 以实现接口 Geometric。

```
class Rectangle implements Geometric{
    double a;
    double b;
    public Rectangle(double a,double b){
        this.a=a;
        this.b=b;
    }
    public double getArea(){
        return a*b;
    }
    public double getPerimeter(){
        return 2*(a+b);
```

```
        }
    }
```

5）在 Task402 下创建类 Circle 以实现接口 Geometric。

```
class Circle implements Geometric{
    double r;
    public Circle(double r) {
        this.r=r;
    }
    public double getArea() {
        return PI*r*r;
    }
    public double getPerimeter() {
        return 2*PI*r;
    }
}
```

6）创建主类 Task402。

```
public class Task402 {
    public static double areaTask(Geometric g) {
        return g.getArea();
    }
    public static double perimeterTask(Geometric g) {
        return g.getPerimeter();
    }
    public static void main(String[] args) {
        Triangle t=new Triangle(3,4,5);
        Rectangle r=new Rectangle(10,20);
        Circle c=new Circle(8);
        System.out.print("三角形的三条边为:"+t.a+"、"+t.b+"、"+t.c);
        System.out.print("  面积是:"+areaTask(t));
        System.out.println("  周长是:"+perimeterTask(t));
        System.out.print("矩形的长和宽分别为:"+r.a+"、"+r.b);
        System.out.print("  面积是:"+areaTask(r));
        System.out.println("  周长是:"+perimeterTask(r));
        System.out.print("圆的半径为:"+t.a);
        System.out.print("  面积是:"+areaTask(c));
        System.out.println("  周长是:"+perimeterTask(c));
    }
}
```

任务演练

【任务描述】

定义 Display 接口、抽象类 Person，以及 Student 类和 Teacher 类，Student 类和 Teacher 类继承抽象类并实现接口。

【任务目的】

1）掌握接口的定义。

2）掌握接口的实现。

3）掌握接口的使用。

【任务内容】

创建 Display 接口，Display 接口具有抽象方法 showInfo()；定义抽象类 Person，抽象类 Person 具有成员变量姓名 name、年龄 age、性别 sex，有参构造方法为成员变量赋值；定义类 Student，Student 类继承抽象类 Person，并实现接口，添加成员变量学号 id 和成员方法 study()；定义类 Teacher，Teacher 类继承抽象类，并实现接口，添加成员变量工号 num、职称 prof 和成员方法 teach()。

具体步骤如下。

1）启动 Eclipse，创建 Java 项目，项目名称设为“项目实训 4_2”。

2）创建接口 Display，其中包含抽象方法 showInfo()。

3）定义抽象类 Person，在类体中定义成员变量 name(String)、sex(String)、age(int)；定义有参构造方法为成员变量赋值。

4）创建类 Student，Student 类继承 Person 类，实现接口 Display，在类体中添加成员变量 id(String)；定义有参构造方法，在构造方法的第一行用 super()调用父类 Person 的构造方法，并为新添加的成员变量 id 赋值；定义成员方法 study()，定义与接口返回值、方法名都相同的成员方法 showInfo()，实现接口的抽象方法。

5）创建类 Teacher，Teacher 类继承 Person 类，实现接口 Display，在类体中添加成员变量 id(String)和 prof(String)；定义有参构造方法，在构造方法的第一行用 super()调用父类 Person 的构造方法，并为新添加的成员变量 id 和 prof 赋值；定义成员方法 teach()，定义与接口返回值、方法名都相同的成员方法 showInfo()，实现接口的抽象方法。

6）创建主类 Project402，在 main()方法中创建 Student 类和 Teacher 类的对象，并创建静态方法 showInfoTask()，用接口 Display 作为参数。

在代码页面上右击，在弹出的快捷菜单中选择“Run As”→“Java Application”命令，运行程序。

任务 4.3　多态

定义水果类 Fruit，Fruit 类有成员变量 color 和 harvest()方法，并定义继承 Fruit 类的苹果类 Apple 和梨类 Pear，重写 Fruit 类的 harvest()方法。

4-8　重载

4.3.1　重载

多态性是面向对象程序设计的另一个重要特征，可以通过子类对父类方法的覆盖实现多态，也可以利用重载（Overload）在同一个类中定义多个同名的不同行为实现多态。重载是一种静态的多态，在编译过程中确定同名方法的具体执行；而覆盖是一种动态的多态，在程序运行阶段确定同名方法的执行。多态可以改善代码的结构，提高程序的可读性和可扩展性。

重载体现了面向对象系统的多态性，是指一个类中可以有多个方法具有相同的方法名，但这些方法的参数个数不同，或者参数类型不同。关于重载，需要注意以下几点。

- 同一个类中的多个构造方法称为构造方法的重载。
- 方法名相同但是参数不同、分别位于父类和子类中的两个方法，也可以构成重载。
- 方法名相同、参数相同，但返回类型不同，不足以构成方法重载。

当重载方法被调用时，编译器将根据参数的数量和类型来确定实际调用重载方法的版本。

【例 4-9】 定义类 Calculate。

```
class Calculate{
    private int a;
    private int b;
    public int getA() {
        return a;
    }
    public void setA(int a) {
        this.a = a;
    }
    public int getB() {
        return b;
    }
    public void setB(int b) {
        this.b = b;
    }
    public Calculate() {
    }
    public Calculate(int a) {
        this.a=a;
    }
    public Calculate(int a,int b) {
        this.b=b;
    }
    public int add() {
        return a+b;
    }
}
public class Example409 {
    public static void main(String[] args) {
        Calculate c1=new Calculate();
        Calculate c2=new Calculate(3);
        Calculate c3=new Calculate(5,10);
        c1.setA(1);
        c1.setB(2);
        System.out.println("空参构造函数实例化的对象："+c1.add());
        c2.setB(5);
        System.out.println("一个参构造函数实例化的对象："+c2.add());
        System.out.println("两个参构造函数实例化的对象："+c3.add());
    }
}
```

在 Calculate 类中定义了三个构造方法，即无参构造方法、有一个参数的构造方法和有两个参数的构造方法，程序运行结果如图 4-9 所示。

```
空参构造函数实例化的对象：3
一个参构造函数实例化的对象：8
两个参构造函数实例化的对象：10
```

图 4-9　例 4-9 程序运行结果

在 Calculate 类中定义了三个构造方法，构成了构造方法的重载，在创建对象 c1、c2 和 c3 时，根据不同的传入参数调用不同的构造方法，创建对象 c1 时，调用无参构造方法，对成员变量的赋值是通过成员变量的 setter 方法进行的；创建对象 c2 的时候，调用有一个参数的构造方法，在构造方法中为成员变量 a 赋值，另外一个成员变量是通过它的 setter 方法赋值的；创建对象 c3 的时候，调用带两个参数的构造方法，在构造方法中直接对两个成员变量赋值。

【例 4-10】 定义类 CalAdd，定义三个重载的 add()方法。

```
class CalAdd{
    public int add(int a,int b) {
        System.out.println("int类型"+a+"+"+b+"相加,结果是:");
        return a+b;
    }
    public float add(float a,float b) {
        System.out.println("float类型"+a+"+"+b+"相加,结果是:");
        return a+b;
    }
    public double add(double a,double b) {
        System.out.println("double类型"+a+"+"+b+"相加,结果是:");
        return a+b;
    }
}
public class Example410 {
    public static void main(String[] args) {
        CalAdd ca=new CalAdd();
        System.out.println(ca.add(10, 20));
        System.out.println(ca.add(2.2f, 3.3f));
        System.out.println(ca.add(5.5, 6.5));
    }
}
```

在 CalAdd 类中，定义了三个名都为 add 的方法，参数类型不同，这三个方法构成方法的重载，CalAdd 类的对象 ca 调用方法 add()的时候，根据传入参数的类型调用不同的 add()方法，程序运行结果如图 4-10 所示。

```
int类型10+20相加,结果是:
30
float类型2.2+3.3相加,结果是:
5.5
double类型5.5+6.5相加,结果是:
12.0
```

图 4-10　例 4-10 程序运行结果

如果一个类中的两个方法名字相同，参数相同，返回值不同，不能构成重载。例如，定义了类 Phone，并为 Phone 类定义两个成员方法 print()，代码如下。

```
class Phone{
    public void print(String brand,String color) {
        System.out.println("型号为"+brand+" 颜色为"+color);
    }
    public String print(String brand,String color) {
        return "型号为"+brand+" 颜色为"+color ;
    }
}
```

4-9 重写

代码会提示错误“Duplicate method print(String,String) in type phone”，两个 print()方法的参数相同，返回值不同，不能构成重载。

4.3.2 重写

类的继承关系可以产生一个子类。子类继承父类，具备父类的所有非私有的特征，继承父类所有非私有的成员变量和成员方法。子类既可以定义新的成员变量和成员方法，也可以修改父类的成员方法，扩展父类的功能。把子类修改父类的成员方法的行为叫作方法重写，也称为覆盖。

在继承关系中，父类和子类存在同名的方法，需要同时满足以下两个条件。

1）相同的参数（包括参数个数、类型和顺序）。

2）相同的返回值类型。

那么，子类的方法覆盖父类的方法时，需要注意以下几点。

- 不允许出现参数相同但返回值类型不同的同名方法。
- 子类方法不能比父类同名方法的访问权限小。
- 子类方法不能比父类同名方法抛出更多的异常。
- 子类方法要么都是实例方法，要么都是类方法（即静态方法）。
- 如果父类方法具有 private 访问权限，那么子类无法覆盖该方法。

重写是一种动态的多态，它是通过父类引用来体现的。重写体现了子类对父类的补充或者改变父类方法的能力。通过重写，可以使一个方法在不同的子类中表现出不同的行为。

【例 4-11】 定义类 Teacher 和子类 SoftwareTeacher。

```
class Teacher{
    String name;
    String major;
    public Teacher(String name,String major) {
        this.name=name;
        this.major=major;
    }
    public void teach() {
        System.out.println(name+"教"+major+"专业的课程");
    }
}
class SofwareTeacher extends Teacher{
    public SofwareTeacher(String name,String major) {
        super(name,major);
    }
    public void teach() {
```

```
            System.out.println(name+"所在的部门是软件学院,教"+major+"专业的课程");
        }
    }
    public class Example411 {
        public static void main(String[] args) {
            Teacher t=new Teacher("王华","旅游管理");
            SofwareTeacher st=new SofwareTeacher("张山","大数据");
            t.teach();
            st.teach();
        }
    }
```

父类 Teacher 和子类 SoftwareTeacher 都定义了 teach()方法，在类 Example411 中分别调用父类的 teach()方法和子类的 teach()方法。程序运行结果如图 4-11 所示。

```
王华教旅游管理专业的课程
张山所在的部门是软件学院,教大数据专业的课程
```

图 4-11　例 4-11 程序运行结果

重载（Overloading）和重写（Overiding）的区别如下。

- 重载的方法名称相同，参数的类型或个数不同；而重写的方法名称、参数类型、返回值类型全部相同。
- 重载对方法的权限没有要求，而被重写的方法不能拥有更严格的权限。
- 重载一般发生在一个类中，而重写发生在继承中。

4-10　向上转型

4.3.3　向上转型

当把子类对象赋值给父类引用变量时称为向上转型，也就是把子类对象转换为父类对象。假设 Cat 类是 Animal 类的一个子类，“小呆呆”是 Cat 类的一个实例，那么“小呆呆”也是 Animal 类的一个实例，代码如下。

```
Animal a;              //父类引用变量
Cat c=new Cat();       //子类 Cat 的对象
a=c;                   //子类 Cat 的对象赋值给父类引用变量
```

可以把 a 称为子类对象 c 的向上转型对象。使用向上转型时需要注意以下几点。

- 指向子类的父类对象不能操作子类新增的成员变量，不能使用子类新增的方法。
- 指向子类的父类对象既可以操作子类继承的成员变量，也可以操作子类继承或重写的成员方法。

【例 4-12】 定义 Animal 类和子类 Cat。

```
class Animal{
     String name;
     public Animal(String name) {
        this.name=name;
     }
    public void greet() {
        System.out.println(name+"欢迎你");
    }
```

```
    public  void eat() {
        System.out.println(name+"吃饭了");
    }
}
class Cat extends Animal{
    int age;
    public Cat(String name,int age) {
        super(name);
        this.age=age;
    }
    public void greet() {
        System.out.println(name+age+"岁了,喵喵喵，欢迎你");
    }
    public void climbTree() {
        System.out.println(name+"会爬树");
    }
}
public class Example412 {
    public static void main(String[] args) {
        Animal a=new Cat("小呆呆",3);
        a.eat();  //子类没有重写 eat()方法，调用父类的 eat()方法
        a.greet(); //子类重写 greet()方法，调用子类的 greet()方法
        //a.climbTree();报错，类 Animal 没有定义此方法
        System.out.println("名字是"+a.name);
        //System.out.println(a.age); 报错
    }
}
```

父类 Animal 的成员变量有 name，成员方法有 eat()和 greet()，子类 Cat 有成员变量 age，重写父类成员方法 greet()，并定义子类的成员方法 climbTree()。程序运行结果如图 4-12 所示。

```
小呆呆吃饭了
小呆呆3岁了,喵喵喵，欢迎你
名字是小呆呆
```

图 4-12　例 4-12 程序运行结果

因为子类 Cat 没有 eat()方法，所以语句 a.eat()调用的是父类的成员方法 eat()；而子类 Cat 重写了 greet()方法，因此语句 a.greet()调用的是子类的成员方法 greet()；指向子类的父类对象 a 不能操作子类 Cat 新增加的成员变量 age 和成员方法 climbTree()，语句 a.climbTree()和 System.out.println(a.age)都会报错。

【例 4-13】 定义 Animal 类和子类 Cat 和 Dog。

```
class Animal{
    public void greet() {
        System.out.println("欢迎");
    }
}
class Cat extends Animal{  //继承 Animal 类
    public void greet() {
```

```
            System.out.println("小猫喵喵喵......");
        }
    }
    class Dog extends Animal{  //继承Animal类
        public void greet() {
            System.out.println("小狗汪汪汪......");
        }
    }
    public class Example413 {
        public static void greetTask(Animal a) {
            a.greet();
        }
        public static void main(String[] args) {
            greetTask(new Cat());
            greetTask(new Dog());
        }
    }
```

父类 Animal 有成员方法 greet()，子类 Cat 和 Dog 重写成员方法 greet()，在主类 Example413 中声明成员方法 greetTask()。该方法接收 Animal 类作为参数。程序运行结果如图 4-13 所示。

```
小猫喵喵喵......
小狗汪汪汪......
```

图 4-13　例 4-13 程序运行结果

在主类 Example413 中，不管 Animal 类有多少个子类，只需要定义一个 greetTask()方法，在具体运行过程中，根据传入的不同的子类对象，得到不同的结果。

任务实施

定义类 Fruit，它有成员变量颜色 color 和原产地 place，有参构造方法为成员变量赋值，定义成员方法 harvest()。

定义子类 Apple 继承 Fruit 类，重写 harvest()方法。

定义子类 Pear 继承 Fruit 类，重写 harvest()方法。

定义主类 Task403，其中定义静态成员方法 harvestTask()，Fruit 类作为参数，调用 Fruit 类的 harvest()方法。

```
class Fruit{
    String color;
    String place;
    public Fruit(String color,String place) {
        this.color=color;
        this.place=place;
    }
    public void harvest() {
        System.out.println("原产地"+place+",颜色变成"+color+",收获了");
    }
}
class Apple extends Fruit{
```

```
    public Apple(String color,String place) {
        super(color,place);
    }
    public void harvest() {
        System.out.println("原产地"+place+",颜色变成"+color+"的苹果收获了");
    }
}
class Pear extends Fruit{
    public Pear(String color,String place) {
        super(color,place);
    }
    public void harvest() {
        System.out.println("原产地"+place+",颜色变成"+color+"的梨收获了");
    }
}
public class Task403 {
    public static void harvestTask(Fruit f) {
        f.harvest();
    }
    public static void main(String[] args) {
        harvestTask(new Apple("红色","山东"));
        harvestTask(new Pear("黄色","新疆"));
    }
}
```

任务演练

【任务描述】

通过方法重写，实现经理类和销售员类的工资计算。

【任务目的】

1）掌握方法的重写。

2）掌握向上转型。

3）掌握方法的重载。

【任务内容】

步骤如下。

1）启动 Eclipse，创建 Java 项目，项目名称设为“项目实训 4_3”。

2）创建类 Employee，定义成员变量 name(String)、id(String)和常量 salary(double)，定义无参构造方法及有参构造方法，实现构造方法的重载，定义成员方法 calSalary()和 print()方法，calSalary()方法实现工资计算，print()方法实现姓名和职工号信息的输出。

3）定义继承 Emplyee 类的类 Manager 和 Sales，重写 Employee 类的 calSalary()成员方法，Manager 类的工资组成是基本工资 salary 和奖金 bonus，Sales 类的工资组成是基本工资 salary 和销售额的 5%。

4）创建主类 Project403，定义静态方法 calculate()，Employee 类型的对象作为参数，使用向上转型，调用 Employee 的 print()方法和 calSalary()方法；在 main()方法中测试该方法。

在代码页面上右击，在弹出的快捷菜单中选择“Run As”→“Java Application”命令，运行程序。

单元小结

继承和多态是面向对象程序设计的两大特征，本单元首先介绍了类之间的继承关系，通过关键字 extends 声明父类和子类之间的继承关系，子类不仅可以继承父类的属性和方法，还可以添加新的属性和方法，从而实现对父类功能的扩展；接着介绍了抽象类的概念、抽象类的定义和使用；然后介绍了接口，包含接口的定义和接口的实现；最后重点介绍了多态性的定义和实现。

习题

1．下列抽象方法的定义中哪个是合法的？（　　）

A．public abstract show();

B．public abstract void show() { }

C．public abstract show(){ }

D．public abstract void show();

2．下列抽象类的定义中哪个是合法的？（　　）

A．
```
public class Test{
    abstract void show ();
}
```

B．
```
public abstract Test{
    abstract void show();
}
```

C．
```
public abstract class Test{
    abstract void show (){ }
}
```

D．
```
public abstract  class Test{
    abstract void show();
}
```

3．下列接口的定义中哪个是合法的？（　　）

A．
```
public interface Test{
    abstract void show ();
}
```

B．
```
public interface Test{
    abstract void show(){  }
}
```

C．
```
public abstract interface Test{
    abstract void show ();
}
```

D．
```
public abstract interface Test{
    abstract void show();
}
```

4．A 和 B 是两个父类，下列继承的定义中哪个是合法的？（　　）

A．
```
public class Test extends A{
    abstract void show ();
}
```

B．
```
public class Test extends  A,B{
    void show(){  }
}
```

C．
```
abstract class Test extends A {
    abstract void show ();
}
```

D．
```
public class Test implements A{
    abstract void show();
}
```

5．关于继承，下列叙述正确的是（　　）。

A．在 Java 中只允许单一继承

B．在 Java 中接口只允许单一继承

C．在 Java 中一个类不能同时继承一个类和实现一个接口

D. 在 Java 中一个类只能实现一个接口

6. 下列代码的输出结果为（　　）。

```
class Father {
    public void print() {
        System.out.println("Father 类的输出");
    }
}
class Son extends Father {
    public void print() {
        System.out.println("Son 类的输出");
    }
}
class Test{
    public static void main(String[] args) {
        Father f=new Father();
        Son s=new Son();
        f.print();
        s.print();
    }
}
```

7. 以下程序段输出的结果为（　　）。

```
public class Test {
    public Test() {
        System.out.println("无参构造");
    }
    public Test(int a,int b) {
        System.out.println("有参构造,int 类型第一个参数"+a+",第二个参数"+b);
    }
    public Test(double a,double b) {
        System.out.println("有参构造,double 类型第一个参数"+a+",第二个参数"+b);
    }
    public static void main(String[] args) {
        Test t1=new Test();
        Test t2=new Test(10,20);
    }
}
```

8. 抽象类与接口有什么区别?

9. 重写和重载的区别是什么?

单元5　常 用 类 库

学习目标

【知识目标】

- 掌握 String 类的使用。
- 掌握数组的使用。
- 掌握 Date 类和 Math 类的使用。
- 掌握集合的使用。

【能力目标】

- 熟练掌握字符串的常用操作。
- 熟练运用数组解决问题。
- 熟练掌握 Date 类、Math 类的常用操作。
- 能够运用集合解决简单问题。

任务 5.1　字符串的使用

恺撒密码是古罗马时期恺撒创造的，用于加密作战命令。它将字母表中的字母移动一定位置来实现加密。比如：向右移动 2 位，字母 A 变为 C，字母 B 变为 D，……，字母 Y 变为 A。若一个明文“Java”通过这种方法加密，那么将变为密文“Lcxc”；如果要解密，只须将字母向反方向移动 2 位即可。在这个例子中，移动的位数“2”就是加密解密的密钥。下面要求用 Java 程序来实现加密解密的过程。

这里可以将加密解密的内容看成一个字符串，把待处理字符串中的每个字符取出进行移位，需要用到 String 类的相应方法。

5-1　String 类的介绍

知识储备

5.1.1　String 类的介绍

在应用程序中会经常用到字符串，字符串就是一连串的字符，它是由很多单个字符连接而成的。字符串可以包含任意字符，字符必须在一对双引号里面，比如“abc123”。Java 提供了一个内置的 String 类来处理字符串。String 类封装在 Java 的标准包 java.lang 中，不需要导入包就可以直接使用。

1．String 类的初始化

在 Java 中，可以通过以下两种方式对 String 类进行初始化。

1）使用字符串常量直接初始化一个 String 类对象，例如：

```
String s1="hello java!";
```

2）使用 String 类的构造方法（如表 5-1 所示）初始化字符串对象。

表 5-1　String 类的构造方法

方法声明	功能描述
String()	创建一个内容为空的字符串
String(char[] value)	根据指定的字符数组创建对象
String(String value)	根据指定的字符串内容创建对象

【例 5-1】 通过调用不同参数的构造方法完成 String 类的初始化。

```
public class Example501 {
    public static void main(String[] args){
        String str1=new String();                  //创建一个空的字符串
        String str2=new String("hello java!");  //创建一个内容为 hello java! 的字符串
        char[] charArray=new char[]{'J','a','v','a'};    //创建一个内容为字符数组的字符串
        String str3=new String(charArray);
        System.out.println("Ja"+str1+"va");        //打印到控制台
        System.out.println(str2);
        System.out.println(str3);
    }
}
```

程序运行结果如图 5-1 所示。

```
Java
hello java!
Java
```

图 5-1　例 5-1 程序运行结果

2．String 类的常用方法

String 类在实际开发中应用广泛，下面介绍 String 类的一些常用方法，如表 5-2 所示。

表 5-2　String 类的常用方法

方 法 声 明	功 能 描 述
int indexOf(int ch)	返回指定字符在此字符串中第一次出现处的索引
int lastIndexOf(int ch)	返回指定字符在此字符串中最后一次出现处的索引
char charAt(int index)	返回字符串中索引为 index 的位置上的字符，其中 index 的取值范围是 0～（字符串长度-1）
boolean endsWith(String suffix)	判断此字符串是否以指定的字符串结尾
int length()	返回此字符串的长度
boolean equals(Object anObject)	将此字符串与指定的字符串比较
boolean isEmpty()	当且仅当字符串长度为 0 时返回 true
boolean startWith(String prefix)	判断此字符串是否以指定的字符串开始

（续）

方法声明	功能描述
boolean contains(CharSequence cs)	判断此字符串是否包含指定的字符序列
String toLowerCase()	将所有字符转换为小写
String toUpperCase()	将所有字符转换为大写
String valueOf(int i)	返回 int 参数的字符串表示形式
char[] toCharArray()	将此字符串转换为一个字符数组
String replace (CharSequence oldstr,CharSequence newstr)	返回一个新的字符串，它是通过用 newstr 替换此字符串中出现的所有 oldstr 得到的
String substring(int beginIndex)	根据参数 beginIndex 将原来的字符串分割为若干个子字符串
String substring(int beginIndex,int endIndex)	返回一个新字符串，它包含字符串中索引 beginIndex 后的所有字符
String trim()	返回一个新字符串，它除去了原字符串首尾的空格

【例 5-2】 字符串连接符“+”的用法。

```
public class Example502 {
    public static void main(String[] args){
        int readtime=3;//int 型变量
        float practice=3.5f;//float 型变量
        System.out.println("我每天花"+readtime+"小时看 Java 书，"+practice+"
小时上机实践。");
        //用字符串连接符将各种类型的数据相连接并输出
    }
}
```

用字符串连接符“+”将多个字符串或其他类型的数据连接在一起形成一个新的字符串，程序运行结果如图 5-2 所示。

我每天花3小时看Java书，3.5小时上机实践。

图 5-2　例 5-2 程序运行结果

【例 5-3】 获取字符串信息。

```
public class Example503 {
    public static void main(String[] args){
        String s="Hello Java!";      //创建了一个字符串
        System.out.println("字符串 s 的长度为："+s.length());//调用 length()
方法输出字符串长度
        System.out.println("字符a 在字符串s 中第一次出现的位置是："+s.indexOf("a"));
        System.out.println("字符 a 在字符串 s 中最后一次出现的位置是："+s.
lastIndexOf("a"));
        System.out.println("字符串 s 中索引位置为 7 的字符是："+s.charAt(7));
//将字符串 s 中索引位置为 7 的字符返回
    }

}
```

程序运行结果如图 5-3 所示。

```
字符串s的长度为：11
字符a在字符串s中第一次出现的位置是：7
字符a在字符串s中最后一次出现的位置是：9
字符串s中索引位置为7的字符是：a
```

图 5-3　例 5-3 程序运行结果

【分析结果】

- 在第一条输出语句中，调用了 length()方法输出字符串 s 的长度。
- 在第二条输出语句中，调用了 indexOf()方法输出字符 a 在字符串 s 中第一次出现的位置。
- 在第三条输出语句中，调用了 lastIndexOf()方法输出字符 a 在字符串 s 中最后一次出现的位置。
- 在第四条输出语句中，调用了 charAt()方法输出索引位置为 7 的字符。
- 索引位置是从 0 开始计数，空格也要计算在内。字符串 s 的长度为 11，字符 a 第一次出现的位置是 7。字符 a 最后一次出现的位置是 9。索引位置为 7 的字符是 a。

【例 5-4】 字符串替换。

```
public class Example504 {
    public static void main(String[] args){
        String s="Jovo!";
        String new1=s.replace("o","a");      //将 Jovo 中的 o 全部替换为 a
        String new2=s.replaceFirst("o", "a"); //将 Jovo 中的第一个 o 替换为 a
        System.out.println(new1);
        System.out.println(new2);
    }
}
```

声明了一个字符串 s，调用 replace()方法，将字符串 Jovo 中的字符 o 全部替换为字符 a。调用 replaceFirst()方法，只将 Jovo 中的第一个字符 o 替换为字符 a，其他字符不变。因此，输出结果分别是“Java!”和“Javo!”，程序运行结果如图 5-4 所示。

```
Java!
Javo!
```

图 5-4　例 5-4 程序运行结果

需要注意的是，要替换的字符严格区分大小写，需要和原字符串保持一致，否则不能成功替换。

【例 5-5】 比较两个字符串。

```
public class Example505 {
    public static void main(String[] args){
        String s1=new String("Hello Java!");//声明字符串 s1
        String s2=new String("Hello Java!");//声明字符串 s2
        String s3=new String("HELLO JAVA!");//声明字符串 s3
        String s4=s1;//将 s1 的值赋给 s4
        boolean b1=(s1==s2);//用“==”比较 s1 和 s2
        boolean b2=(s1==s4);//用“==”比较 s1 和 s4
        boolean b3=s1.equals(s2);//用“equals()”比较 s1 和 s2
        boolean b4=s1.equals(s3);//用“equals()”比较 s1 和 s3
        boolean b5=s1.equalsIgnoreCase(s2);//用“equalsIgnoreCase()”比
```

```
较s1和s2
            boolean b6=s1.equalsIgnoreCase(s3);//用"equalsIgnoreCase()"比
较s1和s3
            System.out.println("s1==s2:"+b1);
            System.out.println("s1==s4:"+b2);
            System.out.println("s1 equals s2:"+b3);
            System.out.println("s1 equals s3:"+b4);
            System.out.println("s1 equalsIgnoreCase s2:"+b5);
            System.out.println("s1 equalsIgnoreCase s3:"+b6);
        }
    }
```

程序运行结果如图5-5所示。

```
s1==s2:false
s1==s4:true
s1 equals s2:true
s1 equals s3:false
s1 equalsIgnoreCase s2:true
s1 equalsIgnoreCase s3:true
```

图5-5　例5-5程序运行结果

【分析结果】

例5-5中的代码声明了三个字符串s1、s2、s3，并将s1的值赋给s4。

- 第一个比较判断：把s1和s2用运算符==进行比较，结果是false。因为运算符==是用来比较内存位置是否一样，虽然s1和s2的字符串是一模一样的，但s1和s2这两个对象指向的是不同的内存单元。
- 第二个比较判断：把s1和s4用运算符==进行比较，结果是true，这是由于程序中直接将s1的值赋给了s4，s1和s4这两个对象指向的是同一个内存单元。
- 第三个比较判断：调用equals()方法比较s1和s2，结果是true。
- 第四个比较判断：调用equals()方法比较s1和s3，结果为false，因为equals方法严格区分大小写。
- 第五个和第六个比较判断：由于使用的equalsIgnoreCase()是不区分大小写的，因此结果为true。

【例5-6】 字符串大小写转换。

```
public class Example506 {
    public static void main(String[] args){
        String s=new String("abcdeFGHI");
        String new1=s.toLowerCase();    //转换为小写
        String new2=s.toUpperCase();    //转换为大写
        System.out.println("全部转换成小写字母后的字符串是："+new1);
        System.out.println("全部转换成大写字母后的字符串是："+new2);
    }
}
```

分别调用toLowerCase()方法将字符串中的字母全部转换为小写字母，调用toUpperCase()方法将字符串中的字母全部转换为大写字母。需要注意的是，字符串中的非字符不会受到大小写转换的影响。程序运行结果如图5-6所示。

全部转换成小写字母后的字符串是：abcdefghi
全部转换成大写字母后的字符串是：ABCDEFGHI

图 5-6　例 5-6 程序运行结果

5.1.2　StringBuffer 类的介绍

字符串一经创建，其内容和长度就不可以再改变，所以如果要对一个字符串进行修改，就只能创建新的字符串。为了便于对字符串进行修改，JDK 提供了 StringBuffer 类（也称为字符串缓冲区）。StringBuffer 类和 String 类的最大区别就是 StringBuffer 的内容和长度都可以修改，相当于一个容器，当在其中添加或者删除字符时，并不会产生新的 StringBuffer 对象。针对添加和删除字符的操作，StringBuffer 类提供了一系列方法，如表 5-3 所示。

表 5-3　StringBuffer 类的常用方法

方法声明	功能描述
StringBuffer append(char c)	添加参数到 StringBuffer 对象中
StringBuffer insert(int offset,String str)	在字符串中的 offset 位置插入字符串 str
StringBuffer deleteCharAt(int index)	删除指定位置的字符
StringBuffer delete(int start,int end)	删除 StringBuffer 对象中指定范围的字符或字符串
StringBuffer replace(int start,int end,String s)	在 StringBuffer 对象中替换指定的字符或字符串
void setCharAt(int index,char ch)	修改指定位置 index 处的字符串
String toString()	返回 StringBuffer 缓冲区中的字符串
StringBuffer reverse()	将此字符串顺序倒置

【例 5-7】 通过以下代码理解 StringBuffer 类的常用方法的应用。

```
public class Example507 {
    public static void main(String[] args){
        System.out.println("1.添加-------------------");
        add();
        System.out.println("2.删除-------------------");
        remove();
        System.out.println("3.修改-------------------");
        alter();
    }
    public static void add(){
        StringBuffer sb=new StringBuffer();       //定义一个字符串缓冲区
        sb.append("hellochongqing");              //在末尾添加字符串
        System.out.println("append 的添加结果："+sb);
        sb.insert(2, "666");
        System.out.println("insert 的添加结果"+sb);
    }
    public static void remove(){
        StringBuffer sb=new StringBuffer("hellochongqing");
        sb.delete(0, 5);              //指定范围删除
```

```
        System.out.println("删除指定位置的结果: "+sb);
        sb.deleteCharAt(2);            //删除指定位置
        System.out.println("删除指定位置结果"+sb);
        sb.delete(0, sb.length());   //清空缓冲区
        System.out.println("清空缓冲区结果: "+sb);
    }
    public static void alter(){
        StringBuffer sb=new StringBuffer("hellochongqing");
        sb.setCharAt(0, 'H');          //修改指定位置的字符
        System.out.println("修改指定位置的结果: "+sb);
        sb.replace(1, 3, "EL");        //替换指定位置字符串或字符
        System.out.println("替换指定位置字符串或字符的结果: "+sb);
        System.out.println("字符串反转结果: "+sb.reverse());
    }
}
```

append()方法和 insert()方法都用于添加字符，是最常用的方法。两者的区别是，append()方法始终将字符添加到缓冲区的末尾，而 insert()方法可以在指定的位置添加字符。delete()方法用于删除指定位置的字符，setCharAt()和 replace()方法用于替换指定位置的字符。程序运行结果如图 5-7 所示。

```
1.添加-------------------
append的添加结果: hellochongqing
insert的添加结果he666llochongqing
2.删除-------------------
删除指定位置的结果: chongqing
删除指定位置结果chngqing
清空缓冲区结果:
3.修改-------------------
修改指定位置的结果: Hellochongqing
替换指定位置字符串或字符的结果: HELlochongqing
字符串反转结果: gniqgnohcolLEH
```

图 5-7　例 5-7 程序运行结果

任务实施

```
public class Task501 {
    String s;     //要进行处理的加密字符串或解密字符串
    int key;      //密钥，即移动的位数
    Task501(String es,int n){          //构造方法
        s=es;
        key=n;
    }
    public String process(){           //加密和解密方法
        String es="";
        for (int i=0;i<s.length();i++){
            char c=s.charAt(i);          //取字符串中的每一位
            if(c>='a'&&c<='z'){          //判断是否为小写字母
                c+=key%26;               //移动 key%26 位
                if(c<'a') c+=26;         //向左越界
```

```
                if(c>'z') c-=26;        //向右越界
            }
            else if (c>='A'&&c<='Z'){ //判断是否为大写字母
                c+=key%26;
                if(c<'A') c+=26;
                if(c>'Z')  c-=26;
            }
            es+=c;
        }
        return es;
    }
    public static void main(String args[]){
        String  s="java";
        Task501 c=new Caesar(s,2);          //加密
        String str =c.process();
        System.out.println("加密字符串为: "+str);
        Task501 c1=new Caesar(str,-2);    //解密
        str =c1.process();
        System.out.println("解密字符串为: "+str);
    }
}
```

该程序既可用于加密又可用于解密，只要在创建对象时指定要加密的字符串和移位的位数即可加密，指定要解密的字符串和移动的位数就可解密。程序运行结果如图 5-8 所示。

```
加密字符串为: lcxc
解密字符串为: java
```

图 5-8　任务 5.1 程序运行结果

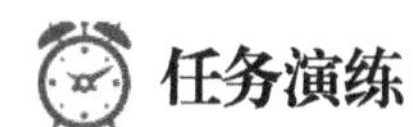

任务演练

【任务描述】

编写一个程序，记录一个子字符串（简称子串）在整个字符串（简称整串）中出现的次数。例如，记录子串“cqcet”在整串“fdjaijfacqcetdfjajdifcqcetjdjajfiacqcetoopogajhgyafadkgcqcet”中出现的次数。通过观察可知，子串在整串中的出现次数为 4 次。要求使用 String 类的常用方法来计算出现次数。

【任务目的】

掌握 String 类中常用方法的使用。

【任务内容】

根据题目，判断要使用 String 类的知识，具体步骤如下。

1）定义两个字符串。

2）判断整串中是否包含子串。

3）如果包含，调用 String 类的 indexOf()方法获取子串在整串中第一次出现的索引。获取到之后，在整串中从该索引处继续查找子串。可以通过 String 类的 subString()方法将整串的剩余部分截取出来，然后在剩余整串中从头查找子串。循环查找，直到找不到子串，这时候 indexOf()方法的返回值为-1。

4）定义一个计数器，记录子串出现的次数并输出。

任务 5.2　数组的使用

数组是由若干相同类型的元素组成的对象。数组可以表示范围很广的对象，比如班级的学生成绩表可以表示成由若干个确定的学生成绩单组成的数组。数组的每个元素的数据类型相同，元素个数固定，元素按顺序存放，每个元素对应一个下标，各元素按下标存取引用。数组元素的存储顺序与其下标对应。

用数组来计算 Fibonacci 数列 1、1、2、3、5、8、13、21、34……的前 20 项的值，并输出在屏幕上。

知识储备

5-2　一维数组

5.2.1　一维数组

1．一维数组的定义格式

```
数组元素类型 数组名[ ];
```

或者

```
数组元素类型[ ] 数组名;
```

比如，“int[] array;”和“int array[];”这两种声明方式在 Java 中都是合法的。

上面的例子仅仅是声明了一个引用，声明数组时方括号里面不能指定长度，仅仅是给出了数组名字和数组元素的类型而已。要想使用数组，声明之后还必须为其分配内存空间同时指明数组长度，即创建数组。

2．数组的创建格式

```
数组名=new 数组元素的类型[数组元素的个数];
```

例如，“array=new int[5];”这句代码的意思是创建包括 5 个整型变量的数组，并把它赋给数组变量 array，然后可以通过下标来引用数组元素，比如 array[0]、array[2]……下标值从 0 开始。用户可以用 array.length()来读取数组的长度。

除此之外，Java 也允许声明一维数组时进行静态初始化，比如“int array[]={1,2,3,4,5};”。

【例 5-8】 一维数组的遍历。

```
public class Example508 {
    public static void main(String[] args){
        String [] str =new String[3];//创建并初始化一维数组
        str[0]="张三";
        str[1]="李四";
        str[2]="王五";
          // for 循环遍历数组
        for(int i=0;i<str.length;i++){
            System.out.println("一维数组:"+str[i]);
        }
    }
}
```

创建并初始化一个一维数组，接着用 for 循环语句遍历这个一维数组并且输出。调用数组的 length()方法来获取数组的长度。程序运行结果如图 5-9 所示。

```
一维数组:张三
一维数组:李四
一维数组:王五
```

图 5-9　例 5-8 程序运行结果

5.2.2　二维数组

5-3　二维数组

一维数组用一个下标就可以确定数组元素，二维数组需要用两个下标确定一个数据元素，就好像运动会上一个班级组成的方阵，准确报出一个同学的位置需要知道他在第几行第几列。

1．二维数组的定义格式

数组元素类型 数组名[][];

或者

数组元素类型[][] 数组名;

比如“int[][] aray;int array[][];”，跟一维数组一样，声明二维数组时不能指定二维数组的长度。

2．二维数组的创建方式

（1）为二维数组每一维分配相同内存

比如“int a[][]=new int[2][3];”，它的含义是，创建一个二维数组 a，为二维数组 a 分配内存，a 拥有 2 个长度为 3 的一维数组。此时，二维数组的内存分配方式如图 5-10 所示。

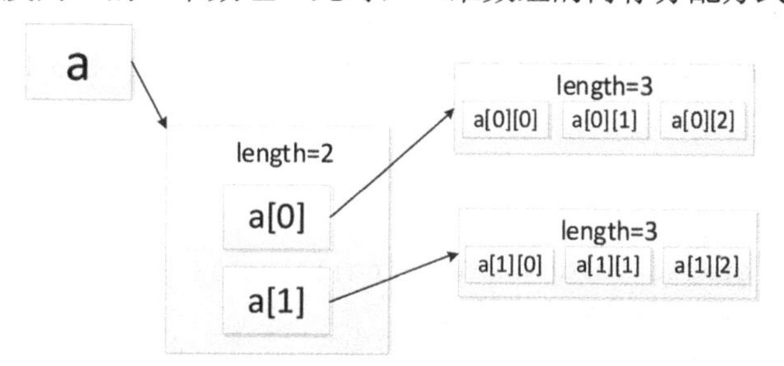

图 5-10　为二维数组每一维分配相同内存示意图

（2）为二维数组每一维分配不同内存

“int a[][]=new int[2][];”语句的含义是创建一个二维数组 a，为二维数组 a 分配内存，a 由 2 个一维数组组成。

“a[0]=new int[3];”表明第一个数组的长度为 3。“a[1]=new int[4];”表明第二个数组的长度为 4。此时，二维数组的内存分配方式如图 5-11 所示。

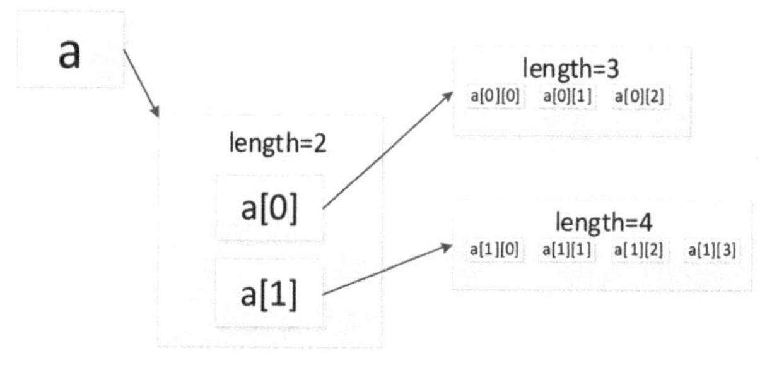

图 5-11　为二维数组每一维分配不同内存示意图

和一维数组一样，Java 也允许声明二维数组时进行静态初始化，比如“int array[][]={{1,2}{2,3},{3,4,5}};”。

【例 5-9】 二维数组的遍历。

```
public class Example509 {
    public static void main(String[] args){
        int[][] arry = new int[2][3];//创建二维数组
        arry[0][0]=1;
        arry[0][1]=2;
        arry[0][2]=3;
        arry[1][0]=4;
        arry[1][1]=5;
        arry[1][2]=6;
        for(int i=0;i<arry.length;i++){
            for(int j=0;j<arry[i].length;j++){
                System.out.println(arry[i][j]);
            }
        }
    }
}
```

创建一个二维数组，这个二维数组由 2 个一维数组构成，并且每个一维数组有 3 个元素。用两层 for 循环进行遍历。外层 for 循环遍历二维数组中的每一个一维数组，内层 for 循环遍历每个一维数组中的每个元素。程序运行结果如图 5-12 所示。

```
1
2
3
4
5
6
```

图 5-12 例 5-9 程序运行结果

任务实施

```
public class Task502 {
    public static void main(String[] args){
        int fib[]=new int[20];
        fib[0]=fib[1]=1;
        for(int i=2;i<fib.length;i++)
            fib[i]=fib[i-1]+fib[i-2];
        for(int i=0;i<fib.length;i++)
            System.out.print("\t"+fib[i]);
    }
}
```

程序运行结果如图 5-13 所示。

```
1	1	2	3	5	8	13	21	34	55	89	144	2
```

图 5-13 任务 5.2 程序运行结果

任务演练

【任务描述】

用二维数组输出直角形状的杨辉三角形。

【任务目的】

掌握一维数组、二维数组的使用。

【任务内容】

解这道题首先要找出杨辉三角形的规律，杨辉三角形的第 n 行有 n 个数字，每一行的开始和结尾数字都为 1，用二维数组表示就是 a[i][0]=1； a[i][j]=1（当 i==j 时）；每个数等于它上方两数之和，有了这个等式就可以动态地计算出杨辉三角形了。后续请同学们自行思考完成。

任务 5.3 日期类

现有一个工程，开始时间是 2020 年 11 月 22 日，假设 100 天后竣工，用 Java 程序计算出竣工日期。

知识储备

5-4 Data 类

5.3.1 Date 类

Date 类用于表示日期和时间，位于 java.util 包中。Date 类的构造方法如下。

```
Date()
```

Date()表示使用系统中当前的日期和时间创建并初始化为 Date 类的实例对象。

```
Date(long date)
```

Date(long date)表示接收一个 long 类型的整数来初始化 Date 对象。

Long 类型的整数是从标准基准时间 1970 年 1 月 1 日 00:00:00 开始的毫秒数，System 类的 CurrentTimeMillis()方法可以获取系统当前时间距离基准时间的毫秒数。Date 类的常用方法如下。

```
public long getTime()
```

通过 getTime()方法可以将一个日期类型转换为 long 类型的毫秒值。

```
after()
```

通过 after()方法可以测试当前日期是否在指定的日期之后，如果是，则返回 true，否则返回 false。

【例 5-10】 给出一个日期，判断当前日期是否在指定的日期之后。

```
import java.util.Date;
public class Example510 {
    public static void main(String[] args){
        Date before=new Date(1543047220849L);//创建以前的日期
        System.out.println("以前的日期为："+before);
        Date now=new Date();//创建现在的日期
        System.out.println("现在的日期为："+now);
        boolean b=now.after(before);//用 after()方法判断现在的日期是否在以
前的日期之后
        System.out.println("现在的日期在以前的日期之后吗？"+b);
    }
}
```

创建一个以前的日期对象 before，再创建一个现在的日期对象 now。调用 Date 类的 after()方法判断 now 是否在 before 之后。程序输出结果为 true。跟 after()方法相对的是 before()方法，用来判断当前时间是否在指定的日期之前，用法跟 after()方法一样。程序运行结果如图 5-14 所示。

```
以前的日期为: Sat Nov 24 16:13:40 CST 2018
现在的日期为: Wed Sep 16 23:47:43 CST 2020
现在的日期在以前的日期之后吗? true
```

图 5-14　例 5-10 程序运行结果

5.3.2　Calendar 类

由于 Date 类在设计时没有考虑国际化的问题，因此从 JDK1.1 开始，Date 类大部分功能就被 Calendar 类取代了。

Calendar 类用于完成日期和时间字段的操作，可以通过特定的方法设置和读取日期的特定部分。Calendar 是一个抽象类，不可以被实例化，在程序中需要调用其静态方法 getInstance()来得到一个 Calendar 对象，然后调用其相应的方法。Calendar 类的常用方法如下。

- int get(int field)返回指定日历字段的值。
- void add(int field,int amount)根据日历规则，为指定的日历字段增加或减去指定的时间量。
- void set(int field,int value)为指定的日历字段设置指定值。
- void set(int year,int month,int date)设置 Calendar 对象的年、月、日三个字段的值。
- void set(int year,int month,int date,int hourOfDay,int minute,int second)设置 Calendar 对象的年、月、日、时、分、秒六个字段的值。

【例 5-11】 Calendar 类的用法。

```
import java.util.Calendar;
public class Example511 {
    public static void main(String[] args){
        Calendar calendar=Calendar.getInstance();//获取表示当前时间的 Calendar 对象
        int year=calendar.get(Calendar.YEAR);//获取当前年份
        int month=calendar.get(Calendar.MONTH)+1;//获取当前月份
        int date=calendar.get(Calendar.DATE);//获取当前日
        int hour=calendar.get(Calendar.HOUR_OF_DAY);//获取时
        int minute=calendar.get(Calendar.MINUTE);//获取分
        int second=calendar.get(Calendar.SECOND);//获取秒
        System.out.println("现在时间是: "+year+"年"+month+"月"+date+"日"+
hour+"时"+minute+"分"+second+"秒");
    }
}
```

程序运行结果如图 5-15 所示。

```
现在时间是：2020年11月28日16时14分12秒
```

图 5-15　例 5-11 程序运行结果

需要特别注意的是，获取的 Calendar.MONTH 字段值需要加 1 才表示当前时间的月份。

任务实施

```
import java.util.Calendar;
public class Task503 {
    public static void main(String args[]) {
        Calendar calendar=Calendar.getInstance();
        calendar.set(2020, 10, 22);//代表设置当前时间为 2020 年 11 月 22 日。
        calendar.add(Calendar.DATE,100);
        int year=calendar.get(Calendar.YEAR);
        int month=calendar.get(Calendar.MONTH)+1;
        int date=calendar.get(Calendar.DATE);
        System.out.println("竣工日期为："+year+"年"+month+"月"+date+"日");
    }
}
```

程序运行结果如图 5-16 所示。

竣工日期为：2021年3月2日

图 5-16　任务 5.3 程序运行结果

任务演练

【任务描述】

验证 for 循环打印 1 ~ 9999 内的所有整数所需要使用的时间（毫秒）。

【任务目的】

熟练运用 Date 类提供的各种方法，可自行查阅 Java API 文档。

【任务内容】

解题思路首先获取当前时间，然后循环打印 1 ~ 9999 内的所有整数，最后再获取一次当前时间，两次时间的差就是要计算的时间（毫秒）。可以使用 System 类的 CurrentTimeMillis() 方法获取系统当前时间距离基准时间的毫秒数，也就是当前时间。

任务 5.4　Math 类的使用

计算-10.8～5.9 之间绝对值大于 6 或小于 2.1 的整数有多少个。

5-5　Math 类的介绍及常用方法

知识储备

5.4.1　Math 类的介绍

Math 类位于 java.lang 包中，包含用于执行基本数学运算的方法。Math 类的所有执行方法都是静态方法，可直接使用类名.方法名调用，如 Math.round()，表示返回一个四舍五入的数。

5.4.2 Math 类的常用方法

Java 的 Math 类封装了很多与数学有关的属性和方法，下面介绍 Math 类的一些常用方法，如表 5-4 所示。

表 5-4 Math 类的常用方法

方法声明	功能描述
Math.max()	返回两个 double 类型值中的较大值
Math.min()	返回两个 double 类型值中的较小值
Math.cbrt()	返回 double 类型值的立方根
Math.sqrt()	返回正确舍入的 double 类型值的算术平方根
Math.round()	返回最接近参数的 int 类型值，它表示四舍五入

【例 5-12】 Math 类的用法。

```
public class Example512 {
    public static void main(String[] args){
        System.out.println(Math.max(5.3, 3.2));//返回两个值中较大的一个
        System.out.println(Math.min(1.1, 2.0));//返回两个值中较小的一个
        System.out.println(Math.cbrt(5.0));//求立方根
        System.out.println(Math.sqrt(64));//开方
        System.out.println(Math.round(4.5));//四舍五入
    }
}
```

第一条输出语句用 Math.max()方法求 5.3 和 5.2 中的较大值；第二条输出语句用 Math.min()方法求 1.1 和 2.0 中的较小值；第三条输出语句用 Math.cbrt()方法求 5 的立方根；第四条输出语句用 Math.sqrt()方法求 64 的算术平方根的值；最后一条输出语句用 math.round()方法将 4.5 四舍五入后输出。程序运行结果如图 5-17 所示。

```
5.3
1.1
1.709975946676697
8.0
5
```

图 5-17 例 5-12 程序运行结果

任务实施

```
public class Task504 {
        public static void main(String[] args) {
            int cnt = 0;
            double min = -10.8;
            double max = 5.9;
            for(int i=(int)Math.ceil(min);i<max;i++){
                int abs = Math.abs(i);
                if(abs>6 || abs<2.1){
                    System.out.println(i);
                    cnt++;
                }
            }
            System.out.println("个数="+cnt);
        }
}
```

程序运行结果如图 5-18 所示。

```
-1
0
1
2
个数=9
```

图 5-18　任务 5.4 运行结果

任务演练

【任务描述】

查找 Java API 中 Math 类的方法。

【任务目的】

掌握 Math 类的常用方法，学会查阅 Java API。

【任务内容】

查找 Java API 中 Math 类的方法，参照例 5-12 自行练习编程。

任务 5.5　集合的使用

在现实生活中，每个人都有唯一的身份证号码，通过这个唯一的身份证号码，可以查到这个人的信息。用 Java 程序举例实现这种一一对应的关系。

知识储备

5-6　集合概述

5.5.1　集合概述

在程序中，可以用数组来保存多个对象。但是在某些情况下，开发人员无法预先确定需要保存对象的个数，此时数组将不再适用，因为数组的长度不可变。比如，对于一个学校来说，每年会有新生报到，也会有毕业生离校，学生的数目难以确定。为了在程序中保存这些数目不确定的对象，JDK 提供了一些特殊的类以存储任意类型且长度可变的对象。在 Java 中，这些类被统称为集合。集合类都位于 java.util 包中，使用时一定要注意包的导入，否则会出现异常。Java 中的集合类可以分为两大类：一类用于实现 Collection 接口，另一类用于实现 Map 接口。

1．Collection

Collection 是一个基本的集合接口，用于存储一系列符合某种规则的元素，它有两个重要的子接口，分别是 List 和 Set。其中，List 的特点是元素有序，可重复。Set 的特点是元素无序，且不可重复。List 接口的主要实现类有 ArrayList 和 LinkedList，Set 接口的主要实现类有 HashSet 和 TreeSet。

2．Map

Map 没有继承 Collection 接口，与 Collection 是并列关系，用于存储具有键-值（Key-Value）映射关系的元素，每个元素都包含一对键值，在使用 Map 集合时可以通过指定的键找到对应的值。例如，根据一个学生的学号可以找到对应学生的名字。Map 接口的主要实现类有 HashMap 和 TreeMap。

5.5.2 Map 类的使用

5-7 Map 类的使用

在现实生活中，每个人都有唯一的身份证号码，通过这个唯一的身份证号码，可以查到这个人的信息。在应用程序中想存储这种一一对应关系的数据，则需要使用 JDK 提供的 Map 接口。

表 5-5 Map 接口介绍

方法声明	功能描述
void put(Object key,Object value)	将指定的值与此映射中的指定键关联（可选操作）
Object get(Object key)	返回指定键所映射的值；如果此映射不包含该键的映射关系，则返回 null
boolean containsKey(Object key)	如果此映射包含指定键的映射关系，则返回 true
boolean containsValue(Objecet value)	如果此映射将一个或多个键映射到指定值，则返回 true
Set keyset()	返回此映射中包含的键的 Set 视图
Collection<V>values()	返回此映射中包含的值的 Collection 视图

任务实施

```
import java.util.HashMap;
import java.util.Map;
public class Task505 {
    public static void main(String[] args){
        Map map=new HashMap();          //创建 Map 对象
        map.put("1", "Jack");              //存储键和值
        map.put("2", "Rose");
        map.put("3", "Lucy");
        System.out.println("1:"+map.get("1"));  //根据键获取值
        System.out.println("2:"+map.get("2"));
        System.out.println("3:"+map.get("3"));
    }

}
```

HashMap 是 Map 的一个实现类，用于存储键-值映射关系，但是，必须保证不能出现重复的键。上述代码创建了一个 Map 对象，通过 map 的 put()方法向集合加入了三个元素，键 1 对应的值是 Jack，键 2 对应的值是 Rose，键 3 对应的值是 Lucy，最后通过 map 的 get()方法获取到键所对应的值。这样就能实现一一对应的关系。程序运行结果如图 5-19 所示。

```
1:Jack
2:Rose
3:Lucy
```

图 5-19 任务 5.5 程序运行结果

任务演练

【任务描述】

如果一个程序中出现了两个相同的键，会怎么样？

【任务目的】

掌握 HashMap 的使用。

【任务内容】

可以用任务 5.5 的任务实施部分的代码，在代码第 8 行后再加入一行“map.put("3", "Mary");”，这样程序中就出现了两个相同的键，然后运行程序观察结果，可以得出什么结论？

单元小结

本单元介绍了 String 类、StringBuffer 类、数组、集合、Math 类和 Date 类的使用。由于篇幅有限，在 Java API 中还有很多类没有介绍，读者平日学习时可以多多查阅 Java API，结合例题或案例掌握这些类的使用方法。

习题

1．请先将'A'、'B'、'C'存入数组，再输出。

2．请将"我"、"爱"、"java"存入数组，然后分别按正序和逆序输出。

3．输入 5 个整数，将其存入数组，然后复制到 b 数组中输出。

4．声明一个整型数组，循环接收 5 个学生的成绩，计算这 5 个学生的总分及平均分、最高分和最低分。

5．输出杨辉三角（从控制台输入要打印的行数）。

6．有一个已经排好序的数组。现输入一个数，要求按原来的规律将它插入数组中。

7．定义一个长度为 10 的整型数组，循环输入 10 个整数。然后从控制台输入一个整数，在数组中查找此整数，如果找到就输出下标，没找到就给出相应提示。

8．声明一个字符型数组，在此数组的单元格中放入“我爱你”三个字符，然后使用循环语句将它逆序输出。

9．自定义一个一维整型数组，输出数组中的最大值和最小值。

10．实现一个 3×3 矩阵的转置，如图 5-20 所示。

```
转置前的矩阵为：
1 2 3
4 5 6
7 8 9
转置后的矩阵为：
1 4 7
2 5 8
3 6 9
```

图 5-20　矩阵转置

11．输入一行字符，分别统计出其中英文字母、空格、数字和其他字符的个数。

12．实现不同字符串的连接："Hello"，","，"Java"，如图 5-21 所示。

```
使用加法运算符输出：Hello, Java
使用append()方法输出：Hello, Java
append()方法的另一种形式输出：Hello, Java
```

图 5-21　不同字符串连接

13．将数字格式化为货币字符串，如图 5-22 所示。

```
请输入一个数字：
123
该数字用以下Locale类的常量作为格式化对象的构造参数，将获得不同的货币格式：
Locale.CHINA：￥123.00
Locale.US$123.00
Locale.ENGLISH¤123.00
```

图 5-22　数字格式化为货币字符串

14．输入一个字符串，去掉字符串中的空格并且输出。

15．输入一个字符串并逆序输出（reverse 方法）。

16．验证一个手机号码是否合法。

17．验证一个 IP 地址是否合法。

18．输入一个字符串，输出这个字符串的长度。

19．自定义一个字符串，输出这个字符串中指定位置的字符。

20．自定义一个字符串，截取指定位置的字符串并输出。

21．计算从今天算起，150 天之后是几月几号，并格式化成××××年××月×日的形式打印出来。

22．利用 Math 类获取（15，30）范围内的 5 个随机但不能重复的整数，将其放在数组中，冒泡排序后遍历输出。

23．输入 1 个实数 x，计算并输出其平方根。

24．分别向 Set 集合及 List 集合中添加"A"、"a"、"c"、"C"、"a" 5 个元素，观察重复值"a"能否在 List 集合及 Set 集合中成功添加。

25．创建 Map 集合和 Emp 对象，将 Emp 对象添加到集合中，并将 id 为 005 的对象从集合中移除。

26．从 0～9，a～z，A～Z 中随机抽取 4 个数字或字母作为验证码。

27．从 1～30 之间随机抽取 9 个不重复的数字。

28．假设顺序列表 ArrayList 中存储的元素是 1～5 之间的整型数字，遍历每个元素，将每个元素顺序输出。

29．从控制台输入若干个单词（按〈Enter〉键结束）并放入集合中，将这些单词排序后（忽略大小写）打印出来。

30．编写一个程序，创建一个 HashMap 对象，用于存储银行储户的信息（其中储户的主要信息有储户的 ID、姓名和余额）。另外，计算并显示其中某个储户的当前余额。

单元6　异　　常

学习目标

【知识目标】

- 理解异常的概念及异常的分类。
- 掌握系统异常处理方法。
- 掌握 try…catch…finally 语句块的用法。
- 掌握 throw 和 throws 语句的用法。
- 掌握自定义异常的用法。

【能力目标】

- 能够认识异常。
- 能够处理程序中出现的异常。
- 能够正确地使用 try…catch…finally 来处理异常。
- 能够根据实际情况自定义异常并进行处理。

任务 6.1　系统异常

定义一个数组用来存储 5 个整数，从键盘上输入 5 个整数并输出，并解决输入数据格式非法的问题，以及数组下标越界的问题。

知识储备

6-1　异常的基本概念

6.1.1　异常的基本概念

在程序运行过程中，总会发生一些意料之外的事件，如除数为 0、数组下标越界、找不到所需要的文件等，使得程序没有按照程序员预期的路线执行，这就是程序设计中出现的异常。在发生这种情况时，程序会意外终止，要让程序尽最大可能恢复正常并继续执行，且保持代码清晰，需要按照代码预先设定的异常处理逻辑，针对性地处理异常，将执行控制流从异常发生的地方转移到能够处理这些异常的地方去。

在编写程序的过程中，不遵循 Java 语言的语法规则会产生编译错误，这些错误需要在编译阶段排除，否则程序无法运行；编译阶段正常的程序也有可能会出现一些逻辑错误，或在运行时执行了一个非法操作，都会导致程序出现异常。

例如：

```
int a = 10;
int b = 0;
int c = a / b;
```

```
    System.out.println(c);
```

定义了 3 个整型变量 a、b 和 c，变量 c 保存 a 除以 b 的结果，由于算术运算除数为 0，则会报错 “Exception in thread "main" java.lang.ArithmeticException: / by zero”，在 main 中出现了 ArithmetricException 算术异常，且程序运行终止。

例如：

```
int[] a=new int[3];
a[0]=3;
a[1]=9;
a[2]=15;
a[3]=12;
for(int i=0;i<=3;i++)
    System.out.println(a[i]+"  ");
```

定义了一个具有 3 个元素的整型数组 a，但赋值的时候，由于数组下标超出范围，则会报错 “Exception in thread "main" java.lang.ArrayIndexOutOfBoundsException: 3”，在 main 中出现了 ArrayIndexOutOfBoundsException 数组下标越界异常，程序运行提前终止。

为了加强程序的健壮性，在程序设计过程中，对于可能出现的异常语句进行预先处理，保证程序的有效运行。Java 提供的异常处理机制采用面向对象的方式，把异常看作对象来处理。当程序出现异常时，就会产生一个异常对象，在运行时由系统来寻找相应的代码处理异常。

6-2 异常的类型

6.1.2 异常的类型

在 Java 程序运行过程中，产生的异常通常有以下 3 种类型。

1）由 Java 虚拟机的某些内部错误产生的异常，这类异常不在用户程序的控制之内，也不需要用户处理这类异常。

2）Java 系统预先定义好的标准异常类。这类异常是由程序代码中的错误产生的，如：在算术运算时除数为 0，在访问数组时，下标超出范围，访问一个对象为空的信息，这些是需要用户程序处理的异常。

3）根据实际需要在用户程序中自定义的一些异常类。

Java 语言提供了一些内置的异常类来描述经常容易发生的错误。这些类都继承 java.lang.Throwable 类。Throwable 类是 Java 语言中所有错误或异常的超类。Throwable 类分为两大类：Error 类和 Exception 类。

1. Error 类

Error 类也称为致命异常类，是指在 Java 运行时出现的比较严重的错误，如系统内部错误和资源耗尽错误。这类异常代表了编译和系统的错误，一旦发生，仅靠修改程序本身是不能恢复执行的，一般建议终止程序的运行。

2. Exception 类

Exception 类也称为非致命异常类，它又分为两个子类：运行时异常 RuntimeException 和检查异常 CheckedException。

（1）运行时异常 RuntimeException

RuntimeException 是指 Java 程序在运行时产生的由解释器引发的各种异常，一般是由程序员编写的程序中的错误引起的，可以通过修改错误使程序继续运行。程序中发生运行时异常的情况包括除数为 0 的运算、数组下标越界等，如表 6-1 所示。

表 6-1 常见的 RuntimeException

名 称	含 义
ArithmeticException	算术异常类，除数为 0 时抛出该异常
ArrayIndexOutOfBoundsException	数组下标越界异常类，当数组的下标为负数或大于等于数组大小时抛出该异常
StringIndexOutOfBoundsException	字符串索引越界异常，当使用索引值访问某个字符串中的字符，而该索引值小于 0 或大于等于序列大小时抛出该异常
ArrayStoreException	数组存储异常，把与数组类型不兼容的值赋值给数组元素时抛出该异常
IndexOutOfBoundsException	索引越界异常，当某对象的索引超出范围时抛出该异常
ClassCastException	类型强制转换异常，假设有两个独立的类 A 和 B，O 是 A 的实例，那么强制将 O 构造为 B 的实例时抛出该异常
NegativeArraySizeException	数组大小为负值异常，创建元素个数为负数的数组时抛出该异常
NullPointerException	空指针异常类，当试图在要求使用对象的地方使用了 NULL 时抛出该异常
NumberFormatException	数字格式异常，当把一个字符串转换为数字类型，而该字符却不满足数字型要求的格式时抛出该异常

（2）检查异常 CheckedException

检查异常又称为非运行时异常或可检测异常，一般发生在程序的编译阶段，程序中发生检查异常的情况包括未找到相应的类、文件未找到、输入输出异常等，如表 6-2 所示。

表 6-2 常见的 CheckedException

名 称	含 义
ClassNotFoundException	未找到相应类异常，找不到对应名称的 class 文件时抛出该异常
FileNotFoundException	未找到相应文件异常，当访问一个不存在的文件时抛出该异常
NoSuchFieldException	未找到相应字段异常，当访问某个类的不存在的属性时抛出该异常
NoSuchMethodException	未找到相应方法异常，当访问某个类的不存在的方法时抛出该异常
EOFException	文件已结束异常
IllegalAccessException	违法的访问异常，访问某类被拒绝时抛出该异常
IOException	输入输出异常类
SQLException	操作数据库异常类
InstantiationException	实例化异常，试图通过 newInstance()方法创建一个抽象类或抽象接口的实例时抛出该异常

6.1.3 捕获异常

6-3 捕获异常

一般来说，系统捕获抛出的异常对象并输出相应的信息，同时终止程序运行，导致其后的代码无法运行。这其实并不是程序员和用户所期望发生的，因此就需要能让程序接收和处理异常对象，从而不会影响其他语句的执行，这就需要捕获异常。

在编写程序的过程中，对于容易发生异常的代码，可以通过 try...catch...finally 捕获，把容易发生异常的代码段放到 try 语句块中。一个 try 语句块后面跟一个或多个 catch 语句块，根据异常的不同，每一个 catch 语句块用于捕获并处理一个特定的异常。finally 语句块是可选的，无论异常是否发生，都会执行 finally 语句块，主要做一些清理工作，如流的关闭、数据库连接的关闭等。捕获异常的一般格式如下。

```
try{
        可能产生异常的代码
        …
}catch(异常类 1   异常对象){
        异常类 1 的对象处理代码
}catch(异常类 2  异常对象){
        异常类 2 的对象处理代码
}
… //其他 catch 语句块
finally{  //无论结果是什么，都会执行的语句块
        finally 语句块处理代码
}
```

Java 处理异常的顺序如下。

1）执行 try 语句块中的代码，如果 try 语句块的代码执行结束且不发生异常，则接着执行 finally 语句块的代码；如果 try 语句块的代码发生异常，则尝试用 catch 语句块匹配发生的异常。

2）catch 语句块匹配 try 语句块中发生的异常情况，异常匹配是按照 catch 语句块的顺序从上往下分别对每个 catch 语句块处理的异常类型进行检测，直到找到类型相匹配的 catch 语句块为止。

如果 catch 语句块所处理的异常类型与代码中发生的异常对象的类型完全一致或者是它的父类，都可以称为类型匹配。如果有多个 catch 语句块都能够匹配，那么只有第一个匹配的 catch 语句块被执行。如果多个 catch 异常类有父子关系，应该将子类异常放在前面，父类异常放在后面。

3）finally 语句块是可选的，是异常处理的统一出口，不管 try 语句块是否执行，都要执行 finally 语句块。

【例 6-1】 对异常进行捕获。

```
public class Example601 {
    public static void main(String[] args) {
    try {
        int a = 10;
        int b = 0;
        int c = a / b;
        System.out.println(c);
    }catch(ArithmeticException e) {
        System.out.println("除数不能为 0");
    }catch(Exception e){
          System.out.println("Exception 异常类的处理代码");
    }finally {
          System.out.println("总会执行的 finally 语句块的处理代码");
    }
    }
 }
```

在上述代码中，在 try 语句块后面跟了两个 catch 语句块和一个 finally 语句块；两个 catch 语句块分别捕获 ArithmeticException 异常和 ArrayIndexOutOfBoundsException 异常；在 try 语句块中的代码出现算术异常的时候，程序转到对应的 catch 语句块中与出现错误的类型

进行匹配，如果捕获 ArithmeticException 异常的 catch 语句块匹配成功，则运行此 catch 语句块中的代码，输出“除数不能为 0”，另外一个 catch 语句块不再执行；相匹配的 catch 语句块执行完成后，程序转到 finally 语句块中执行，输出“总会执行的 finally 语句块的处理代码”。

程序运行结果如图 6-1 所示。

```
除数不能为0
总会执行的finally语句块的处理代码
```

图 6-1　例 6-1 程序运行结果

使用 try…catch…finally 语句块时，需要注意以下几点。

- try 语句块、catch 语句块和 finally 语句块不能单独使用，否则编译会出错。
- 算术异常 ArithmeticException 指的是整数被 0 除所发生的异常，但若是浮点数被 0 除，则不会引发此类型的异常。
- try 语句块如果只与 finally 语句块使用，那么 try 语句块的代码抛出异常后，没有 catch 语句块对异常进行处理，程序直接转到 finally 语句块去执行，此异常还是抛给系统。
- try 语句块可以与多个 catch 语句块一起使用。try 语句块有异常发生的时候，Java 虚拟机会由上而下依次检测当前 catch 语句块所捕获的异常是否与 try 语句块中抛出的异常匹配，直到找到第一个匹配的 catch 语句块为止，剩下的 catch 语句块则不会再执行。如果多个 catch 语句块捕获的异常是同类型的异常，则捕获子类异常的 catch 语句块要放在捕获父类异常的 catch 语句块前面。

【例 6-2】 对浮点数除数为 0 产生的异常进行捕获。

```
public class Example602 {
    public static void main(String[] args){
       double  x = 15.3;
       double  y = 0;
       try{
          double  z=x/y;
          System.out.println(z);
       }catch(ArithmeticException e){
       System.out.println("除数不能为 0");
       }
    }
}
```

两个小数相除，除数为 0，用 try…catch 语句块并未捕获到 ArithmeticException 异常，由此可见，只有整数相除才会引发此类异常，程序运行结果如图 6-2 所示

```
Infinity
```

图 6-2　例 6-2 程序运行结果

【例 6-3】 使用 try…finally 语句块捕获数组下标越界异常。

```
public class Example603 {
    public static void main(String[] args) {
        int[] a=new int[3];
        try {
            a[0]=3;
            a[1]=9;
            a[2]=15;
            a[3]=12;
            for(int i=0;i<=3;i++)
```

```
                System.out.println(a[i]+"  ");
            }finally {
                System.out.println("try 后面只有 finally");
            }
            System.out.println("异常处理后此代码块也不会运行");
        }
    }
```

程序抛出了异常，程序流直接跳转到 finally 语句块运行。由于没有相应的 catch 语句块去处理异常，此异常还是抛给系统去处理。执行了 finally 语句块后，程序提前终止运行。try…finally 语句块后面的输出信息的代码没有被执行。

程序运行结果如图 6-3 所示。

```
try后面只有finally
Exception in thread "main" java.lang.ArrayIndexOutOfBoundsException: 3
	at Example603.main(Example603.java:8)
```

图 6-3　例 6-3 程序运行结果

【例 6-4】 捕获数字格式异常。

```
public class Example604 {
    public static void main(String[] args) {
        try {
            int a=Integer.valueOf("123q");
            int b=0;
            int c=a/b;
            System.out.println(c);
        }catch(Exception e) {
            System.out.println(e);
        }catch(NumberFormatException e) {
            System.out.println(e);
        }
    }
}
```

6-4　捕获异常的注意事项

try 语句块后面有两个 catch 语句块，第一个 catch 语句块捕获的异常是第二个 catch 语句块捕获异常的父类，那么会造成第二个语句块永远不会运行，产生编译错误。

程序运行结果如图 6-4 所示。

```
Exception in thread "main" java.lang.Error: Unresolved compilation problem: 
	Unreachable catch block for NumberFormatException. It is already handled by the catch block for Exception

	at Example604.main(Example604.java:10)
```

图 6-4　例 6-4 程序运行结果

6.1.4　抛出异常

6-5　抛出异常

程序发生异常时，如果不想处理，可以通过 throws 和 throw 语句来抛出异常。

1．throws 语句

一般使用 try…catch…finally 语句块处理一个方法中产生的异常，但是当不想处理产生的异常或不知道怎么处理时，可以选择向上抛出异常，由方法调用者来处理这些异常。将异常抛给上一级后，如果上一级也不想处理该异常，可以继续向上抛出，最终由 main()方法处理该异常。

在声明方法时用 throws 关键字抛出异常，表示方法有发生异常的可能性，throws 子句的作用范围为方法的声明中，让方法调用者知道该功能可能出现的问题，给出预先的处理方式。

用 throws 关键字直接抛出异常类，语法如下。

```
访问控制修饰符  返回类型  方法名([参数列表]) throws  异常类列表
{
    方法实现代码
     …
}
```

【参数说明】

异常类列表是方法要抛出的异常类，可以声明抛出多个异常类，中间用逗号隔开。

【例 6-5】 throws 语句的用法。

```
import java.util.Scanner;
public class Example605 {
    public static void main(String[] args){
        Scanner  sc=new  Scanner(System.in);//创建键盘录入对象
        System.out.println("请输入第一个整数: ");
        int  x=sc.nextInt(); //将键盘录入的数据存储在变量 x 中
        System.out.println("请输入第二个整数: ");
        int  y=sc.nextInt();  //将键盘录入的数据存储在变量 y 中
        try{      //因为 div 方法会抛出异常，所以要在调用方法 div 的地方捕获异常
              int  z=div(x,y);
              System.out.println(z);
        }catch(ArithmeticException e){
              System.out.println("除数不能为 0");
        }finally {
             System.out.println("finally 语句块执行释放资源的操作! ");
             sc.close();
        }
    }
    public static int div(int x,int y) throws ArithmeticException{
//声明要抛出的异常
    return  x/y;
    }
}
```

由于方法 div()中有可能发生 ArithmeticException 异常，但是在方法 div()中不想对这个异常进行处理，那么在定义方法时用 throws 语句抛出此类异常，告诉 div()方法调用者可能会出现的异常；在 main()方法中调用 div()，在 main()方法中用 try…catch…finally 语句块处理 div()方法抛出的异常。程序运行结果如图 6-5 所示。

如图 6-5a 所示，输入的两个整数分别是 30 和 0，在调用 div()方法时发生算术运算异常，div()方法调用后面的代码“System.out.println(z)”不再运行，程序控制流转到 catch 语句块运行，输出“除数不能为 0”；如图 6-5b 所示，输入的两个整数分别是 30 和 3，在调用

div()方法时没有出现异常，继续执行 div()方法调用后面的代码“System.out.println(z)”，输出变量 z 的值为 10。

```
请输入第一个整数：
30
请输入第二个整数：
0
除数不能为0
finally语句块执行释放资源的操作！
```

a)

```
请输入第一个整数：
30
请输入第二个整数：
3
10
finally语句块执行释放资源的操作！
```

b)

图 6-5　例 6-5 程序运行结果

a) 除数为 0　b) 除数不为 0

从以上两种结果来看，不论是否发生异常，都会运行 finally 语句块的代码，输出“finally 语句块执行释放资源的操作！”，并关闭 sc 对象。

2. throw 语句

throw 关键字也可以抛出异常，用在方法体内。如果程序员知道方法体内的某句代码一定会发生异常，则使用 throw 关键字抛出异常对象。执行 throw 语句后，一定会抛出某种异常对象，并且 throw 语句后面的代码也不会再运行了。

在方法体中用 throw 关键字直接抛出异常对象，语法如下。

```
throw  异常类的对象
```

【例 6-6】 throw 语句的用法。

```
import  java.util.Scanner;
public class Example606 {
   public static int div(int x,int y) throws Exception,ArithmeticException {
      if(y > 100)
            throw new Exception("除数不能大于 100");
      else if(y==0)
      throw new ArithmeticException();
      else
            return  x/y ;
   }
   public static void main(String[] args){
      Scanner  sc=new  Scanner(System.in); //创建键盘录入对象
      System.out.println("请输入第一个数");
      int  x=sc.nextInt();  //将键盘录入的数据存储在变量 x 中
      System.out.println("请输入第二个数");
      int  y=sc.nextInt();  //将键盘录入的数据存储在变量 y 中
      try{
           int  z=div(x,y);
           System.out.println(z);
      }catch(ArithmeticException e){
           System.out.println("除数不能为 0");
      }catch(Exception e){
           System.out.println("除数不能大于 100");
      }
    }
 }
```

在 div()的方法声明中，用 throws 语句声明此方法有可能会发生两个异常：Exception 异常和 ArithmeticException 异常，在 div()方法体内用两个 throw 语句分别抛出这两个异常的对象；在 main()方法中调用方法 div()，处理 div()的两异常，try 语句块后面有两个 catch 语句块，第一个用来捕获 ArithmeticException 异常，第二个用来捕获 Exception 异常。

程序运行结果如图 6-6 所示。

```
请输入第一个数
30
请输入第二个数
101
除数不能大于100
```

a)

```
请输入第一个数
30
请输入第二个数
0
除数不能为0
```

b)

图 6-6　例 6-6 程序运行结果

a) 除数大于 100　b) 除数为 0

如图 6-6a 所示，输入的变量 y 的值为 101，会抛出 Exception 异常，在 main()方法中用第二个 catch 语句块与之匹配，输出“除数不能大于 100”；如图 6-6b 所示，输入变量 y 的值为 0，会抛出 ArithmeticException 异常，用第一个 catch 语句块与之匹配，输出“除数不能为 0”。

注意：在用 throw 语句抛出异常的时候，该语句后面不要再写其他代码，因为该语句后面的代码不会再运行。

【例 6-7】 throw 语句后面跟其他语句的用法。

```
public class Example607 {
    public static  void cal(int a,int b) throws ArithmeticException{
        if(b==0)
        {
            throw  new ArithmeticException();
            System.out.println("a/b="+a/b);
        }
    }
    public static void main(String[] args) {
        try{
            int a=16,b=0;
            cal(a,b);
        }catch(ArithmeticException e) {
            System.out.println(e.toString());
        }
    }
}
```

程序运行结果如图 6-7 所示。

```
Exception in thread "main" java.lang.Error: Unresolved compilation problem: 
	Unreachable code

	at Example607.cal(Example607.java:6)
	at Example607.main(Example607.java:12)
```

图 6-7　运行结果

任务实施

定义一个数组用来存储 5 个整数，从键盘输入 5 个整数，并输出。

要求从键盘输入 5 个整数，如果输入的是非法格式的内容，则会抛出 InputMismatch Exception 异常，如果数组下标越界，则会抛出 ArrayIndexOutOfBoundsException 异常，在程序中需要对这两类异常进行处理。

创建主类 Task601，在主方法 main()中，使用 try...catch 语句块处理有可能会发生的 InputMismatchException 异常和 ArrayIndexOutOfBoundsException 异常。

如果输入的数据包含字符串，则抛出 InputMismatchException 异常，第一个 catch 语句块与 try 语句块抛出的异常匹配，第二个 catch 语句块没有被执行；如果输入合法，若输出数组的循环体中下标超出数组的范围，则抛出异常 ArrayIndexOutOfBoundsException，第二个 catch 语句块与 try 语句块抛出的异常匹配，执行第二个 catch 语句块。

```
import java.util.InputMismatchException;
import java.util.Scanner;
public class Task601 {
    public static void main(String[] args) {
    int[] arr=new int[5];
    Scanner sc=new Scanner(System.in);
    System.out.println("请输入 5 个整数:");
    try {
        for(int i=0;i<5;i++) {
        arr[i]=sc.nextInt() ;
        }
        for(int i=0;i<=5;i++) {
           System.out.println(" arr["+i+"]="+arr[i]);
        }
    }catch(InputMismatchException e)    {
            System.out.println("输入不合法");
        }catch(ArrayIndexOutOfBoundsException e)    {
            System.out.println("数组下标越界");
        }
    }
}
```

任务演练

【任务描述】

计算 1～n 的阶乘。

【任务目的】

1）掌握 throw 和 throws 语句的用法。

2）掌握捕获处理系统异常的方法。

【任务内容】

编制主类。定义方法 calculate(n)，计算 1～n 的阶乘，抛出数据超出整数范围的异常，在 main()方法中调用方法 calculate(n)，捕获并处理其抛出的异常。

具体步骤如下。

1）启动 Eclipse，创建 Java 项目，项目名称设为“项目实训 6_1”。

2）创建类 Project601，在类中定义静态方法 calculate(int n)。在该方法头部用 throws 语句抛出 Exception 异常；在方法体内，用循环计算 1～n 的阶乘，并判断计算得到的阶乘值是否大于整数最大值，若是则用 throw 语句抛出 Exception 类的一个对象，输出“数值太大，溢出”。

3）在 Project601 类的 main()方法中，用一个循环控制循环变量 i 从 1 到 20 递增，依次调用 calculate(n)方法，并使用 try…catch 语句块捕获 calculate(n)方法抛出的异常。

在代码页面上右击，在弹出的快捷菜单中选择“Run As”→“Java Application”命令，运行程序，发现当方法 main()中的循环变量为 13 的时候调用 calculate(13)方法，就会输出“java.lang.Exception: 数值太大，溢出”。

任务 6.2　自定义异常

输入三角形的边长，求出三角形的周长。确保输入的三条边满足组成三角形的条件，边长大于 0 并且任意两边之和大于第三边，否则就引发异常。

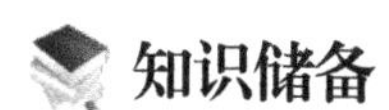

知识储备

6-6　创建
自定义异常类

6.2.1　创建自定义异常类

尽管 Java 语言提供了丰富的内置异常，可以处理一些常见的错误，但是在实际开发过程中可能会出现各种各样的情况，现有的异常类不能满足程序员对异常处理的需要，那就需要用户自己定义所需要的异常类型，以便处理特定的问题。

自定义的异常类一般都要继承 Exception 类或者其子类。自定义异常的语法如下。

```
Class  异常类名称   extends Exception{
   类主体
}
```

例如，在学生毕业进行学分统计的时候，总学分低于 128 分不能达到毕业的标准，可以自定义一个异常类 CreditsEarnedException，该类继承 Exception 类，代码如下。

```
class CreditsEarnedException extends Exception{
    CreditsEarnedException(int credits){
        super("学分"+credits+"低于 128 分,不能毕业");
    }
}
```

异常类 CreditsEarnedException 的构造方法的形参是需要传递的不满足要求的学分数，并定义了一个带有 String 类型形式参数的构造函数，用来描述异常的信息。

6-7　使用
自定义异常类

6.2.2　使用自定义异常类

创建了自定义异常类，就可以在程序中使用它。首先，要通过 throws 语句在方法定义中声明此异常类，显式地指明该方法运行时可能会抛出的异常，并使用 throw 语句在方法体中抛出自定义异常类的对象；其次，在程序中对异常进行处理。

1．抛出自定义异常

例如，在定义了异常类 CreditsEarnedException 后，再在这个异常类中定义一个方法，来判断学分是否满足毕业条件。在方法声明中用 throws 语句抛出 CreditsEarnedException 异常，告诉方法调用者此方法可能会引发此异常类。在方法体中用 throw 语句抛出此异常类的一个具体的异常对象。

```
    public static String IsCompletedCredits(int credits) throws CreditsEa-
rnedException{
        if(credits<128)
        throw new CreditsEarnedException(credits); //抛出异常对象
        else return "学分达到毕业条件";
    }
```

2．捕获自定义异常

当自定义异常被方法抛出后，可以由抛出异常的方法调用者对异常进行处理。

【例 6-8】 自定义异常类。

```
    import java.util.Scanner;
    public class Example608 {
        public static void main(String[] args) {
            Scanner sc=new Scanner(System.in); //创建键盘类对象
            System.out.println("请输入获得总学分");
            int credits=sc.nextInt();  //将从键盘输入的整数赋值给变量 credits
            try {
                String str=IsCompletedCredits(credits);
                System.out.println(str);
            }catch(CreditsEarnedException e) {
            System.out.println("抛出异常"+e);
            }
        }
        public static String IsCompletedCredits(int credits) throws Credi-
tsEarnedException{
            if(credits<128)
            throw new CreditsEarnedException(credits); //抛出异常对象
            else return "学分达到毕业条件";
        }
    }
    class CreditsEarnedException extends Exception{
        CreditsEarnedException(int credits){
            super("学分"+credits+"低于 128 分,不能毕业");
        }
    }
```

CreditsEarnedException 是一个用户自定义的异常类，显示“学分低于 128 分，不能毕业”，由方法调用者对其进行捕获处理；在方法 IsCompletedCredits()中抛出自定义的异常；在 main()方法中调用方法 IsCompletedCredits()，那么在 main()方法中用 try...catch 语句块对 IsCompletedCredits()方法抛出的异常进行处理。程序运行结果如图 6-8 所示。

```
请输入获得总学分
126
抛出异常CreditsEarnedException: 学分126低于128分,不能毕业
```

图 6-8　例 6-8 程序运行结果

任务实施

输入三角形的边长，求出三角形的周长。确保输入的三条边满足组成三角形的条件，边长大于 0 并且任意两边之和大于第三边，否则就引发异常。自定义异常并捕获异常。

创建一个自定义的异常类 TriangleException，该类继承 Exception 类；创建主类 Task602，在主类中创建方法 Perimeter()求三角形的周长。如果形参 x、y、z 接收到的值不满足三角形的条件，则抛出自定义的异常；在 main()方法中输入三条边的边长，调用求周长的方法 Perimeter()，用 try…catch…finally 语句块捕获异常。

如果输入 10、20、50，则会显示“TriangleException: x=10.0 y=20.0 z=50.0 不能组成三角形”。

```java
import java.util.Scanner;
public class Task602 {
    public static void main(String[] args) {
        Scanner  sc=new  Scanner(System.in);//创建键盘录入对象
        System.out.println("请输入第一个边长：");
        double x=sc.nextDouble(); //将键盘录入的数据存储在变量 x 中
        System.out.println("请输入第二个边长：");
        double  y=sc.nextDouble();  //将键盘录入的数据存储在变量 y 中
        System.out.println("请输入第三个边长：");
        double  z=sc.nextDouble();  //将键盘录入的数据存储在变量 z 中
        try {
        double p=Perimeter(x,y,z);
        System.out.println(p);
        }catch(TriangleException e) {
        System.out.println(e);
        }
    }
   public static double Perimeter(double x,double y,double z)  throws
TriangleException{
        if(x + y <=z || x + z <= y ||y + z <= x||x<=0 || y<=0 ||z<=0)
            throw new TriangleException(x,y,z);
        double p = x + y + z ;
            return p;
    }
}
class TriangleException extends Exception{
    public TriangleException(double x,double y,double z) {
        super("x="+x+" y="+y+" z="+z+"不能组成三角形");
    }
}
```

任务演练

【任务描述】

计算选手平均分。一位选手参加比赛，有 n 位评委评分，评分范围是 0～10。请编写程

序，输入评委的人数，再输入各位评委的评分，输出该选手的平均分。

【任务目的】

1）了解异常的概念和分类。

2）了解异常处理机制。

3）掌握抛出异常、捕获异常的处理方法。

4）掌握自定义异常的定义和处理方法。

【任务内容】

定义异常类，当评委打分不在 0～10 之间时，抛出此异常。定义求平均分的方法，接收评委打分，抛出评委打分不在范围之内的异常，并且捕获数组下标越界的异常。

具体步骤如下。

1）启动 Eclipse，创建 Java 项目，项目名称设为“项目实训 6_2”。

2）创建一个评委打分不在 0～10 之间的异常类 ScoreInputException。

3）创建主类 Project602，在类内创建一个求平均值的静态方法 average(double[] a)。在方法声明时抛出异常 ScoreInputException；在方法体内，如果评分不在 0～10 之间，则抛出 ScoreInputException 异常类的对象。在使用数组的时候，捕获 ArrayIndexOutOfBoundsException 异常。

4）在 main()方法中，调用 average(double[] a)方法，用 try…catch 语句块捕获 average 方法中抛出的异常。

在代码页面上右击，在弹出的快捷菜单中选择“Run As”→“Java Application”命令，运行程序，输入评委的人数 3，输入 3 个评委的分数 9.99、12、8.0，就会输出“发生异常 ScoreInputException: score=12.0 不在 0 到 10 之间，输入不合法”。

单元小结

在程序运行过程中，经常会因异常而终止程序的运行，那么需要对程序中出现的各种异常进行处理。

本单元首先介绍异常的概念及分类，接下来介绍系统预先定义的异常处理办法，包括 try…catch…finally 语句块的使用、throws 语句和 throw 语句的用法，最后介绍根据问题的实际情况自定义程序需要的异常类，及自定义异常类的解决办法。

习题

1．请写出异常的分类及常见的异常类。

2．简述 try…catch…finally 语句块的用法。

3．简述 throws 和 throw 语句的区别。

4．请找出以下代码段的错误。

```
public class Test {
    public static void main(String[] args){
        int x=15;
        int y=0;
```

```
            int  z=div(x,y);
            System.out.println(z);
        }
    public static int div(int x,int y) throws ArithmeticException{
      if (y==0) {
            throw new ArithmeticException();
            System.out.println("y的值不合法");
      }
            return x/y;
    }
}
```

5. 请写出以下代码段的运行结果。

```
public class Test {
    public static  void A(int x) throws MyException{
        if(x<0)
        {
            throw  new MyException(x);
            System.out.println("x不能小于 0");
        }
    }
    public static void main(String[] args) {
    try{
        int x=-5;
        A(x);
        }catch(MyException e) {
            System.out.println(e);
        }
    }
}
class MyException extends Exception{
    public MyException(string s) {
        super(s);
    }
}
```

6. 编写程序，用数组来保存从键盘输入的数，抛出系统预定义异常类 ArrayStoreException。

7. 编写异常类 IllegalAgeException，再编写主类，在主类中有一个产生异常的方法 TestAge(int age)，要求年龄小于 18 岁或者大于 60 岁时，方法抛出一个 IllegalAgeException 类的对象，在 main()方法中调用 TestAge(int age)方法。

8. 标识符的命名规则为只能以字母或者下画线开始，否则抛出异常，请自定义该异常类，并在主类中输入标识符，并对标识符的合法性进行判断，捕获异常。

单元 7　线　　程

学习目标

【知识目标】

- 理解线程的概念、生命周期和优先级。
- 掌握线程的创建、启动、休眠、中断和插队操作。
- 掌握线程的同步。
- 掌握线程的通信。

【能力目标】

- 能够理解线程的有关概念。
- 能够执行创建、启动、休眠、中断、插队线程的操作。
- 能够掌握同步线程的方法。
- 能够实现线程之间的通信。

7-1　线程的概念

任务 7.1　线程的创建与启动

创建一个程序，实现两个任务同时运行，一个任务重复输出“我在听音乐”，另一个任务重复输出“我在聊天”。

知识储备

7.1.1　线程的概念

最开始出现的计算机，在同一时间只能执行一个任务，到目前为止，本书前面编写的 Java 程序也只能完成一个任务；发展到今天的计算机，在同一时间可以执行多个任务，比如，可以用计算机边播放音乐边处理文字，现实生活中也经常发生同时完成多项任务的情况，比如可以边唱歌边炒菜等。要想使用计算机同时完成多项任务，就需要使用多线程技术。

为了更好地了解多线程的概念，需要先知道程序和进程的概念。

1）程序就是为了完成某一特定功能而用程序设计语言编写的一段代码。这段代码不能用自然语言描述，要用计算机可以理解的语言来编写。告诉计算机如何完成一个具体的任务，比如经常用的 QQ、Word 等软件都可以称为程序。

2）正在运行的程序就叫作进程，程序在执行过程中需要的代码，执行代码所需的 CPU、内存等系统资源都属于进程的范畴。

3）在一个进程内部可以执行多个任务，这些任务是由线程实现的，线程是进程中的实体，一个进程可以拥有多个线程。所谓的多线程，就是指一个进程可以同时执行多个任务，每个任务由一个线程来完成，比如在运行 QQ 软件的时候，可以发起一个与好友 A 的视频聊天任务，也可以同时发起和一个好友 B 的聊天任务等，也就是说，在运行 QQ 软件的时候，可以同时运行多个线程，每个线程执行一个特定的任务。

系统中的线程共享该进程的系统资源，一个进程中的多个线程也可以共享相同的内存地址空间、变量和对象，进程之间的信息共享非常容易。

7.1.2 线程的生命周期

7-2 线程的生命周期

当线程对象一旦被创建，线程的生命周期就已经开始了，直到线程对象被撤销为止。在整个生命周期中，线程一共有 5 种状态，分别是 New（创建状态）、Runnable（可运行状态）、Running（运行状态）、Blocked（阻塞状态）和 Terminated（终止状态）。线程的状态可以通过对线程进行操作而改变。

1．创建状态

当线程刚创建，还没有调用 start()方法时，线程还未真正启动，这个时候是新建状态。

2．可运行状态和运行状态

一个处于创建状态的线程一旦调用 start()方法，线程便进入就绪状态，这时线程具备运行条件，但并不一定正在运行。比如，某程序创建了两个线程并调用 start()方法，这两个线程都具备可运行条件，都是就绪状态，谁获得了 CPU 的执行权，谁才进入运行状态。

3．阻塞状态

处于正在运行状态的线程，如果中途发生其他情况，则会处于阻塞状态。引发阻塞状态的原因有很多，常见的阻塞状态有以下几种情况。

1）调用 sleep()方法后，线程处于休眠状态，设定的休眠时间过后才会进入运行状态。

2）调用 wait()方法后，线程处于等待状态，直到调用 notify()或 notifyAll()方法才会结束等待。

3）调用 join()方法后，会挂起当前线程，等到插队的线程执行完成后，才会回到可运行状态。

4）等待某个 I/O 流操作，当 I/O 流操作结束后，处于阻塞状态的线程便回到可运行状态。

5）当一个线程试图获取一个内部的对象锁，而该锁被其他线程持有时，此线程处于阻塞状态，直到其他线程释放该锁后，该线程抢到该锁的使用权才会变为可运行状态。

4．终止状态

处于终止状态的线程不再具有运行资格，也不会转换为其他状态。线程的终止可以分为以下几种情况。

1）线程正常结束，即 run()方法运行结束。

2）异常结束，即线程抛出一个未捕获的异常。

3）强制终止，即调用 stop()方法结束线程。

7.1.3 线程类

7-3 线程 Thread 类

Thread（线程）类可以用来创建和控制线程、设置线程的优先级并获取线程的状态等。

1．Thread 类的构造方法

Thread 类的构造方法如表 7-1 所示。

表 7-1　Thread 类的构造方法

方 法 名	含 义
public Thread( )	声明一个线程类，线程名默认为 Thread-0
public Thread(String name)	声明一个线程类，线程名为参数 name 指定的字符串
public Thread(Runnable target)	声明一个线程类，参数 target 是实现了接口 Runnable 的类对象，线程名默认为 Thread-0
public Thread(Runnable target, String name)	声明一个线程类，参数 target 是实现了接口 Runnable 的类对象，线程名为参数 name 指定的字符串

2．Thread 类的常用方法

Thread 类的常用方法如表 7-2 所示。

表 7-2　Thread 类的常用方法

变量类型	变 量 名	含 义
void	run()	用于存放线程运行时执行的代码
void	start()	启动线程
void	setName(String name)	设置线程的名字
void	setPriority(int newPriority)	设置线程的优先级
void	interrupt()	中断线程
boolean	isInterrupted()	判断线程的中断标志
void	join()	等待该线程终止，实现线程插队
void	yield()	静态方法，暂停当前正在执行的线程，并执行其他线程，实现线程礼让
int	activeCount()	静态方法，返回活动线程的数目
int	getPriority()	返回线程的优先级，取值范围为 1～10
Thread	currentThread()	静态方法，返回当前正在执行的线程对象
Thread.State	getState()	返回该线程的状态
String	getName()	返回该线程的名字
void	sleep(long millis)	静态方法，休眠线程，单位为毫秒

本书前面介绍的都是单线程的知识，现在用 Thread 类的一些方法来输出单线程的相关信息。

【例 7-1】 用 Thread 类的方法输出当前活动线程的属性。

```
public class Example701 {
    public static void main(String[] args) {
        Thread t=Thread.currentThread();//获取当前正在运行的线程的对象
        System.out.println("当前线程的名字："+t.getName());
        System.out.println("当前活动线程个数："+Thread.activeCount());
        System.out.println("当前线程的优先级："+t.getPriority());
        System.out.println("当前线程是否处于活动状态："+t.isAlive());
        System.out.println("当前线程的名字的状态："+t.getState());
    }
}
```

用 Thread 类的静态方法 currentThread()获取当前正在执行的线程对象。由于是单线程，因此只有一个活动的线程，并且是主线程在调用 main()方法，线程的状态是 Runnable。程序运行结果如图 7-1 所示。

```
当前线程的名字：main
当前活动线程个数：1
当前线程的优先级：5
当前线程是否处于活动状态：true
当前线程的名字的状态：RUNNABLE
```

图 7-1　例 7-1 程序运行结果

3. Thread 的优先级

Java 程序中会有多条线程同时运行，每一个线程都有一个优先级。优先级高的线程获得较多的执行机会，因为当线程调度器进行调度的时候，首先选择优先级高的线程。

线程的优先级范围为 1～10 之间的正整数，默认值是 5。Thread 类有三个静态常量，如表 7-3 所示。

表 7-3　Thread 类优先级常量

常量类型	常量名	含义
int	MAX_PRIORITY	指定线程具有最高的优先级，值为 10
int	MIN_PRIORITY	指定线程具有最低的优先级，值为 1
int	NORM_PRIORITY	指定线程具有默认的优先级，值为 5

Thread 类提供了两个方法分别用于设置和获取线程的优先级，即 setPriority()方法和 getPriority()方法。

线程的优先级只能作为提高程序效率的方法，但是不能保证线程调度器完全按照优先级的高低进行工作。在多个线程都处于可运行状态时，CPU 倾向于让优先级高的线程先执行，当高优先级的线程终止或者暂时礼让执行权时，次优先级的线程执行；如果处于可运行状态的多个线程的优先级相同，那么采取轮换机制，每个线程获得 CPU 时间片的机会相同，Java 虚拟机中的调度器会从中随机选择一个线程来执行，等此线程的时间片用完之后，再轮到下一个线程。

【例 7-2】 修改线程的名称和优先级。

```
public class Example702 {
    public static void main(String[] args) {
        Thread t = Thread.currentThread();
        System.out.println("线程原名字是："+t.getName()+"...线程原优先级是：
"+t.getPriority());
        t.setName("mainnew");
        t.setPriority(8);
        System.out.println("线程新名字是："+t.getName()+"...线程新优先级是：
"+t.getPriority());
    }
}
```

线程默认优先级是 5，可以通过 setName()方法更改线程的名字，通过 setPriority()方法更改线程的优先级；通过 getName()方法得到线程的名字，通过 getPriority()获得线程的优先级。程序运行结果如图 7-2 所示。

```
线程原名字是：main...线程原优先级是：5
线程新名字是：mainnew...线程新优先级是：8
```

图 7-2　例 7-2 程序运行结果

7.1.4 创建与启动线程

7-4　创建与启动线程

在 Java 中创建线程有两种方式，分别为继承 Thread 类和实现 Runnable 接口。

Runnable 接口定义了一个抽象的 run()方法，用于定义线程完成的功能。Thread 类是 java.lang 包的一个类，此类已经实现了 Runnable 接口，并实现了这个接口的 run()方法。

1．继承 Thread 类

通过继承 Thread 类创建线程的步骤如下。

1）创建 Thread 类的一个派生类 A。

2）在派生类 A 中覆盖父类 Thread 的 run()方法，将实现线程功能的代码写入 run()方法中，来完成线程要实现的具体功能。

3）创建派生类 A 的一个对象 a，此时线程不会自动运行。

4）调用对象 a 的 start()方法启动线程，使得线程处于运行状态，由虚拟机自动调用 run()方法。

【例 7-3】 创建一个继承 Thread 类的线程并启动。

```
public class Example703 extends Thread{  //① 创建一个 Thread 类的派生类
    public void run() {  //② 覆盖 Thread 类的 run()方法
        Thread t=Thread.currentThread();
        for(int i=0;i<=10;i++)
        System.out.println("正在运行的线程是："+t.getName()+" 运行次数："+i);
    }
    public static void main(String[] args) {
        Example703 t=new Example703();   //③ 创建对象
        t.start();              //④ 调用 start()方法
        for(int i=0;i<=10;i++)
            System.out.println("正在运行的线程是："+Thread.currentThread().
getName()+" 运行次数："+i);
    }
}
```

通过继承 Thread 类实现一个线程类；在主线程执行时创建一个子线程 t，并启动子线程；主线程和子线程 t 一起并发运行，程序每次运行的输出结果可能不一样，程序运行一次的结果如图 7-3 所示。

注意在启动线程的时候，不能直接调用 run()方法。

【例 7-4】 启动线程调用 run( )方法。

```
public class Example704 extends Thread{
    public void run() {
       System.out.println("子线程的名字："+Thread.currentThread().getName());
    }
        public static void main(String[] args) {
        System.out.println("当前线程的名字："+Thread.currentThread().
getName());
        Example704 t=new Example704 ();
        t.run();
    }
}
```

程序运行结果如图 7-4 所示。

```
正在运行的线程是：main 运行次数：0
正在运行的线程是：Thread-0 运行次数：0
正在运行的线程是：main 运行次数：1
正在运行的线程是：Thread-0 运行次数：1
正在运行的线程是：main 运行次数：2
正在运行的线程是：Thread-0 运行次数：2
正在运行的线程是：main 运行次数：3
正在运行的线程是：Thread-0 运行次数：3
正在运行的线程是：main 运行次数：4
正在运行的线程是：Thread-0 运行次数：4
正在运行的线程是：main 运行次数：5
正在运行的线程是：Thread-0 运行次数：5
正在运行的线程是：main 运行次数：6
正在运行的线程是：Thread-0 运行次数：6
正在运行的线程是：main 运行次数：7
正在运行的线程是：Thread-0 运行次数：7
正在运行的线程是：main 运行次数：8
正在运行的线程是：Thread-0 运行次数：8
正在运行的线程是：main 运行次数：9
正在运行的线程是：Thread-0 运行次数：9
正在运行的线程是：main 运行次数：10
正在运行的线程是：Thread-0 运行次数：10
```

图 7-3　例 7-3 程序运行结果

```
当前线程的名字：main
子线程的名字：main
```

图 7-4　例 7-4 程序运行结果

为什么子线程的名字也是 main 呢？因为在 main()方法中实例化了一个 test 的对象 t，调用 t 的 run()方法，就相当于调用一个普通方法，还是一个线程在顺序运行。把调用 t 的 run()方法改为调用 t 的 start()方法会启动线程，会由 JDK 自动执行 run()方法，达到两个线程同时运行的效果。

2．实现 Runnable 接口

通过继承 Thread 类创建线程比较简单，可以直接使用 Thread 类的方法。Java 不允许继承多个类，如果一个类已经有了一个父类，而又想成为线程，就不能再用继承 Thread 类创建线程了，可以利用另一种方法，即通过实现接口 Runnable 来创建线程。具体实现步骤如下。

1）创建一个类 A 实现接口 Runnable。

2）在类 A 中实现接口 Runnable 的 run()方法，即将实现线程功能的代码写入 run()方法中以完成线程要实现的具体功能。

3）创建类 A 的一个对象 a。

4）把 Runnable 接口的对象 a 传递给 Thread 类的构造方法，构造线程对象 t。

5）调用线程对象 t 的 start()方法启动线程，使得线程处于运行状态，由虚拟机自动调用 run()方法。

【例 7-5】 创建一个实现 Runnable 接口的线程并启动。

```
public class Example705 implements Runnable{ //① 实现Runnable接口
    public void run() {//② 重写接口的run()方法
        for(int i=0;i<=10;i++)
            System.out.println("子线程在运行");
    }
    public static void main(String[] args) {
        Example705 myrun=new Example705(); //③ 为实现接口的类创建一个对象
myrun
        Thread t=new Thread(myrun); // ④ 创建Thread类的对象t，并以myrun作为构造
方法的参数
        t.start(); // ⑤启动线程
        for(int i=0;i<=10;i++)
```

```
                System.out.println("main线程运行");
            }
        }
```

通过实现 Runnable 接口声明一个类 Example705，并重写接口的 run()方法；在主线程执行时创建接口实现类的一个对象 myrun；把对象 myrun 作为 Thread 类的构造方法的参数，创建线程的对象 t；通过 t 来启动线程，每次运行的结果可能不同，运行结果如图 7-5 所示。

```
main线程运行
main线程运行
main线程运行
main线程运行
main线程运行
main线程运行
main线程运行
main线程运行
main线程运行
子线程在运行
子线程在运行
子线程在运行
子线程在运行
子线程在运行
子线程在运行
main线程运行
main线程运行
子线程在运行
子线程在运行
子线程在运行
子线程在运行
子线程在运行
```

图 7-5　例 7-5 程序运行结果

任务实施

创建一个程序，实现两个任务同时运行，一个任务重复输出“我在听音乐”，另一个任务重复输出“我在聊天”。

创建类 MusicThread 继承 Thread 类，实现重复输出“我在听音乐”；创建类 ChatThread 继承 Thread 类，实现重复输出“我在聊天”。

创建主类 Task701，在主方法 main()中，生成类 MusicThread 的对象 mt，生成类 ChatThread 类的对象 ct，并启动两条线程，运行程序发现这两条线程交替运行。

```
class MusicThread extends Thread {
    public void run() {
        while(true)
            System.out.println("我在听音乐");
    }
}
class ChatThread extends Thread {
    public void run() {
        while(true)
            System.out.println("我在聊天");
    }
}
public class Task701 {
    public static void main(String[] args) {
        MusicThread mt=new MusicThread();
        ChatThread ct=new ChatThread();
        mt.start();
        ct.start();
    }
}
```

任务演练

【任务描述】

通过继承 Thread 类创建一个线程，实现 1～n 的阶乘；通过实现 Runnable 接口创建一个线程，实现 1～n 的和。其中，n=1，2，3，…，10。

【任务目的】

1）掌握通过继承线程类创建线程的方法。

2）掌握通过实现 Runnable 接口创建线程的方法。

【任务内容】

创建类 CalFac 继承 Thread 类，实现 1～n 的阶乘，定义 CalSum 类实现 Runnable 接口，定义主类启动两个线程。

具体步骤如下。

1）启动 Eclipse，创建 Java 项目，项目名称设为“项目实训 7_1”。

2）创建类 CalFac 继承 Thread 类，重写 run()方法，输出 1～n 的阶乘。

3）创建类 CalSum 实现 Runnable 接口，重写 run()方法，输出 1～n 的和。

4）定义主类 Project701，在 main()方法中，启动两条线程。

在代码页面上右击，在弹出的快捷菜单中选择“Run As”→“Java Application”命令，运行程序，发现两条线程交叉运行。

任务 7.2 线程的控制

模拟演讲-评委打分，要求演讲时间为 15min，能够显示倒计时，演讲结束后，评委亮分。

知识储备

7.2.1 线程的休眠

7-5 线程的休眠

如果想要当前正在执行的线程暂停一段时间，可以通过 Thread 类的静态方法 sleep()让其他线程有机会继续执行。sleep()方法有一个参数用于指定线程休眠的时间，以毫秒为单位，使其开始进入计时等待状态。当调用 sleep()方法时，要处理此方法抛出的 Interrupted Exception 异常。

【例 7-6】 实现线程休眠。

```
public class Example706 extends Thread {
    public void run() {
        for(int i=1;i<=10;i++)
        {
            try {
                Thread.sleep(1000);//当前线程处于等待状态，等待 1 秒
                System.out.println("线程运行"+i+"休眠 1 秒");
            }catch(InterruptedException e) {
                System.out.println(e.getMessage());
            }
        }
    }
    public static void main(String[] args) {
        Example706 t1=new Example706();
        t1.start();
    }
}
```

通过继承 Thread 类实现线程类 Example706，线程体的功能是重复执行输出语句，每执行一行线程休眠一秒。从运行结果可以看到，由于调用 Thread 类的 sleep()方法使线程休眠，因此隔一秒输出一行。如果没有调用这个方法，那么运行结果是同时输出的。程序运行结果如图 7-6 所示。

```
线程运行1休眠1秒
线程运行2休眠1秒
线程运行3休眠1秒
线程运行4休眠1秒
线程运行5休眠1秒
线程运行6休眠1秒
线程运行7休眠1秒
线程运行8休眠1秒
线程运行9休眠1秒
线程运行10休眠1秒
```

图 7-6　线程休眠

在此例中重写 run()方法时，调用 Thread 类的 sleep()方法会抛出 InterruptedException 异常。如果在 run()方法中没有处理这个异常，则在重写 run()方法时会抛出这个异常并报错。

【例 7-7】 实现线程休眠。

```
public class Example707 extends Thread{
    public void run() throws InterruptedException{
        for(int i=1;i<=10;i++)
        {
            Thread.sleep(1000);//当前线程处于等待状态，等待 1 秒
            System.out.println("线程运行"+i+"休眠 1 秒");
        }
    }
    public static void main(String[] args) {
        Example707 t1=new Example707();
        t1.start();
    }
}
```

通过继承 Thread 类实现 Runnable 接口，此接口的 run()方法并没有抛出中断异常，那么在实现此接口的类中重写 run()方法时也不能抛出这个异常，所以要在方法中使用 try…catch…finally 语句块来捕获处理中断异常。程序运行结果如图 7-7 所示。

```
Exception in thread "Thread-0" java.lang.Error: Unresolved compilation problem:
	Exception InterruptedException is not compatible with throws clause in Thread.run()

	at Example707.run(Example707.java:2)
```

图 7-7　例 7-7 程序运行结果

7.2.2　线程的中断

7-6　线程的中断

使用线程的 interrupt()方法中断一个线程时，只是改变了线程中断标志的值，即线程对象的 isInterrupted()方法的值变为 True，并没有真的中断线程。正在运行的线程和正在休眠的线程被中断的时候，处理方式是不一样的。

【例 7-8】 正在运行的线程被中断。

```
public class Example708 extends Thread{
    public void run() {
        for(int i=1;i<=1000;i++)
        {
           if(Thread.currentThread().isInterrupted())
                System.out.println("被中断运行");
           else
                System.out.println("正常运行");
```

```java
            }
        }
        public static void main(String[] args) throws InterruptedException{
            Example708 t=new Example708 ();
            t.start();
            Thread.sleep(10);
            t.interrupt();
        }
    }
```

线程对象 t 启动时，输出“正常运行”，当在主线程中调用 interrupt()时，改变了线程的中断标志，isInterrupted()方法的值为 true，这时输出“被中断运行”，线程还会正常运行，并没有中断。由此可见，正在运行的线程调用 interrupt()方法，只会改变线程的中断标志。程序运行结果如图 7-8 所示。

```
正常运行
正常运行
正常运行
正常运行
正常运行
正常运行
被中断运行
被中断运行
被中断运行
被中断运行
被中断运行
被中断运行
```

图 7-8 例 7-8 程序部分运行结果

【例 7-9】 正在休眠的线程被中断。

```java
    public class Example709 extends Thread{
        public void run() {
            try {
                Thread.sleep(1000);
            }catch(InterruptedException e) {
                System.out.println("线程被中断了");
            }
        }
        public static void main(String[] args){
            Example709 t=new Example709();
            t.start();
            t.interrupt();
        }
    }
```

调用线程对象 t 的 start()方法后，线程 t 运行，当在主线程中调用 interrupted()方法后，线程的中断标志设为 true，线程 t 在休眠的时候，检测到线程的中断标志为 true，则抛出 InterruptedException 中断异常。程序运行结果如图 7-9 所示。

```
线程被中断了
```

图 7-9 例 7-9 程序部分运行结果

7.2.3 线程的插队

7-7 线程的插队

如果在一个线程运行时需要另一个线程的处理结果，如厨师正在炒菜时原材料不够了，需要采购员去买菜，等原材料买回来之后，厨师炒菜才能继续进行，即采购员买菜的线程要插队，或者说采购员买菜的线程需要加入到厨师炒菜的线程中来。

Java 中线程的插队用 join()方法实现，在线程 A 中调用线程 B 的 join()方法后，线程 A 把 CPU 的执行权让给线程 B，直到线程 B 执行结束，线程 A 才能再执行，就相当于线程 A 遇到 B.join()，线程 A 就处于阻塞状态，线程 B 插队，运行完线程 B 之后，线程 A 才被唤醒重新运行。

【例 7-10】 线程的插队。

```
import java.util.Scanner;
public class Example710 extends Thread {
    static int n,sum=0;
    public void run() {
        for(int i=1;i<=n;i++) {
            sum=sum+i;
        }
    }
    public static void main(String[] args) throws InterruptedException {
        Scanner sc=new Scanner(System.in); //创建键盘类对象
        System.out.println("请输入 n");
        n=sc.nextInt();  //从键盘输入的整数赋值给变量 n
        Example710 t=new Example710();//创建线程类对象
        t.start();//线程的启动
        t.join();//线程的加入
        System.out.println("1 到"+n+"的和是"+sum);
    }
}
```

主线程的功能是输出 1～n 的累加值和 sum 的值，主线程的运行需要用到线程 t 的结果，在输入了变量 n 的值之后，调用 t.join()方法，主线程处于阻塞状态，一直到线程 t 执行完成，sum 中存储的是 1～n 的和，主线程才开始运行输出 sum 的值。程序运行结果如图 7-10 所示。

注意：join()方法必须在线程的 start()方法调用之后调用才有意义。如果把例 7-10 的插队线程和启动线程调换位置，会发现主线程没有等到线程 t 执行结束就输出错误结果，线程 t 并没有插队成功。

```
请输入n
100
1到100的和是5050
```

图 7-10　例 7-10 程序部分运行结果

任务实施

创建线程模拟演讲倒计时—评委打分，要求演讲时间为 15min，能够显示倒计时，演讲结束后，评委亮分。

假设有三个评委，创建演讲者线程 SpeechThread 和评委线程 JudgesSpeech，SpeechThread 显示演讲倒计时，演讲者线程结束后，启动 JudgesSpeech。

```
class SpeechThread extends Thread {
    public void run() {
        try {
            int i=15;
            System.out.println("演讲时间 15 分钟，开始计时...");
            while(i>0) {
                System.out.println("剩余"+i+"分钟");
                sleep(1000);
                i--;
            }
        }catch(InterruptedException e) {
            e.printStackTrace();
        }
```

```
            System.out.println("时间到，请评委亮分");
        }
    }
    class JudgesThread extends Thread {
        SpeechThread st;
        public JudgesThread(SpeechThread st) {
            this.st=st;
        }
        public void run() {
            try {
                st.join();
            } catch (InterruptedException e) {
                e.printStackTrace();
            }
            for(int i=1;i<=3;i++)
            {
                System.out.println("第"+i+"个评委给演讲者打分");
            }
        }
    }
    public class Task702 {
        public static void main(String[] args) {
            SpeechThread st=new SpeechThread();
            JudgesThread jt=new JudgesThread(st);
            st.start();
            jt.start();
        }
    }
```

任务演练

【任务描述】

创建线程模拟“顾客订餐—厨师做菜—顾客吃饭”的顺序。

【任务目的】

1）掌握多线程的休眠。

2）掌握多线程的加入。

3）理解多线程之间运行的顺序。

【任务内容】

定义 BookDinner 类模拟顾客订餐，定义 MakeDinner 类模拟厨师做菜，定义 EatDinner 类模拟顾客吃饭，在主类的 main()方法中，启动三个线程，观看三个线程运行的顺序。

具体步骤如下。

1）启动 Eclipse，创建 Java 项目，项目名称设为“项目实训 7_2”。

2）定义 BookDinner 类模拟顾客订餐，订餐程序中需要休眠，并处理休眠线程引发的中断异常。

3）定义 MakeDinner 类模拟厨师做菜，厨师做菜之前要等订餐线程运行结束。

4）定义 EatDinner 类模拟顾客吃饭，顾客吃饭线程运行之前需要先运行厨师做菜线程。

5）创建主类Project702，在主方法main()中，创建三个线程的对象并启动。

在代码页面上右击，在弹出的快捷菜单中选择“Run As”→“Java Application”命令，运行程序发现，不管哪个线程线启动，都是按照“顾客订餐—厨师做饭—顾客吃饭”的顺序运行。

任务 7.3　线程的同步

创建一个账户，初始余额为1000元，模拟不同的人对这个账户的存款和取款操作。

知识储备

7-8　多线程引发的问题

7.3.1　多线程引发的问题

多线程经常会出现抢占共享资源的问题，这时线程之间互相竞争CPU的执行权，使得线程访问共享资源的顺序不能确定。但是，有些共享资源对于线程的访问有严格要求，必须协调操作才能得出正确的结果。例如，有三个窗口对每一次列出的100张火车票进行售票，这100张火车票就是共享资源。如果三个窗口同时获得共享资源的使用权，都查询到还有100张票，三个窗口同时各卖出一张票，那么返回的总票数还是99，会导致最终结果出现问题。

【例 7-11】 三个窗口卖票。

```
public class Example711 extends Thread{
    public static int num=100;
    int i=0;
    public void run() {
        num=num-i;
        System.out.println(currentThread().getName()+"窗口卖了"+i+"张票，还剩下"+num+"张票");
    }
    public Example711(String s,int i) {
        super(s);
        this.i=i;
    }
    public static void main(String[] args) throws Exception{
        Example711 t1=new Example711("窗口1",10);
        Example711 t2=new Example711("窗口2",2);
        Example711 t3=new Example711("窗口3",6);
        t1.start();
        t2.start();
        t3.start();
    }
}
```

三个线程对同一个资源num同时进行操作，剩下的票数显示错误。程序运行结果如图7-11所示。

```
窗口3窗口卖了6张票，还剩下84张票
窗口1窗口卖了10张票，还剩下84张票
窗口2窗口卖了2张票，还剩下82张票
```

图 7-11　例 7-11 程序运行结果

7.3.2 实现同步线程

7-9 实现同步线程

当多个线程对同一个对象进行操作时，为了保证对象数据的统一性，Java 提供了两种方式来实现同步机制，一种是利用同步代码块实现同步，另一种是利用同步方法实现同步。

1. 利用同步代码块实现同步

采用 synchronized 关键字设置程序的某段代码为同步区域，语法如下。

```
synchronized (对象){
//需要同步的代码
}
```

synchronized 关键字后面的大括号里面的代码是同步区域。当一个线程执行到同步区域的时候，锁定当前对象，这样其他线程就不能执行同步区域的代码，其他线程如果想执行同步区域的代码，必须等待正在执行同步区域代码的线程从同步区域退出。

【例 7-12】 利用同步代码块实现三个窗口卖票。

```
public class Example712 extends Thread{
    public static int num=100;
    int i=0;
    static Object b=new Object();
    public void run() {
        synchronized(b) {
            this.num=num-i;
            System.out.println(this.currentThread().getName()+"窗口卖了"+i+"张票，还剩下"+num+"张票");
        }
    }
    public Example712(String s,int i) {
        super(s);
        this.i=i;
    }
    public static void main(String[] args) throws Exception{
        Example712 t1=new Example712("窗口1",10);
        Example712 t2=new Example712("窗口2",2);
        Example712 t3=new Example712("窗口3",6);
        t1.start();
        t2.start();
        t3.start();
    }
}
```

创建一个同步对象 b，把公共资源作为同步区域括起来。首先，线程“窗口 1”获得同步区域代码的执行权，卖 10 张票，显示剩下 90 张票；然后，线程“窗口 3”获得同步区域代码的执行权，卖 6 张票，显示剩下 84 张票；最后，线程“窗口 2”获得同步区域代码执行权，卖 2 张票，剩下 82 张票 。程序运行结果如图 7-12 所示。

```
窗口1窗口卖了10张票，还剩下90张票
窗口3窗口卖了6张票，还剩下84张票
窗口2窗口卖了2张票，还剩下82张票
```

图 7-12 例 7-12 程序运行结果

2．利用同步方法实现同步

利用同步方法实现同步将访问公共资源的方法都标记为 synchronized。在调用同步方法的线程执行完之前，其他调用该方法的线程都会被阻塞。声明同步方法的语法如下。

```
访问控制符 synchronized 返回值类型  方法名(参数){
  方法体
}
```

【例 7-13】 利用同步方法实现三个窗口卖票。

```
public class Example713 extends Thread{
    public static int num=100;
    int i=0;
    public  void run() {
        sales(i);
    }
    public synchronized static void sales(int i) {
        num=num-i;
        System.out.println(currentThread().getName()+" 窗 口 卖 了 "+i+" 张
票，还剩下"+num+"张票");
    }
    public Example713(String s,int i) {
        super(s);
        this.i=i;
    }
    public static void main(String[] args) throws Exception{
        Example713 t1=new Example713("窗口 1",10);
        Example713 t2=new Example713("窗口 2",2);
        Example713 t3=new Example713("窗口 3",6);
        t1.start();
        t2.start();
        t3.start();
    }
}
```

创建一个同步方法 sales()，同步方法的代码在某一时刻只能被一个可执行的线程访问，其他线程要想访问同步方法的代码，需要等待，确保没有访问冲突现象。程序运行结果如图 7-13 所示。

```
窗口1窗口卖了10张票，还剩下90张票
窗口3窗口卖了6张票，还剩下84张票
窗口2窗口卖了2张票，还剩下82张票
```

图 7-13　运行结果

注意：如果不适当地运用同步来管理线程对特定对象的访问，会造成死锁。死锁是指多个线程同时被阻塞，互相等待对方释放资源。简单地说，线程 A 占用了资源 1，线程 B 占用了资源 2，此时，线程 A 需要线程 B 释放资源 2，同时，线程 B 又需要线程 A 释放资源 1，这样两个线程互不让步，都在等待对方释放资源，导致死锁现象。

【例 7-14】 实现死锁。

```
public class Example714 {
    public static Object lock1=new Object();
    public static Object lock2=new Object();
```

```
        public static void main(String[] args) {
            FirstT ft=new FirstT();
            SecondT  st=new SecondT();
            ft.start();
            st.start();
        }
    }
    class FirstT extends Thread{
        public void run() {
            synchronized(Example714 .lock1) {
                System.out.println("线程"+Thread.currentThread().getName()
+"使用共享资源lock1");
                synchronized(Example714 .lock2) {
                    System.out.println("线程"+Thread.currentThread().getName()+
"使用共享资源lock2");
                }
            }
        }
    }
    class SecondT extends Thread{
        public void run() {
            synchronized(Example714 .lock2) {
                System.out.println("线程"+Thread.currentThread().getName()+
"使用共享资源lock2");
                synchronized(Example714 .lock1) {
                    System.out.println("线程"+Thread.currentThread().getName()+
"使用共享资源lock1");
                }
            }
        }
    }
```

线程 Thread-0 已经获取了对象 lock1 的锁后，进入阻塞状态；此时线程 Thread-1 已经启动并获取了对象 lock2 的锁，再去获取对象 lock1 的锁，但对象 lock1 的锁已经被线程 Thread-0 占有，因此等待线程 Thread-0 释放 lock1 的锁；线程 Thread-0 继续执行，又要获取对象 lock2 的锁，却发现对象 lock2 的锁已经被线程 Thread-1 获得，因此没有办法继续执行；在这种情况下，由于资源换获取的顺序不合理，程序无法向前推进，造成了死锁问题。程序运行结果如图 7-14 所示。

```
线程Thread-0使用共享资源lock1
线程Thread-1使用共享资源lock2
```

图 7-14　例 7-14 程序运行结果

7.3.3　实现线程通信

7-10　实现线程通信

多个线程并发运行且需要访问同一个资源时，可以利用代码块同步或同步方法实现同步，以便实现对共享资源互斥访问。但如果这些线程在执行的过程中有先后次序，多个线程之间就需要进行通信、相互协调，才能共同完成一项任务。

线程之间通信使用 wait()、notify()、notifyAll()方法实现，这三种方法只能在同步代码块或同步方法中使用。wait()方法可使得调用该方法的线程释放共享资源的锁，从可运行状态进入阻塞状态，直到再次被唤醒。调用 notify()和 notifyAll()方法可以唤醒正在同一个共享资源上阻塞的线程，使得被唤醒的线程进入可运行状态。notify()方法只能唤醒一个线程，notifyAll()方法可以唤醒在同一个共享资源上等待的所有线程。

【例 7-15】 实现线程的通信。

```
public class Example715 {
    public static Object lock=new Object();
    public static void main(String[] args) {
        FirstThread ft=new FirstThread();
        SecondThread st=new SecondThread();
        ft.start();
        st.start();
    }
}
class FirstThread extends Thread{
    public void run() {
        synchronized(Example715.lock) {
            for(int i=1;i<=5;i++) {
                System.out.println("在线程"+Thread.currentThread().get
Name()+"中打印"+i);
                if(i==3)
                    try {
                        Example715.lock.wait();
                    }catch(InterruptedException e) {
                        System.out.println("发生异常");
                }
            }
        }
    }
}
class SecondThread extends Thread{
    public void run() {
        synchronized(Example715.lock) {
            for(int i=1;i<=5;i++) {
                System.out.println("在线程"+Thread.currentThread().
getName()+"中打印"+i);
                if(i==4)
                    Example715.lock.notify();
                }
            }
        }
}
```

创建一个主类 Example715，以及两个线程类 FirstThread 和 SecondThread，在主类中创建了两个线程类的对象 ft、st；在主类中创建了两个线程共享的对象锁 lock；当对象 ft 得到锁后，先输出 3 行，然后调用 Example715.lock.wait()方法，交出锁的控制权，进入阻塞状态；在线程 ft 释放控制权后，线程 st 获得了锁，输出 4 行之后，调用 Example715.lock.notify()方法，唤醒正在等待的线程 ft；线程 ft 被唤醒后，继续输出后面的两行，ft 执行完毕后，继续执行线程 st 后面的代码；两个线程 st 和 ft 通过 wait()和 notify()实现了线程的通信协作。程序运行结果如图 7-15 所示。

```
在线程Thread-0中打印1
在线程Thread-0中打印2
在线程Thread-0中打印3
在线程Thread-1中打印1
在线程Thread-1中打印2
在线程Thread-1中打印3
在线程Thread-1中打印4
在线程Thread-1中打印5
在线程Thread-0中打印4
在线程Thread-0中打印5
```

图 7-15　例 7-15 程序运行结果

任务实施

创建一个账户，初始余额为 1000 元，模拟不同的人对这个账户的存款和取款操作。

创建一个账户类 Account，把对账户进行操作的代码设为同步方法。创建一个 Customer 类继承 Thread 类，启动存款操作，如果是取款操作，用负数表示；创建主类 Task703，在主类的 main()方法中，创建线程 Customer 的三个对象，分别对账户进行存款 100 元、取款 300 元和存款 400 元的操作。运行程序发现，不管三个对象的运行顺序如何，总是会得到账户余额为 1200 元的结果。

```
public class Task703 {
    public static void main(String[] args) {
        Customer c1=new Customer("张三",100);
        Customer c2=new Customer("李四",-300);
        Customer c3=new Customer("王五",400);
        c1.start();
        c2.start();
        c3.start();
    }
}
class Account {
    private static int cash=1000; //账户余额
    public synchronized static void draw(int money) {
        try {
            Thread.sleep(1000);
            cash=cash+money;
            System.out.println(Thread.currentThread().getName()+"对账户
进行了"+money+"操作,当前账户余额为"+cash+"元");
        } catch (InterruptedException e) {
            e.printStackTrace();
        }
    }
}
class Customer extends Thread{
    private int money;
    public Customer(String name,int money) {
        super(name);
        this.money=money;
    }
    public void run() {
        Account.draw(money);
```

```
        }
    }
```

任务演练

【任务描述】

创建线程模拟一个水池的进水和排水操作，假设水池的容量为 5L，每进行一次排水或进水操作，水量变化为 1L。当水池中没有水时，不能进行排水操作；当水塘满时，不能进行进水操作。

【任务目的】

1）掌握线程的同步机制。

2）掌握线程的通信机制。

【任务内容】

定义线程 Influent，模拟对水池的进水操作；定义线程 Drainage，模拟对水池的排水操作；定义主类，为水池加一把锁，保证同一时间只有一个线程对水池进行操作。

具体步骤如下。

1）启动 Eclipse，创建 Java 项目，项目名称设为“项目实训 7_3”。

2）创建类 Influent，在进行进水操作之前要判断水池的容量是否达到最大限制。如果水池不满，就用 1 秒钟的时间完成进水操作，并唤醒排水线程，告诉排水线程此时水池有水了；如果水池已满，则进行等待。

3）创建类 Drainage，在进行排水操作之前要判断水池是否有水。如果水池有水，就用 1s 钟的时间完成排水操作，并唤醒进水线程，告诉进水线程此时水池有空间了；如果水池已空，则进行等待。

4）创建主类 Project703，在类内创建一把锁，用于排水线程和进水线程对水池进行互斥访问，创建进水线程和排水线程并启动。

在代码页面上右击，在弹出的快捷菜单中选择“Run As”→“Java Application”命令，运行程序，可以看出进水线程和排水线程交替运行。当水池满了，等待排水操作；当水池空了，等待进水操作。

单元小结

本单元内容首先介绍多线程的概念、Thread 类的用法，然后介绍使用继承 Thread 类和实现 Runnable 接口的方式来创建和启动线程，并能够控制线程的休眠、中断和插队，最后介绍利用同步代码块和同步方法解决了多线程竞争同一个资源引发的问题，以及用 wait()和 notify()方法实现线程的通信。

习题

1．请阅读以下程序代码，回答两个线程 main 和 t 能否交替执行。要想让两个线程交替运行，应该怎么改呢？

```
public class a extends Thread{
    public void run() {
        for(int i=1;i<=1000;i++)
            System.out.println("子线程在运行");
    }
    public static void main(String[] args) {
        a t=new a();
        t.run();
        for(int i=1;i<=1000;i++)
            System.out.println("main 线程在运行");
    }
}
```

2．利用实现 Runnable 接口的方法，编写程序实现两个小朋友青青和丽丽共同吃 10 个苹果。

3．创建三个线程对象，分别设置其优先级为 10、5、1，查看这三个线程的运行顺序。

4．线程调用 sleep()方法，在到指定的休眠时间时，会返回运行状态，这种说法对吗？请描述线程几个状态的转换过程。

5．创建线程描述三个人同吃一盘苹果的行为。

6．创建线程模拟生产和消费者行为。

单元 8　Java 输入/输出

学习目标

【知识目标】

- 理解流的概念和分类。
- 掌握字节流的输入和输出。
- 掌握字符流的输入和输出。
- 掌握文件的用法。

【能力目标】

- 能够理解流的概念及分类。
- 能够用字节流来读取和输出信息。
- 能够用字符流来读取和输出信息。
- 能够创建文件及目录。

任务 8.1　字节流

将一个文本文件的内容复制到另一个文件中。

8-1　字节流的读取操作

知识储备

8.1.1　字节流的读取操作

字节流用来处理二进制数据，如果是字符串，也要将其转换成字节数组才能进行输入输出。java.io 包中定义了二进制字节流的输入抽象类 InputStream 类。InputStream 类是所有字节输入流的父类，定义了操作输入流的各种方法。InputStream 类的常用方法如表 8-1 所示。

表 8-1　InputStream 类的常用方法

返　回　值	方　　法	含　　义
返回 0~255 范围内的 int 类型的字节值；若为-1，则表明达到流末尾	read()	从输入流中读取数据的下一个字节，一次读取一个字节，如果要读取所有的内容，则需要使用循环
以整数形式返回读取数据的有效字节数；若为-1，则表明达到流末尾	read(byte[] b)	从输入流中读入一定数量的字节数据，存放在缓冲区数组 b 中
以整数形式返回实际读取数据的字节数；若为-1，则表明达到流末尾	read(byte[] b,int i,int len)	从当前输入流读取一定的字节数据，读取 len 个字节，并存放在数组 b 中从下标 i 开始的位置
available()	int	返回流中能立即读取的字节的数量
void	close()	关闭输入流并释放与该流关联的所有系统资源
返回值为 long 类型，表示实际跳过的字节数量	skip(long n)	跳过或丢弃输入流中 n 个字节

InputStream 类的一个子类字节文件输入流 FileInputStream，用于读取图像数据之类的二进制字节流。FileInputStream 类的构造方法如表 8-2 所示。

表 8-2　FileInputStream 类的构造方法

方　法	含　义
FileInputStream(File file)	通过打开一个到实际文件的连接来创建一个 FileInputStream，该文件通过文件系统中的 File 对象 file 指定
FileInputStream(String name)	通过打开一个到实际文件的连接来创建一个 FileInputStream，该文件通过文件系统中的路径 name 指定

1. 用 read()方法一次读取一个字节的数据

【例 8-1】 用 FileInputStream 的 read()方法实现读取文本文件中的数据并输出。

```
import java.io.*;
public class Example801 {
    public static void main(String[] args) throws IOException{
        FileInputStream fis= new FileInputStream("test.txt");
        int len= 0;
        while((len=fis.read())!=-1)
            System.out.print(len+"  ");
        fis.close();
    }
}
```

程序运行结果如图 8-1 所示。

```
49  50  51  97  98  99  100  101  228  184  173  230  150  135
```

图 8-1　例 8-1 程序运行结果

1）在项目的根目录下创建一个名为 test.txt 的文件，在文件中输入内容“123abcde”并保存。

2）建立一个流对象 fis，将已有文件 test.txt 加载进流，指明输入流的外部源是文件 test.txt，这样建立了一个连接到数据源 test.txt 的流。

3）通过流对象实现数据的传输，调用流对象 fis 的 read()方法，一次读取流中的一个字节，把读取到的二进制数存放到整型变量 len 中，用循环读取流中的所有数据，当到达流的末尾时，read()方法的返回值是-1，结束循环。

4）关闭输入流 fis。

5）从运行结果来看，字符串“123abcde”在底层存储的是各字符对应的 ASCII 码，所以输出的是字符对应的 ASCII 码的十进制表示形式。

需要注意以下两点。

1）Java 中的流操作要处理 IOException 异常。文中直接在定义方法时用 throws 语句抛出 IOException 异常，也可以在方法体中用 try…catch…finally 语句块捕获异常。

2）字节流方法 read()的返回值为 int 类型的。当调用字节流的 read()方法读取一个字节的值时，有时会读到 11111111。由于 byte 类型的 11111111 在计算机内部表示 -1，因此会提前结束流操作；而如果返回的是 int 类型，那么读到的 11111111 则会表示成 00000000 00000000 00000000 11111111，这个值表示的是 255，就不会和输入流定义的结束标志冲突了。

为了能够保证输入流的正确运行，要使 read()方法的返回值是 int 类型的，这样做的目的是为了正确判断读到的内容从而读到文件结尾。

2．用 read(byte[] b)方法一次读取多个字节的数据

【例 8-2】 用 FileInputStream 的 read(byte[]b)方法实现读取文本文件中的数据，并输出。

```
import java.io.*;
public class Example802 {
    public static void main(String[] args) throws IOException{
        FileInputStream fis= new FileInputStream("test2.txt");
        int len= 0;
        byte[] b=new byte[1024];
        len=fis.read(b);
        System.out.println("读取到的文件内容是："+new String(b));
        System.out.println("文件包含的字节数是："+len);
        fis.close();
    }
}
```

读取到的文件内容是：你好，欢迎使用文件输入流
文件包含的字节数是：36

图 8-2　例 8-2 程序运行结果

程序运行结果如图 8-2 所示。

1）在项目的根目录下创建一个名为 test2.txt 的文件，在文件中输入内容“你好，欢迎使用文件输入流”并保存。

2）建立一个流对象 fis，将已有文件 test2.txt 加载进流，指明输入流的外部源是文件 test2.txt，这样建立了一个连接到数据源 test2.txt 的流。

3）通过流对象实现数据的传输，调用流对象 fis 的 read(byte[] b)方法，把读取到的多个字节的数据存放到字节数组 b 中，并把实际读取的有效数据的字节数存储到 len 中。

4）关闭输入流 fis。

3．用 read(byte[] b,int i,int len)方法读取指定字节数的数据

【例 8-3】 用 FileInputStream 的 read(byte[] b,int i,int len)方法实现读取文本文件中的数据，一次读取指定的字节数，并输出。

```
import java.io.*;
public class Example803 {
    public static void main(String[] args) throws IOException{
        FileInputStream fis= new FileInputStream("test3.txt");
        int len= 0;
        byte[] b=new byte[1024];
        len=fis.read(b,0,18);
        System.out.println("读取到的文件内容是："+new String(b));
        System.out.println("文件包含的字节数是："+len);
        fis.close();
    }
}
```

读取到的文件内容是：你好，欢迎使
文件包含的字节数是：18

图 8-3　例 8-3 程序运行结果

程序运行结果如图 8-3 所示。

1）在项目的根目录下创建一个名为 test3.txt 的文件，在文件中输入内容“你好，欢迎使用文件输入流”并保存。

2）建立一个流对象 fis，将已有文件 test3.txt 加载进流，指明输入流的外部源是文件 test3.txt。

3）通过流对象实现数据的传输，调用流对象 fis 的 read(byte[] b，int i，int length)方法，把读取到的数据存放到字节数组 b 的指定位置 i 中，读取数据的字节数为 length，并把实际读取到的字节数存放到变量 len 中。

4）关闭输入流 fis。

4．缓冲输入流 BufferedInputStream

如果用 FileInputStream 的 read()方法读取一个文件，每读取一个字节就要访问一次硬盘。即便使用 read(byte[] b)方法一次读取多个字节，当读取的文件较大时，也会频繁地对磁盘操作。为提高字节输入流的读取效率，可以使用缓冲输入流 BufferedInputStream。BufferedInputStream 一次可以读取很多字节，并将其暂存在缓冲区内存中，实现带缓冲功能的输入流。它有两个构造方法，如表 8-3 所示。

表 8-3　BufferedInputStream 类的构造方法

方　法	含　义
BufferedInputStream(InputStream in)	用底层字节输入流创建字节缓冲输入流的对象，缓冲区默认大小为 8MB
BufferedInputStream(InputStream in, int size)	用底层字节输入流创建字节缓冲输入流的对象，第二个参数 size 指定缓冲区的大小，以字节为单位

【例 8-4】 用 BufferedInputStream 实现读取文本文件中的数据并输出。

```
import java.io.*;
public class Example804 {
    public static void main(String[] args) throws Exception {
        FileInputStream fis=new FileInputStream("test4.txt");
        BufferedInputStream bis=new BufferedInputStream(fis);
        byte[] b=new byte[30];
        int len;
        while((len=bis.read(b))!=-1) {
            System.out.println(new String(b));
        }
        bis.close();
    }
}
```

```
在项目的根目录下创建
一个比较大的文件，名
为“test4.txt”；建立一
个流对象fis，将已存在
文件“test4.txt”加载进
流，指明输入流的外部
源是文件“test4.txt”；
把输入流对象封装成缓
冲区流bis；通过缓冲区
流对象实现数据的传输
；调用流对象bis的read(b
yte[] b)方法,把读取到的
数据存放到字节数组中
。并把实际读取到的字
节数存放到变量len中；
关闭输入流bis。len中；
```

图 8-4　例 8-4 程序运行结果

程序运行结果如图 8-4 所示。

1）在项目的根目录下创建一个名为 test4.txt 的文件。

2）建立一个流对象 fis，将已有文件 test4.txt 加载进流，指明输入流的外部源是文件 test4.txt。

3）把输入流对象封装成缓冲区流 bis；通过缓冲区流对象实现数据的传输，调用流对象 bis 的 read(byte[] b)方法，把读取到的数据存放到字节数组 b 中，并把实际读取到的字节数存放到变量 len 中。

4）关闭输入流 bis。

需要注意以下两点。

1）当调用输入流的 read(byte[] b)方法一次读取数组长度的字节时，如果数组的长度小于文件的长度，一次不能完全读取文件的内容。要把文件的内容全部读出来，需要用循环的方式。如果最后一次读取的字符数小于数组的长度，那么数组后面会有上次读取的内容遗留在 len 中。针对这种情况，需要对上述代码的输出语句进行修改，即把语句“System.out.println(new String(b));”改为“System.out.println(new String(b,0,len));”，再次运行程序，就会得到正确的结果。

2）由于在 Java 中匿名流对象没有句柄，无法关闭，如果使用匿名流对象会出现不可预料的异常。

例如：

```
BufferedInputStream bis=new BufferedInputStream(new FileInputStream
("test4.txt"));
bis.close();
```

只能关闭缓冲流 bis，而对于匿名流对象 new FileInputStream("test4.txt")则没有办法关闭。上述代码可以改写如下。

```
FileInputStream fis= new FileInputStream("test4.txt");
BufferedInputStream bis=new BufferedInputStream(fis);
bis.close();
fis.close();
```

8-2　字节流的写入操作

改后的代码既能关闭缓冲流 bis，又能关闭输入流 fis。

8.1.2　字节流的写入操作

OutputStream 类是所有字节输出流的父类，定义了操作输出流的各种方法。如表 8-4 所示。

表 8-4　OutputStream 类的常用方法

方　法	返回值类型	含　义
write(int b)	void	将指定的字节 b 写入到当前输出流
write(byte[] b)	void	将数组 b 中的数据写入到当前输出流
write(byte[] b,int i,int len)	void	将数组 b 中从下标 i 开始的长度为 len 的数据写入到当前输出流
flush()	void	刷新当前输出流，并强制写入所有缓冲的字节数据
close()	void	关闭当前输出流，并释放所有与当前输出流有关的系统资源

OutputStream 的一个子类字节文件输出流 FileOutputStream，用于向本地文件系统的文件中写入数据。FileOutputStream 类的构造方法如表 8-5 所示。

表 8-5　FileOutputStream 类的构造方法

方　法	含　义
FileOutputStream(File file)	创建一个向指定 File 对象表示的文件中写入数据的文件输出流
FileOutputStream(String name)	创建一个向具有指定名称的文件中写入数据的输出文件流
FileOutputStream(File file, boolean append)	创建一个向指定 File 对象表示的文件中写入数据的文件输出流。如果参数 append 的取值是 true，则将数据写到文件的末尾处，表示追加；如果是 false，则将数据写到文件的开始处，表示覆盖
FileOutputStream(String name, boolean append)	创建一个向具有指定名称的文件中写入数据的输出文件流。如果参数 append 的取值是 true，则将数据写入到文件的末尾处，表示追加；如果是 false，则将数据写入文件的开始处，表示覆盖

1．用 write(int b)方法把指定字节写入到文件

【例 8-5】 用 FileOutputStream 的 write(int b)方法把 26 个小写英文字母依次写入到文件。

```
import java.io.*;
public class Example805 {
    public static void main(String[] args) throws Exception {
        FileOutputStream fos=new FileOutputStream("test5.txt");
        char c;
        for(c='a' ; c<='z';c++){
            fos.write(c);;
        }
        fos.close();
    }
}
```

test5.txt

1 abcdefghijklmnopqrstuvwxyz

图 8-5 例 8-5 程序运行结果

程序运行结果如图 8-5 所示。

1）在项目的根目录下创建一个名为 test5.txt 的文件，指明输出流对象 fos 的外部源。

2）通过流对象实现数据的传输。调用流对象 fos 的 write(int b)方法，一次向流中写入一个字节 b。

3）关闭输出流 fos。

4）在项目根目录下查看文件 test5.txt 中写入的内容，如果 FileOutputStream 的构造函数的第二个参数值为 true，则每运行一次程序就向文件中追加写入 26 个小写英文字母。

2．用 write(byte[] b)方法一次写入多个字节的数据

【例 8-6】 用 FileOutputStream 的 write(byte[] b)方法实现向文件中写入字节数组 b 的数据。

```
import java.io.*;
public class Example806 {
    public static void main(String[] args) throws Exception {
        FileOutputStream fos=new FileOutputStream("test6.txt",true);
        byte[] b;
        b="本例题主要向文件 test6.txt 写入数据，写入方式为追加写入".getBytes();
        fos.write(b);
        b="再次写入信息，查看能否实现追加写入".getBytes();
        fos.write(b);
        fos.close();
    }
}
```

程序运行结果如图 8-6 所示。

*test6.txt

1 本例题主要向文件test6.txt写入数据，写入方式为追加写入再次写入信息，查看能否实现追加写入

图 8-6 例 8-6 程序运行结果

1）在项目的根目录下创建一个名为 test6.txt 的文件，指明输出流对象 fos 的外部源。

2）通过流对象实现数据的传输，调用流对象 fos 的 write(byte[] b)方法，把字节数组 b 的数据写入到文件 test6.txt 中。

3）关闭输出流 fos。由于构造方法的第二个参数为 true，写入方式为追加写入。

3. 用 write(byte[] b,int i,int len)方法写入指定字节的数据

【例 8-7】 用 FileOutputStream 的 write(byte[] b,int i,int len)方法实现把指定字节的数据写入到文件。

```
import java.io.*;
public class Example807 {
    public static void main(String[] args) throws IOException{
          FileOutputStream fos= new FileOutputStream("test7.txt");
       byte[] b=new byte[1024];
       b="你好，欢迎使用文件输出流".getBytes();
       fos.write(b,0,18);
       fos.close();
     }
}
```

test7.txt
1 你好，欢迎使

图 8-7 用 write(byte[] b,int i,int len)方法写入指定字节数据

程序运行结果如图 8-7 所示。

1）在项目的根目录下创建一个名为 test7.txt 的文件，指明输出流对象 fos 的外部源。

2）通过流对象实现数据的传输，调用流对象 fos 的 write(byte[] b,int i,int len)方法，把字节数组 b 的从位置 0 开始，长度为 18 的数据写入到文件 test7.txt 中。

3）关闭输出流 fos。

4）打开文件 test7.txt，可以看到里面的内容为“你好，欢迎使”。

4. 缓冲输出流 BufferedOutputStream

如果用 FileoutputStream 的 write()方法向文件中写入数据，每写入一个字节就要访问一次硬盘。即便使用 write(byte[] b)方法一次写入多个字节，当写入的文件较大时，也会频繁地对磁盘操作。为了提高字节输出流的写入效率，可以使用 BufferedOutputStream。

BufferedOutputStream 在写入数据时，先放到缓冲区中，等到缓冲区满，再把缓冲区的数据一次写入到文件。BufferedOutputStream 一次可以写入很多字节，并将其暂存在缓冲区内存中，实现带缓冲功能的输出流。它有两个构造方法，如表 8-6 所示。

表 8-6 BufferedOutputStream 类的构造方法

方　法	含　义
BufferedOutputStream(OutputStream out)	创建缓冲输出流，将数据写入指定的底层输出流
BufferedOutputStream(OutputStream out, int size)	创建缓冲输出流，将具有指定缓冲区大小的数据写入指定的底层输出流

【例 8-8】 用 BufferedOutputStream 实现带缓冲功能的输出流。

```
import java.io.*;
  public class Example808 {
    public static void main(String[] args) throws Exception {
        FileOutputStream fos=new FileOutputStream("test8.txt");
        BufferedOutputStream bos=new BufferedOutputStream(fos);
        byte[] b="输出缓冲流测试".getBytes();
        bos.write(b);
        bos.close();
     }
}
```

程序运行结果如图 8-8 所示。

test8.txt
1 输出缓冲流测试

图 8-8　例 8-8 程序运行结果

1）在项目的根目录下创建一个名为 test8.txt 的文件，指明输出流对象 fos 的外部源。

2）把输出流对象封装成缓冲区流 bos。

3）通过缓冲区流对象实现数据的传输，调用流对象 bos 的 write(byte[] b)方法，把字节数组 b 的数据写入到缓冲区。

4）调用 bos 的 close()方法，关闭流对象，同时把缓冲区的内容全部写入到底层输出流。

5）如果删除语句“bos.close();”，那么缓冲区的内容还没有满，缓冲输出流的内容不会写入到文件 test8.txt 中。

需要注意的是，如果用缓存输出流封装文件输出流的对象，那么在流操作结束后关闭流的时候要先关闭缓存输出流对象，再关闭文件输出流对象。如果关闭顺序相反，则会引发异常。

例如：

```
FileOutputStream fos=new FileOutputStream("test.txt");
BufferedOutputStream bos=new BufferedOutputStream(fos);
fos.close();
bos.close();
```

字节输出流对象先于缓存输出流关闭，将会引发异常 java.io.IOException。

任务实施

实现将源文件 test.txt 的内容写入到 testcopy.txt 中。

要求用字节输入流实现从源文件 test.txt 中读取数据，再用字节输出流把读取到的内容写入到文件 testcopy.txt 中，从而实现文件的复制。具体步骤如下。

1）分别把文件 test.txt 和 testcopy.txt 加载到输入流 fis 和输出流 fos 中。

2）调用 fis 的 read()方法一次读取一个字节存放在变量 len 中。

3）调用 fos 的 write(int b)方法，把读取到的字节写入到文件 testcopy.txt 中。

4）关闭输入流 fis 和输出流 fos。

```
import java.io.*;
public class Task801 {
    public static void main(String[] args) throws IOException{
        FileInputStream fis = new FileInputStream("test.txt");
        FileOutputStream fos = new FileOutputStream("testcopy.txt");
        int len;
        while((len = fis.read())!= -1){
            fos.write(len);
        }
        fis.close();
        fos.close();
    }
}
```

任务演练

【任务描述】

用带缓存的流操作和不带缓存的流操作两种方式，实现音频文件的复制，比较两种方式所用的时间。

【任务目的】

1）掌握字节流的读取和写入操作。

2）掌握缓冲输入流和输出流的操作。

【任务内容】

设定源文件为 music.mp3，把它的内容复制到 musiccopy.mp3 中。

具体步骤如下。

1）启动 Eclipse，创建 Java 项目，项目名称设为“项目实训 8_1”。

2）创建类 Project801，在 main()方法中用字节输入流实现从 music.mp3 中读取数据，再用字节输出流把读取到的内容写入到文件 musiccopy.mp3 中。这种方式没有用到缓存功能，在输入流开始读操作之前用 System.currentTimeMillis()方法获取当前系统的时间，在写入操作完成后，再次用此方法获取当前系统的时间，输出这两个时间的差。在代码页面上右击，在弹出的快捷菜单中选择“Run As”→“Java Application”命令，运行程序，得到完成文件复制操作所用的时间。

3）修改 Project801 类的 main()方法，把文件输入流对象封装成缓存输入流，文件输出流对象封装成缓存输出流，用缓存输入流进行读操作，用缓存输出流进行写操作，并获取开始读之前的系统时间及写入操作完成后的系统时间。在代码页面上右击，在弹出的快捷菜单中选择“Run As”→“Java Application”命令，运行程序，并记录完成文件复制所用的时间。

比较运行结果可以得出，带缓存的流操作比不带缓存的流操作效率高。

任务 8.2 字符流

用字符流实现文本文件的复制。

8-3 字符流的读取操作

知识储备

8.2.1 字符流的读取操作

Java 提供了字符输入流 Reader 类，它以字符为基本单位，读取外部源的数据到计算机内存中。Reader 类是所有字符输入流的父类，定义了操作输入流的各种方法。Reader 类的常用方法如表 8-7 所示。

表 8-7 Reader 类的常用方法

方法	返回值	含义
read()	返回值为读取字符的整数表示形式；若为-1，则表明达到流末尾	从输入流中读取数据的下一个字符，一次读取一个字符，如果要读取所有的内容，则需要使用循环
read(char[] c)	以整数形式返回读取数据的有效字符的数量；若为-1，则表明达到流末尾	从输入流中读取一定数量的字符数据，存放在缓冲区数组 c 中
read(char[] c,int i,int len)	以整数形式返回实际读取数据的字符数；若为-1，则表明达到流末尾	从当前输入流读取 len 个字符，并存放在数组 c 中从下标 i 开始的位置
available()	int	返回流中能立即读取的字符数
close()	void	关闭输入流并释放与该流关联的所有系统资源
skip(long n)	返回值为 long 类型，表示实际跳过的字节数量	跳过或丢弃输入流中的 n 个字符

文件字符输入流 FileReader 用于从文件中读取一个字符或者一组数据。由于一个汉字在计算机中占多个字节，如果使用字节流，读取不当会出现乱码，采用字符流可避免这种问题。FileReader 类的构造方法如表 8-8 所示。

表 8-8　FileReader 类的构造方法

方　法	含　义
FileReader(File file)	通过打开一个到实际文件的连接来创建一个 FileReader，该文件通过文件系统中的 File 对象 file 指定
FileReader(String name)	通过打开一个到实际文件的连接来创建一个 FileReader，该文件通过文件系统中的路径 name 指定

1．用 read()方法一次读取一个字符

【例 8-9】 用 FileReader 的 read()方法实现读取文件中的字符，并输出。

```
import java.io.*;
public class Example809 {
    public static void main(String[] args) throws IOException{
        FileReader fr= new FileReader("test9.txt");
        int len= '';
        while((len=fr.read())!=-1)
            System.out.print((char)len);
        fr.close();
    }
}
```

大家好，欢迎使用字符输入流

图 8-9　例 8-9 程序运行结果

程序运行结果如图 8-9 所示。

1）在项目的根目录下创建一个名为 test9.txt 的文件，在文件中输入内容“大家好，欢迎使用字符输入流”并保存。

2）建立一个流对象 fr，将文件 test9.txt 加载进流，指明输入流的外部源是文件 test9.txt，这样就建立了一个连接到数据源 test9.txt 的流。

3）通过流对象实现数据的传输，调用流对象 fr 的 read()方法，一次读取流中的一个字符。把读取到的字符存放到整型变量 len 中。用循环读取流中的所有数据，当到达流的末尾时，read()方法的返回值是 -1，结束循环。

4）关闭输入流 fr。

需要注意的是，字符流 Reader 的方法 read()的返回值为 char 类型的，一次读取一个字符，char 类型的取值范围是 0～65 535 范围内的所有字符，所以没有办法表示读取到流末尾。由于-1 不在 char 类型的范围内，因此为了返回表示流末尾的 -1，就用 int 强制转换返回值的类型。

2．用 read(char[] c)方法一次读取文件中的多个字符

【例 8-10】 用 FileReader 的 read(char[] c)方法实现读取文件中的字符，一次读取多个字符，并输出。

```
import java.io.*;
public class Example810 {
    public static void main(String[] args) throws IOException{
        FileReader fr= new FileReader("test10.txt");
        int len= 0;
```

```
            char[] c=new char[1024];
            len=fr.read(c);
            System.out.println("读取到的文件内容是：");
            for(int i=0;i<len;i++)
                System.out.print(c[i]);
            System.out.println();
            System.out.println("文件包含的字符个数是："+len);
            fr.close();
        }
    }
```

```
读取到的文件内容是：
你好，欢迎使用文件输入流，一次读取出来多个字符
文件包含的字符个数是：23
```

图 8-10　例 8-10 程序运行结果

程序运行结果如图 8-10 所示。

1）在项目的根目录下创建一个名为 test10.txt 的文件，在文件中输入内容“你好，欢迎使用文件输入流，一次读取出来多个字符”并保存。

2）建立一个流对象 fr，将文件 test10.txt 加载进流，指明输入流的外部源是文件 test10.txt。

3）通过流对象实现数据的传输，调用流对象 fr 的 read(char[] c)方法，把读取到的多个字符的数据存放到字符数组 c 中，并把实际读取的有效数据的字符个数存储到 len 中。

4）关闭输入流 fis。

3．用 read(char[] c,int i,int len)方法读取指定长度的字符

【例 8-11】 用 FileReader 的 read(char[] c,int i,int len)方法实现读取文件中的字符，一次读取指定的个数，并输出。

```
import java.io.*;
public class Example811 {
    public static void main(String[] args) throws IOException{
        FileReader fr= new FileReader("test11.txt");
        int len= 0;
        char[] c=new char[1024];
        len=fr.read(c,0,10);
        System.out.println("读取到的文件内容是：");
        for(int i=0;i<len;i++)
            System.out.print(c[i]);
        System.out.println();
        System.out.println("文件包含的字符个数是："+len);
        fr.close();
    }
}
```

```
读取到的文件内容是：
你好，欢迎使用文件输
文件包含的字符个数是：10
```

图 8-11　例 8-11 程序运行结果

程序运行结果如图 8-11 所示。

1）在项目的根目录下创建一个名为 test11.txt 的文件，在文件中输入内容“你好，欢迎使用文件输入流，一次读取指定个数的字符”并保存。

2）建立一个流对象 fr，将文件 test11.txt 加载进流，指明输入流的外部源是文件 test11.txt。

3）通过流对象实现数据的传输，调用流对象 fr 的 read(char[] c,int i,int len)方法，把读取到的数据存放到字符数组 c 的指定位置中，读取数据的字符个数为 len，并把实际读取到的

字符个数存放到变量 len 中。

4）关闭输入流 fr。

4. 字符缓冲输入流 BufferedReader

如果用 FileReader 的 read()方法读取一个文件，每读取一个字符就要访问一次硬盘。即便使用 read(char[] c)方法一次读取多个字符，当读取的文件较大时，也会频繁地对磁盘操作。为了提高字符输入流的读取效率，可以使用字符缓冲输入流 BufferedReader。它从字符输入流中读取文本，缓冲各个字符，从而实现字符、数组和行的高效读取。

BufferedReader 类的构造方法如表 8-9 所示。

表 8-9　BufferedReader 类的构造方法

方　法	含　义
BufferedReader(Reader in)	用底层字符输入流创建字符缓冲输入流的对象，缓冲区默认大小为 8MB
BufferedReader(Reader in, int size)	用底层字符输入流创建字符缓冲输入流的对象，第二个参数 size 指定缓冲区的大小

BufferedReader 读取文本文件时，会先尽量把读取的字符数据放入缓冲区，真正获取数据时会从缓冲区中读取内容，不会频繁地访问文件。

【例 8-12】 用 BufferedReader 的 readLine( )方法实现读取文本文件中的数据并输出。

```
import java.io.*;
public class Example812 {
    public static void main(String[] args) throws Exception {
        FileReader fr=new FileReader("test12.txt");
        BufferedReader br=new BufferedReader(fr);
        String str;
        while((str=br.readLine())!=null) {
            System.out.println(new String(str));
        }
        br.close();
    }
}
```

缓冲字符输入流的读写
借助缓冲区实现高效的字符读写

图 8-12　例 8-12 程序运行结果

程序运行结果如图 8-12 所示。

1）在项目的根目录下创建一个名为 test12.txt 的文件。

2）建立一个流对象 fr，将文件 test12.txt 加载进流，指明输入流的外部源是文件 test12.txt。

3）把字符输入流对象封装成字符缓冲区流 br，通过缓冲区流对象实现数据的传输，调用流对象 br 的 readLine()方法，一次读取一行数据。

4）关闭输入流 br。

8.2.2　字符流的写入操作

8-4　字符流的写入操作

Java 提供了字符输出流 Writer 类，它以字符为基本单位，向外部源写入数据。Writer 类是所有字符输出流的父类，定义了操作输出流的各种方法。Writer 类的常用方法如表 8-10 所示。

表 8-10　Writer 类的常用方法

方　法	返回值类型	含　义
write(int c)	void	将指定的字符 c 写入到当前输出流
write(char[] c)	void	将字符数组 c 中的数据写入到当前输出流
write(char[] c,int i,int len)	void	将字符数组 c 中从下标 i 开始、长度为 len 的数据写入到当前输出流
write(String str)	void	将字符串写入到当前输出流
write(String str,int i,int len)	void	将字符串中从 i 开始、长度为 len 的子串写入到当前输出流
flush()	void	刷新当前输出流，并强制写入所有缓冲的字符数据
close()	void	关闭当前输出流，并释放所有与当前输出流有关的系统资源

文件字符输出流 FileWriter 用于向文件中写入字符，其构造方法如表 8-11 所示。

表 8-11　FileWriter 类的构造方法

方　法	含　义
FileWriter (File file)	创建一个向指定 File 对象表示的文件中写入数据的文件字符输出流
FileWriter (String name)	创建一个向具有指定名称的文件中写入数据的文件字符输出流
FileWriter (File file, boolean append)	创建一个向指定 File 对象表示的文件中写入数据的文件字符输出流。如果参数 append 的取值是 true，则将数据写入到文件的末尾处，表示追加；如果是 false，则将数据写入文件的开始处，表示覆盖
FileWriter (String name, boolean append)	创建一个向具有指定名称的文件中写入数据的文件字符输出流。如果参数 append 的取值如果是 true，则将数据写入到文件的末尾处，表示追加；如果是 false，则将数据写入文件的开始处，表示覆盖

1．用 write(int c)方法把指定字符写入到文件

【例 8-13】 用 FileWriter 的 write(int c)方法把指定字符写入到文件。

```
import java.io.*;
public class Example813 {
    public static void main(String[] args) throws Exception {
        FileWriter fw=new FileWriter("test13.txt");
        char[] c= {'你','好','文','件','输','出','流'};
        int i;
        for(i=0 ; i<c.length;i++){
            fw.write(c[i]);;
        }
        fw.close();
    }
}
```

test13.txt ☒
1 你好文件输出流

图 8-13　例 8-13 程序运行结果

程序运行结果如图 8-13 所示。

1）在项目的根目录下创建一个名为 test13.txt 的文件，指明输出流对象 fw 的外部源。

2）通过流对象实现数据的传输，调用流对象 fw 的 write(int c)方法，一次向流中写入字符 c。

3）关闭输出流 fw。

4）在项目根目录下查看文件 test13.txt 中写入的内容。

如果 fw 的定义改为“FileWriter fw=new FileWriter("test13.txt",true);”，则每运行一次程序向文件中追加写入一次。

2．用 write(String str)方法一次写入字符串的数据

【例 8-14】 用 FileWriter 的 write(String str)方法实现向文件中写入字符串的数据。

```
import java.io.*;
public class Example814 {
    public static void main(String[] args) throws Exception {
        FileWriter fw=new FileWriter("test14.txt",true);
        String str="本例题主要向文件 test14.txt 写入字符串数据，写入方式为追加
写入";
        fw.write(str);
        str="再次写入信息，查看能否实现追加写入";
        fw.write(str);
        fw.close();
    }
}
```

程序运行结果如图 8-14 所示。

test14.txt

1 本例题主要向文件test14.txt写入字符串数据，写入方式为追加写入再次写入信息，查看能否实现追加写入

图 8-14　例 8-14 程序运行结果

1）在项目的根目录下创建一个名为 test14.txt 的文件，指明输出流对象 fw 的外部源。

2）通过流对象实现数据的传输，调用流对象 fw 的 write(String str)方法，把字符串 str 的数据写入到文件 test14.txt 中。

3）关闭输出流 fw。

3．用 write(String str,int i,int len)方法写入字符串的一部分数据

【例 8-15】 用 FileWriter 的 write(String str,int i,int len)方法实现把指定字符串的一部分写入到文件。

```
import java.io.*;
public class Example815 {
    public static void main(String[] args) throws IOException{
        FileWriter fw= new FileWriter("test15.txt");
        String str="你好，欢迎使用文件输出流，写入字符串的一部分";
        fw.write(str,0,10);
        fw.close();
    }
}
```

test15.txt

1 你好，欢迎使用文件输

图 8-15　例 8-15 程序运行结果

程序运行结果如图 8-15 所示。

1）在项目的根目录下创建一个名为 test15.txt 的文件，指明输出流对象 fw 的外部源。

2）通过流对象实现数据的传输，调用流对象 fw 的 write(String str.int i,int len)方法，把字节串 str 中从位置 i 开始、长度为 len 的子串写入到文件 test15.txt 中。

3）关闭输出流 fw。

4）打开文件 test15.txt，可以看到里面的内容为“你好，欢迎使用文件输”10 个字符。

4．缓冲输出流 BufferedWriter

如果用 FileWriter 的 write()方法向文件中写入数据，每写入一个字符就要访问一次硬

盘。即便使用 write(String str)方法一次写入一个字符串，当写入的文件较大时，也会频繁地对磁盘操作。为了提高字符输出流的写入效率，可以使用 BufferedWriter。

BufferedWriter 在写入数据时，一次可以写入多个字符，先放到缓冲区中，等到缓冲区满，再把缓冲区的数据一次写入到文件。它有两个构造方法，如表 8-12 所示。

表 8-12　BufferedWriter 类的构造方法

方　法	含　义
BufferedWriter (Writer out)	创建缓冲字符输出流，将数据写入指定的底层输出流
BufferedWriter(Writer out, int size)	创建缓冲字符输出流，将具有指定缓冲区大小的数据写入指定的底层输出流

【例 8-16】 用 BufferedWriter 实现带缓冲功能的字符输出流。

```
import java.io.*;
public class Example816 {
    public static void main(String[] args) throws Exception {
        FileWriter fw=new FileWriter("test16.txt");
        BufferedWriter bw=new BufferedWriter(fw);
        char[] c="字符缓冲输出流测试".toCharArray();
        bw.write(c);
        bw.close();
    }
}
```

test16.txt

1 字符缓冲输出流测试

图 8-16　例 8-16 程序运行结果

程序运行结果如图 8-16 所示。

1）在项目的根目录下创建一个名为 test16.txt 的文件，指明输出流对象 fw 的外部源。

2）把输出流对象封装成字符缓冲输出流 bw。

3）通过 bw 实现字符数据的传输，调用流对象 bw 的 write(char [] c)方法，把字符数组 c 的数据写入到缓冲区。

4）调用 bw 的 close()方法关闭流对象，同时把缓冲区的内容全部写入到底层输出流。

如果删除语句“bw.close();”，那么缓冲区的内容还没有满，缓冲输出流的内容不会写入到文件 test16.txt 中。

需要注意的是，输出流 FileWriter、BufferedOutputStream 和 BufferedWriter 都带缓冲功能，如果忘记调用 close()方法和 flush()方法，则会导致内容写不到文件中。如果不调用 flush()方法，只调用 close()方法，那么内容也会写入到文件，因为 close()方法在调用时会自动清空缓冲区的数据，把缓冲区的数据全部写入到文件中。

任务实施

实现将源文件 test.txt 的内容赋值到 testcharcopy.txt 中。

要求用字符输入流从源文件 test.txt 中读取数据，再用字符输出流把读取到的内容写入到文件 testcharcopy.txt 中，从而实现文件的复制。

1）把文件 test.txt 和 testcharcopy.txt 加载到输入流 fr 和输出流 fw 中。

2）调用 fr 的 read()方法一次读取一个字符存放在变量 len 中。

3）调用 fw 的 write(char c)方法，把读取到的字符写入到文件 testcharcopy.txt 中。

4）关闭输入流 fr 和输出流 fw。

```
import java.io.*;
public class Task802 {
    public static void main(String[] args) throws IOException{
        FileReader fr = new FileReader("test.txt");
        FileWriter fw = new FileWriter("testcharcopy.txt");
        int len;
        while((len = fr.read())!= -1){
            fw.write((char)len);
        }
        fr.close();
        fw.close();
    }
}
```

任务演练

【任务描述】

从控制台录入通讯录信息，把信息保存到文件中，最后输出文件中的通讯录。

【任务目的】

1）了解 io 流。

2）掌握字符输入流的用法。

3）掌握字符输出流的用法。

4）掌握字符缓存输入输出流的用法。

【任务内容】

从控制台重复输入姓名、电话和地址并写入到文件中，录入完成后，把文件中的信息输出到控制台。

具体步骤如下。

1）启动 Eclipse，创建 Java 项目，项目名称设为“项目实训 8_2”。

2）创建主类 Project802，在类内创建一个静态方法 createAddressBook()，实现从键盘输入姓名、电话和地址信息，并写入到文件中。

3）在类内创建一个静态方法 displayAddressBook()，实现把文件中的内容读取出来并输出到控制台中。

4）在主方法 main()方法中，重复调用 createAddressBook()方法，用标志 1 表示继续调用 createAddressBook()方法，标志 0 表示退出循环并调用 displayAddressBook()方法输出文件信息到控制台。

在代码页面上右击，在弹出的快捷菜单中选择“Run As”→“Java Application”命令，运行程序，输入姓名、电话和地址信息。当输入的是否继续录入标志为 1 时，重复输入姓名、电话和地址；当输入的是否记录录入标志为 0 时，退出录入并显示文件的信息。

任务 8.3 文件

实现文件夹的删除。

知识储备

8-5 文件创建与信息获取

8.3.1 文件创建与信息获取

File 类代表磁盘文件本身，例如文件所在的目录、文件的长度和文件的读写权限等。它提供了对文件和目录的操作，能够实现文件和目录的创建、删除、重命名等操作。File 类的构造方法如表 8-13 所示。创建文件与获取文件信息的方法如表 8-14 所示。

表 8-13 File 类的构造方法

方　法	含　义
File (String pathname)	通过指定的文件路径字符串创建一个 File 类的实例对象
File(String parent，String child)	通过指定的父路径字符串和子路径字符串（包括文件名）创建一个 File 类的实例对象
File（File parent，String child)	通过指定的 File 类的父路径和字符串类型的子路径（包括文件名）创建 File 类的实例对象

表 8-14 创建文件与获取文件信息的方法

方　法	返回值类型	含　义
getName()	String	返回文件或目录的名字
getPath()	String	返回全路径名称
getParent()	String	返回父目录路径名称，如果不存在父目录，则返回 null
getAbsolutePath()	String	返回文件的绝对路径字符串
length()	Long	返回文件的长度
lastModified()	Long	返回文件或目录的最后修改时间
createNewFile()	boolean	如果指定的文件不存在并创建成功，则返回 true，如果指定的文件存在，则返回 false

【例 8-17】 创建一个文件，获取文件的名称和路径等信息。

```
import java.io.*;
import java.util.Date;
public class Example817 {
    public static void main(String[] args) throws IOException {
        File f=new File("test17.txt");
        createFile(f);
        getFileInformation(f);
    }
    public static void createFile(File f) throws IOException{
        //创建文件
        System.out.println("创建文件："+f.createNewFile());
    }
    public static void getFileInformation(File f) {
        //获取文件的相关信息
        System.out.println("文件名字是："+f.getName());
        System.out.println("文件的相对路径是："+f.getPath());
        System.out.println("文件的上级路径是："+f.getParent());
        System.out.println("文件的绝对路径是："+f.getAbsolutePath());
```

```
            System.out.println("文件的长度是："+f.length()+"B");
            System.out.println("文件最后修改时间是："+new Date(f.lastModified()));
        }
    }
```

程序运行结果如图 8-17 所示。

```
创建文件：true
文件名字是：test17.txt
文件的相对路径是：test17.txt
文件的上级路径是：null
文件的绝对路径是：D:\Users\admin\eclipse-workspace\Chapter08\test17.txt
文件的长度是：0B
文件最后修改时间是：Mon Aug 20 15:57:16 CST 2018
```

图 8-17　例 8-17 程序运行结果

8-6　文件测试与删除

8.3.2　文件测试与删除

File 类可以测试文件是否存在、是否可读、是否可写、是否为文件或目录、删除等操作。File 类的测试与删除方法如表 8-15 所示。

表 8-15　File 类的测试与删除方法

方　法	返回值类型	含　义
exists()	boolean	判断文件或目录是否存在
isFile()	boolean	判断是不是文件类型
isDirectory()	boolean	判断是不是目录类型
isAbsolute()	boolean	判断是不是绝对路径
canExecute()	boolean	判断是不是可执行文件
canRead()	boolean	判断文件是否可以读
canWrite()	boolean	判断文件是否可以写
delete()	boolean	删除文件或目录

【例 8-18】 创建一个文件，测试文件并删除文件。

```
import java.io.*;
public class Example818 {
    public static void main(String[] args) throws IOException {
        File f=new File("test18.txt");
        createFile(f);
        testFile(f);
        deleteFile(f);
    }
    public static void createFile(File f) throws IOException{
        //创建文件
        System.out.println("创建文件："+f.createNewFile());
    }
    public static void testFile(File f) {
        //测试文件
        System.out.println("文件是否存在："+f.exists());
```

```
            System.out.println("是否是文件文件类型: "+f.isFile());
            System.out.println("是否是文件夹类型: "+f.isDirectory());
            System.out.println("是否是绝对路径: "+f.isAbsolute());
            System.out.println("文件是否是可执行文件: "+f.canExecute());
            System.out.println("文件可以读取: "+f.canRead());
            System.out.println("文件可以写入: "+f.canWrite());
        }
        public static void deleteFile(File f) {
            //删除文件
            if(!f.exists()) {
                System.out.println("文件不存在,不能删除");
                return;
            }
            if(f.delete())
                System.out.println("删除成功");
            else
                System.out.println("删除失败");
        }
    }
```

```
创建文件:true
文件是否存在:true
是否是文件文件类型:true
是否是文件夹类型:false
是否是绝对路径:false
文件是否是可执行文件:true
文件可以读取:true
文件可以写入:true
删除成功
```

图 8-18　例 8-18 程序运行结果

程序运行结果如图 8-18 所示。

8.3.3　目录操作

8-7　目录操作

File 类对目录操作的常见方法如表 8-16 所示。

表 8-16　File 类对目录操作的常见方法

方　法	返回值类型	含　义
mkdir()	boolean	在各级父目录已经存在的情况下创建指定目录
mkdirs()	boolean	同时创建各级父目录和指定目录
list()	String[]	以字符串数组的形式返回目录中的文件和目录名
listFiles()	File[]	以 File 的形式返回目录中的文件和目录

【例 8-19】 创建一个目录,测试目录的常用方法。

```
    import java.io.File;
    import java.io.IOException;
    public class Example819 {
        public static void main(String[] args) throws IOException {
            //用 File 封装一个目录的对象
            File directory=new File("D:\\Users\\admin\\eclipse-workspace\\
Chapter08\\src\\testdir");
            //判断目录是否存在,不存在则创建目录
            if(!directory.exists()) {
                System.out.println(directory.mkdir());
            }
            //在创建的新目录中创建 5 个文件
            for(int i=1;i<=5;i++)
            {
                File f=new File(directory,"newfile"+i+".txt");
```

```
                if(!f.exists())
                    f.createNewFile();
            }
            //把指定目录的文件以 File 的形式返回
            File[] file=directory.listFiles();
            for(int i=0;i<file.length;i++)
            {//输出指定目录的文件的名字和绝对路径
                System.out.println("文件名是"+file[i].getName()+"的绝对路径
是:"+file[i].getAbsolutePath());
            }
        }
    }
```

程序运行结果如图 8-19 所示。

```
文件名是Johann Strauss II - 蓝色多瑙河.mp3的绝对路径是：D:\Users\admin\eclipse-workspace\Chapter08\src\testdir\Johann Strauss II - 蓝色多瑙河.mp3
文件名是newfile1.txt的绝对路径是：D:\Users\admin\eclipse-workspace\Chapter08\src\testdir\newfile1.txt
文件名是newfile2.txt的绝对路径是：D:\Users\admin\eclipse-workspace\Chapter08\src\testdir\newfile2.txt
文件名是newfile3.txt的绝对路径是：D:\Users\admin\eclipse-workspace\Chapter08\src\testdir\newfile3.txt
文件名是newfile4.txt的绝对路径是：D:\Users\admin\eclipse-workspace\Chapter08\src\testdir\newfile4.txt
文件名是newfile5.txt的绝对路径是：D:\Users\admin\eclipse-workspace\Chapter08\src\testdir\newfile5.txt
文件名是刘思伟 - 遇见(钢琴弹奏).mp3的绝对路径是：D:\Users\admin\eclipse-workspace\Chapter08\src\testdir\刘思伟 - 遇见(钢琴弹奏).mp3
文件名是张宇桦 - 优美的小调(钢琴曲).mp3的绝对路径是：D:\Users\admin\eclipse-workspace\Chapter08\src\testdir\张宇桦 - 优美的小调(钢琴曲).mp3
文件名是赵海洋 - 夜空的寂静.mp3的绝对路径是：D:\Users\admin\eclipse-workspace\Chapter08\src\testdir\赵海洋 - 夜空的寂静.mp3
文件名是饭碗的彼岸 - 风居住的街道（Piano ver）.mp3的绝对路径是：D:\Users\admin\eclipse-workspace\Chapter08\src\testdir\饭碗的彼岸 - 风居住的街道（Piano ver）.mp3
```

图 8-19　例 8-19 程序运行结果

任务实施

实现文件夹的删除。假设要删除的文件夹为 music，把此文件夹封装成文件夹对象 directory。定义方法 deleteDir(File dir)，方法实现的步骤如下。

1）首先判断 dir 是否存在，如果不存在，则从函数返回到调用函数的地方。

2）如果 dir 存在，首先判断 dir 是否为文件，如果 dir 是文件类型，则直接删除 dir。

3）判断 dir 是否为目录，如果 dir 是目录，则获取目录里面的所有文件和文件夹，存放到文件数组 files 中。

4）针对 files 数组中的每一个元素，递归调用方法 deleteDir(File dir)，重复运行步骤 1）～3），把文件夹的文件全部删除。

5）当底层文件夹中的文件全部删除之后，最后删除空目录。

```
import java.io.*;
public class Task803 {
    public static void main(String[] args) {
        File directory=new File("music");
        deleteDir(directory);
    }
    public static void deleteDir(File dir) {
        if (!dir.exists()) {
            //如果文件夹不存在，直接返回，函数结束
            return;
        }
        if (dir.isFile()) {
            //如果 dir 是文件，调用 delete()方法删除文件
            dir.delete();
        } else if (dir.isDirectory()) {//dir 是文件夹
```

```
                File[] files = dir.listFiles();//获取文件夹的所有文件和子文件夹
                for (File myfile : files)
                {//对数组files的每一个文件或文件夹，递归调用deleteDir(File dir)方法
                    deleteDir(new File(myfile.getAbsolutePath()));
                }
                dir.delete();//把dir的所有子文件夹和文件删除完后，删除空目录
            }
        }
    }
```

任务演练

【任务描述】

实现文件夹的复制。

【任务目的】

1）掌握 File 类的常用方法。

2）掌握 Java 的字节输入输出流。

3）掌握缓存字节流的用法。

【任务内容】

设定源文件夹“photo”，把它的内容复制到目标文件夹“photocopy”中。

具体步骤如下。

1）启动 Eclipse，创建 Java 项目，项目名称设为“项目实训 8_3”。

2）创建主类 Project803，在该类中创建复制文件的方法 copyFile(File f,File fcopy)，该方法接收源文件和目标文件；定义缓存输入流 bis 读取源文件的内容，定义缓存输出流把读取的内容写入到目标文件中，操作完成后关闭各个流对象。

3）在主类中创建文件夹复制的方法 copyDir(File sourceDirectory,File destDirectory)。该方法接收复制的源文件夹和目标文件夹。首先判断源文件是否存在，如不存在，则函数结束，接着判断目标文件夹是否存在，如不存在，则调用 mkdirs()方法创建文件夹。然后调用源文件的 listFiles()方法获取该文件夹的文件数组 sdir，循环取出文件数组中的每一个对象并进行判断：如果是文件类型，则调用复制文件的方法 copyFile(File f,File fcopy)复制文件的内容；如果是文件夹类型，则获取新的目标文件夹 destDir，递归调用函数本身，把这个文件夹中的所有内容复制到新的目标文件夹中。

4）创建主方法，在 main()方法中建立源文件夹和目标文件夹，调用复制文件的方法 copyFile(File f,File fcopy)完成文件夹的复制。

在代码页面上右击，在弹出的快捷菜单中选择“Run As”→“Java Application”命令，运行程序，刷新项目，可以看到与文件夹 photo 同级别的文件夹 photocopy。

单元小结

Java 应用程序经常需要与外部设备进行数据交换，即应用程序要对外部设备进行数据的输入与输出，本单元首先介绍流的概念及分类，接下来分别介绍字节流和字符流的输入输出，最后介绍文件的相关操作。

习题

1．简述流的概念、分类，以及字节流与字符流的区别。

2．字节流的方法 read()读取字节，返回值类型为 int，字符流的方法 read()读取字符，返回值类型为 int，为什么？

3．编写程序，用字符流实现视频文件的复制。

4．编写程序，删除指定文件夹中扩展名是.bmp 的文件。

单元9　图形用户界面

学习目标

【知识目标】

- 了解 GUI 组件的概念。
- 掌握容器组件。
- 掌握 Swing 图形组件。
- 掌握事件监听。
- 掌握布局管理器应用。

【能力目标】

- 能够设计图形界面。
- 能够掌握并应用图形组件。
- 能够掌握并应用常用布局管理器。
- 能够应用事件监听。

任务 9.1　GUI 的基本概念和组件

一个窗体中，一般有标题栏、菜单栏、工具栏、状态栏，有些窗体还包含按钮、标签、选择按钮等组件。要创建一个图形界面，首先从构成图形界面的基本图形元素——组件开始。

知识储备

9.1.1　GUI 的基本概念

GUI（Graphical User Interface，图形用户界面，简称图形界面）编程实际是引用 java.awt 或 javax.swing 类包中的窗口类、控制组件类、布局类、事件类等，通过将控制组件类，如菜单、按钮、文本框等，直接或间接添加到窗口中，通过鼠标即可进行操作的图形化界面设计方法。

java.awt 类包是抽象窗口工具包（即 AWT），通过调用本地系统实现显示窗口的功能。javax.swing 类包是在 AWT 基础上建立的一套图形界面系统，习惯上称其为 Swing 包。Swing 包是 JFC（Java Foundation Classes）的一部分，提供了从按钮到表格的所有可视化组件。Swing 对 AWT 中组件作了重新定义，为区别于原 AWT 组件，所有在 Swing 中声明的组件的名称前面都加一个字母 J。

9-1　容器简介

9.1.2　Swing 常用组件

Swing 提供了一整套 GUI 组件，为保证可移植性，它是完全用 Java 语言编写的。Swing 组件的层次结构如图 9-1 所示。

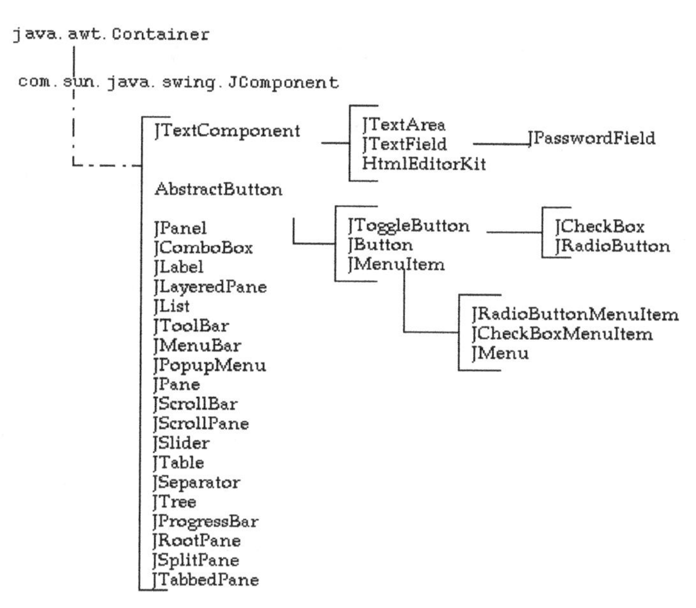

图 9-1 Swing 组件的层次结构图

为便于阐述图形界面的设计与构成，这里将可视化组件按是否能够容纳其他可视化组件分为容器组件和普通可视化组件。容器组件又可以根据是否具有不依赖其他组件独立显示的特性分为顶层容器和中间容器。

顶层容器组件是指不用依赖于其他可视化组件或容器就能够独立显示的可视化组件。与顶层容器不同的是，中间容器是不能独立显示的。如图 9-2 所示，容器用于容纳其下层容器或组件（图 9-2 中的“基本组件类”即前文所述的“普通可视化组件”，习惯上简称为“组件”）。

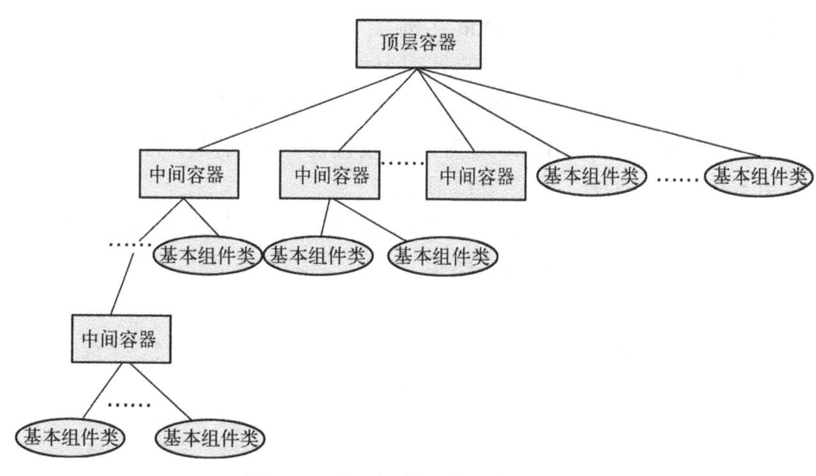

图 9-2 窗口组件层次结构示意图

普通可视化组件是指容器组件外的可视化组件，如标签组件、按钮组件、列表组件等。

1．容器类组件

（1）顶层容器

Swing 有 4 种顶层容器，即 JFrame、JDialog、JApplet、JWindow。限于篇幅，本书只讲解 JFrame 容器。使用 JFrame 类可以创建一个窗口，JFrame 类的常用方法及常量如表 9-1 所示。

表 9-1　JFrame 类的常用方法及常量

序号	常量或方法	类型	说明
1	static int EXIT_ON_CLOSE	常量	退出应用程序后的默认窗口关闭操作
2	JFrame([String title])	构造方法	创建一个新的不可见的窗口，参数 title 用于指定新窗口的标题
3	public Component add(Component comp)	方法	添加组件到容器尾部
4	public Component add(Component comp, int index)	方法	添加组件到容器指定位置上
5	int setDefaultCloseOperation()	方法	返回用户在此窗口上发起关闭时执行的操作
6	JMenuBar getJMenuBar()	方法	返回此窗口上设置的菜单栏
7	public String getTitle()	方法	获取窗口的标题
8	public void pack()	方法	调整此窗口的大小，使其适应组件的大小和布局
9	void remove(Component comp)	方法	将指定组件从窗口容器中移除
10	void repaint(long time,int x,int y,int width,int height	方法	在 time 毫秒内在指定矩形区域重绘窗口
11	public void setBackground（Color c）	方法	设置组件的背景色
12	void setDefaultCloseOperation(int operation)	方法	设置用户在此窗口上执行关闭操作时需要运行的程序
13	void setIconImage(Image image)	方法	设置窗口图标显示的图像
14	void setJMenuBar(JMenuBar　menubar)	方法	设置窗口的菜单栏
15	public void setLocation(int x,int y)	方法	通过坐标重新设置组件的位置
16	void setLayout(LayoutManager　m)	方法	设置布局管理器
17	public void setVisible(Boolean b)	方法	设置窗口显示或隐藏
18	public void setSize(int width,int height)	方法	设置窗口的大小

利用 JFrame 类创建一个新窗口，需要实现以下几个步骤。

1）通过调用构造器，创建一个 JFrame 实例。

2）通过调用 setSize 方法，设置窗口的外观尺寸。

3）通过调用 setLocation 方法，设置绘制窗口左上角的位置。

4）通过调用 setDefaultCloseOperation 方法，设置窗口关闭操作响应。

5）通过调用 setVisible 方法，设置窗口显示。

注意：以上操作步骤中，创建 JFrame 实例的语句必须在其他所有语句之前。除此之外，后面的语句在执行上没有严格的顺序要求。

【例 9-1】 创建一个新窗口。

```
package chapter09;
import javax.swing.JFrame;
public class Example9_1
{
    public static void main(String[] args)
    {
        JFrame newFrame=new JFrame("第一个窗口");//创建窗口实例
        newFrame.setSize(300,400);//设置窗口大小
        newFrame.setLocation(200,300);//设置窗口显示左上角的位置
        newFrame.setDefaultCloseOperation(JFrame.EXIT_ON_CLOSE);//设置窗
口关闭操作
        newFrame.setVisible(true);//设置显示属性
```

```
        }
    }
```

图 9-3　例 9-1 程序运行结果

程序运行结果如图 9-3 所示。

图 9-2 中窗口标题栏中的文字是在调用 JFrame 构造器时用参数提供的。在定义窗口大小时，编辑器提示 Dimension（尺寸）类的对象实例作参数，此对象实例可以用于定义一个矩形区域的大小。Dimension 对象可以用于定义一个窗口的大小。Dimension 类的常用方法和常量如表 9-2 所示。

表 9-2　Dimension 类的常用方法和常量

序号	方法或常量	类型	说明
1	int height	常量	Dimension 的高度，可以使用负值
2	int width	常量	Dimension 的宽度，可以使用负值
3	Dimension()	构造方法	创建 Dimension 的一个实例，其宽度与高度均为 0
4	Dimension(Dimension d)	构造方法	创建 Dimension 的一个实例，其宽度与高度与 Dimension 对象 d 相同
5	Dimension(int width,int height)	构造方法	创建 Dimension 的一个实例
6	double getHeight()	方法	获取 Dimension 的高度
7	double getWidth()	方法	获取 Dimension 的宽度
8	Dimension getSize()	方法	获取 Dimension 对象
9	void setSize(Dimension d)	方法	设置 Dimension 对象的大小
10	void setSize(double width,double height)	方法	设置 Dimension 对象的大小
11	void setSize(int width,int height)	方法	设置 Dimension 对象的大小

【例 9-2】 Dimension 对象实例，对例 9-1 中的窗口设置大小。

```
import javax.swing.JFrame;
import java.awt.Dimension;
public class Example9_2
{
    public static void main(String[] args)
    {
        JFrame newFrame=new JFrame("第二个窗口");//创建窗口实例
        Dimension d=new Dimension();
        d.setSize(500,700);
        newFrame.setSize(d);//设置窗口大小
        newFrame.setLocation(200,300);//设置窗口显示左上角的位置
        newFrame.setDefaultCloseOperation(JFrame.EXIT_ON_CLOSE);//设置窗
口关闭操作
        newFrame.setVisible(true);//设置显示属性
    }
}
```

例 9-2 中的设置窗口大小用 Dimension 对象实例实现，上面代码中**黑体**部分是更改或新增的部分代码。

（2）中间容器

中间容器有 JPanel、JScrollPane、JSplitOPane、JToolBar。中间容器只能通过添加到

顶层容器，才能被绘制并显示出来。本书以 JPanel 中间容器为例。

例 9-3 代码是在例 9-2 代码的基础上增加了一个 JPanel 对象，并将此 JPanel 对象添加到窗口中。为便于识别，例 9-3 将 JPanel 容器实例显示背景颜色设置为黄色。

从图 9-2 可以看出，中间容器具有一种“收纳”功能，将其他可视化组件实例先收纳到中间容器中，再将中间容器添加到窗口中，是窗口对其所包含的可视化组件的一种“层次化管理”。

JPanel 类的常用方法如表 9-3 所示。

表 9-3 JPanel 类的常用方法

序号	方法	类型	说明
1	JPanel()	构造对象	创建具有缓冲和流布局的新 JPanel 实例对象
2	JPanel(boolean isDoubleBuffered)	构造对象	创建具有流式布局管理器和指定缓冲策略的新 JPanel 实例对象，isDoubleBuffered 参数用于设置双缓冲，使用更多内存空间实现快速、无闪烁的更新
3	JPanel(LayoutManager layout)	构造对象	创建具有指定布局管理器的新 JPanel 实例对象
4	JPanel(LayoutManager layout，boolean isDoubleBuffered)	构造对象	创建具有指定布局管理器和缓冲策略的新 JPanel 实例对象
5	public Component add(Component c)	方法	向容器内添加组件元素（其他中间容器、基本组件）
6	public void setLayout(LayoutManager m)	方法	设置容器的布局管理器
7	public void setBackground(Color c)	方法	设置背景颜色

【例 9-3】 在例 9-2 基础上增加一个中间容器 JPanel，且设置其背景为黄色（注意下面加粗代码）。

```
import java.awt.Color;
import javax.swing.JFrame;
import java.awt.Dimension;
import javax.swing.JPanel;
public class Example9_3
{
    public static void main(String[] args)
    {
        JFrame newFrame=new JFrame("第三个窗口");//创建窗体实例
        Dimension d=new Dimension();
        d.setSize(500,700);
        newFrame.setSize(d);//设置窗口大小
        newFrame.setLocation(200,300);//设置窗口显示左上角的位置
        newFrame.setDefaultCloseOperation(JFrame.EXIT_ON_CLOSE);//设置窗
口关闭操作
        newFrame.setVisible(true);//设置显示属性
        JPanel p=new JPanel();//创建 JPanel 对象
        p.setBackground(Color.yellow);//设置 Jpanel 背景颜色
        newFrame.add(p);
    }
}
```

2．普通可视化组件

例 9-1 与例 9-3 所显示的窗口与正常的软件窗口而言，少了一些能够操作的可视化组

件，如标签、按钮、输入框等，下面介绍在窗口中添加常用的可视化组件。

（1）标签组件（JLabel）

标签组件常用于在窗口中显示文本信息、图像及作为分隔符。JLabel类的常用方法和常量如表 9-4 所示。

9-2 JLable

表 9-4 JLabel 类的常用方法和常量

序号	方法或常量	类型	说明
1	static int CENTER	常量	居中文本格式
2	static int LEFT	常量	居左文本格式
3	static int RIGHT	常量	居右文本格式
4	JLabel()	构造方法	创建 JLabel 对象实例
5	JLabel(String text)	构造方法	创建带文字的 JLabel 实例对象
6	JLabel(Icon image)	构造方法	创建有图像的 JLabel 实例对象
7	Icon getIcon()	方法	获取返回该标签显示的图形图像
8	void setIcon(Icon icon)	方法	设置此标签需要显示的图标
9	String getText()	方法	获取返回该标签显示文本字符串
10	void setText(String text)	方法	设置此标签中需要显示的文本
11	public void setFont(Font font)	方法	设置标签中的文本格式
12	public void setForeground(Color fg)	方法	设置标签中的文本字体颜色
13	public void setBackgrond(Color c)	方法	设置标签中的背景颜色

标签对象以显示文字信息为主，文字格式、字体等通过 Font 类的对象设置。Font 类的方法和常量如表 9-5 所示。

表 9-5 Font 类的常用方法和常量

序号	方法或常量	类型	说明
1	static int BOLD	常量	粗体字格式
2	static int ITALIC	常量	斜体字格式
3	static int PLAIN	常量	普通字体格式
4	Font(String name,int style,int size)	构造方法	创建字体对象，第一个参数是字体名称，第二个参数是字体样式，第三个参数是字体大小
5	String getFontName()	方法	返回字体名称

【例 9-4】 在窗口中添加一个中间容器 JPanel，在 JPanel 中添加一个标签对象。

```
import java.awt.Color;
import javax.swing.JPanel;
import javax.swing.JFrame;
import javax.swing.JLabel;
import java.awt.Font;
public class Example9_4
{
   public static void main(String[] args)
   {  //1.创建顶级容器对象
      JFrame newWin=new JFrame("窗口测试标签");
      newWin.setSize(400,500);
```

```
            newWin.setLocation(0, 0);//设置窗口左上角的坐标
            newWin.setDefaultCloseOperation(JFrame.EXIT_ON_CLOSE);
            newWin.show();//显示窗口
            //2.创建 JPanel 中间容器
            JPanel  panelObj=new JPanel();
            panelObj.setBackground(Color.gray);
            //3.创建标签对象
            JLabel labelObj=new JLabel("我是一个标签！！");
            labelObj.setFont(new Font("隶书",Font.BOLD,40));//设置字体
            labelObj.setForeground(Color.BLUE);//设置字体颜色
            //4.根据容器包含与被包含的顺序，将标签对象添加到中间容器中，将中间容器添加
到顶级容器中
            panelObj.add(labelObj);
            newWin.add(panelObj);
        }
    }
```

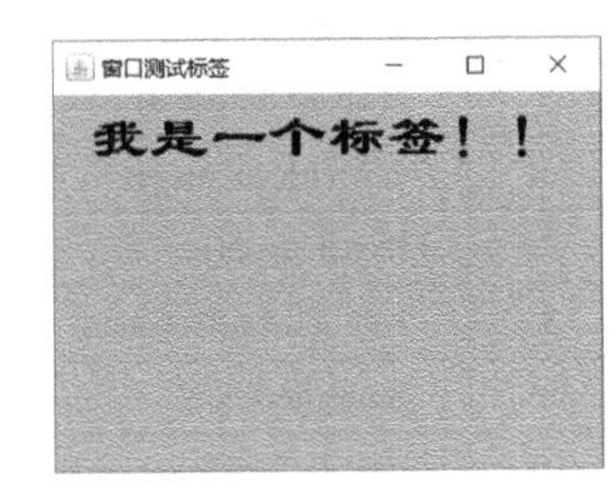

图 9-4　例 9-4 程序运行结果

程序运行结果如图 9-4 所示。

（2）文本框组件（JTextField）

文本框组件是用于输入单行文本内容的组件，又被称为单行文本组件。它是 TextComponent（文本组件）的子类。TextComponent 类提供了多种方法，包括文本选择、设置、编辑、插入位置、注册和删除文本监听器等功能。JTextField 类的常用方法如表 9-6 所示。

表 9-6　JTextField 类的常用方法

序号	方法	类型	说明
1	JTextField()	构造方法	创建一个新的 JTextField 实例对象
2	JTextField(Document doc,String text,int columns)	构造方法	创建一个新 JTextField 实例对象，并指定文本存储模式、文字内容、列数
3	JTextField(int columns)	构造方法	创建一个具有指定列数的新 JTextField 实例对象
4	JTextField(String text,int columns)	构造方法	创建一个指定文本和列数的新 JTextField 实例对象
5	JTextField(String text)	构造方法	创建一个指定文本的新 JTextField 实例对象
6	public int getHorizontalAlignment()	方法	返回文本的水平对齐方式，有效值主要有以下 3 类。 JTextField.LEFT：居左对齐； JTextField. CENTER：居中对齐； JTextField. RIGHT：居右对齐
7	public void setHorizontalAlignment(int alignment)	方法	设置文本的水平对齐方式
8	public int getColumns()	方法	返回 TextField 中的列数
9	public void setColumns(int columns)	方法	设置 TextField 中的列数
10	public void setFont(Font f)	方法	设置当前字体

下面代码是在例 9-4 的基础上修改而来的，即在标签后面再增加一个 JTextField 组件。

【例 9-5】 JTextField 组件的定义与应用。

```
import java.awt.Color;
import javax.swing.JPanel;
import javax.swing.JFrame;
import javax.swing.JLabel;
import javax.swing.JTextField;
```

```
import java.awt.Font;
public class Example9_5
{
    public static void main(String[] args)
    {   //1.创建顶级容器对象
        JFrame newWin=new JFrame("窗口测试标签");
        newWin.setSize(400,500);
        newWin.setLocation(0, 0);//设置窗口左上角的坐标
        newWin.setDefaultCloseOperation(JFrame.EXIT_ON_CLOSE);
        newWin.show();//显示窗口
        //2.创建 JPanel 中间容器
        JPanel  panelObj=new JPanel();
        panelObj.setBackground(Color.gray);
        //3.创建标签对象
        JLabel labelObj=new JLabel("请输入姓名：");
        labelObj.setFont(new Font("隶书",Font.BOLD,20));//设置字体
        labelObj.setForeground(Color.BLUE);//设置字体颜色
        //4.创建 JTextField 对象
        JTextField textFiled=new JTextField(20);
        textFiled.setHorizontalAlignment(JTextField.RIGHT);// 设置字体的
文本格式
        //5.根据容器包含与被包含的顺序，将标签对象添
加到中间容器中，将中间容器添加到顶级容器中
        panelObj.add(labelObj);
        panelObj.add(textFiled);
        newWin.add(panelObj);
    }
}
```

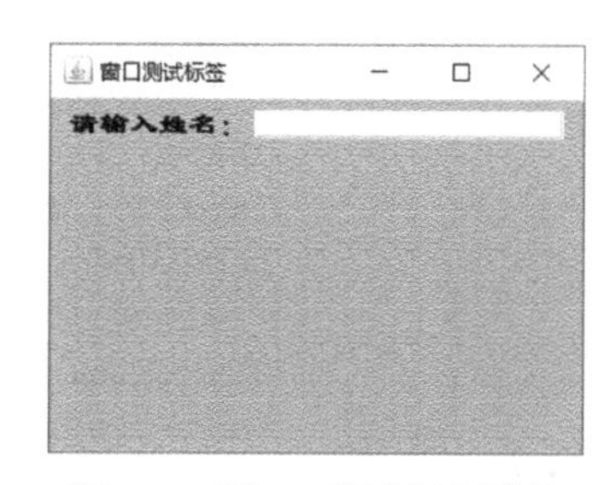

图 9-5　例 9-5 程序运行结果

程序运行结果如图 9-5 所示。

文本输入组件除了 JTextField 外，还有 JTextArea 和 JTextPane 两种组件。因功能相似，且操作方法也相差不大，这里不作赘述，读者可以利用 JDK 的 API 帮助文档查看其用法。

9-3　JButton、JCheckBox、JRadioButton

（3）按钮组件（JButton）

按钮是最常用的组件之一，常用于提交等操作。JButton 类的常用方法如表 9-7 所示。

表 9-7　JButton 类的常用方法

序号	方法	类型	说明
1	JButton()	构造方法	创建一个不带文本或图标的 JButton 实例对象
2	JButton(Icon icon)	构造方法	创建一个带图标的 JButton 实例对象
3	JButton(String text)	构造方法	创建一个带文本的 JButton 实例对象
4	JButton(String text,Icon icon)	构造方法	创建一个既带文本又带图标的 JButton 实例对象
5	Icon getIcon()	方法	获取按钮图标
6	String getText()	方法	获取按钮文本
7	void setIcon(Icon icon)	方法	设置按钮图标
8	void setText(String text)	方法	设置按钮文本

【例 9-6】 在图 9-5 代码基础上增加一个 JButton 组件。

```
import java.awt.Color;
import javax.swing.JPanel;
import javax.swing.JFrame;
import javax.swing.JLabel;
import javax.swing.JTextField;
import javax.swing.JButton;
import java.awt.Font;
public class Example9_6
{
   public static void main(String[] args)
   {
       //1.创建顶级容器对象
      JFrame newWin=new JFrame("窗口测试标签");
      newWin.setSize(400,500);
      newWin.setLocation(0, 0);//设置窗口左上角的坐标
      newWin.setDefaultCloseOperation(JFrame.EXIT_ON_CLOSE);
      newWin.show();//显示窗口
      //2.创建 JPanel 中间容器
      JPanel panelObj=new JPanel();
      panelObj.setBackground(Color.gray);
      //3.创建标签对象
      JLabel labelObj=new JLabel("请输入姓名：");
      labelObj.setFont(new Font("隶书",Font.BOLD,20));//设置字体
      labelObj.setForeground(Color.BLUE);//设置字体颜色
      //4.创建 JTextField 对象
      JTextField textFiled=new JTextField(20);
      textFiled.setHorizontalAlignment(JTextField.RIGHT);// 设置字体的
文本格式
      //5.创建 JButton 对象
      JButton button=new JButton("提交");
      //6.根据容器包含与被包含的顺序，将标签对象添加到中间容器中，将中间容器添加
到顶级容器中
      panelObj.add(labelObj);
      panelObj.add(textFiled);
      panelObj.add(button);
      newWin.add(panelObj);
   }
}
```

（4）复选框组件（JCheckBox）

复选框组件提供一种简单的“开/关”输入设备，单击就选中，再单击一次取消选择，每个复选框旁边有一个文本标签，标识这个复选框的功能。JCheckBox 类的常用方法如表 9-8 所示。

表 9-8　JCheckBox 类的常用方法

序号	方法	类型	说明
1	JCheckBox()	构造方法	创建一个没有文本、没有图标且最初未被选中的复选框
2	JCheckBox(Icon icon)	构造方法	创建一个带图标且最初未被选中的复选框

（续）

序号	方法	类型	说明
3	JCheckBox(Icon icon,boolean selected)	构造方法	创建一个带图标并设置最初选中状态的 JCheckBox 实例对象
4	JCheckBox(String text)	构造方法	创建一个带文本、最初未被选中的 JCheckBox 实例对象
5	JCheckBox(String text, boolean selected)	构造方法	创建一个带文本且设置最初选中状态的 JCheckBox 实例对象
6	JCheckBox(String text, Icon icon)	构造方法	创建一个有文本、有图标且最初未被选中的 JCheckBox 实例对象
7	JCheckBox(String text, Icon icon, boolean selected)	构造方法	创建一个有文本、有图标且设置最初选中状态的 JCheckBox 实例对象
8	Icon getIcon()	方法	获取复选框图标
9	String getText()	方法	获取复选框文本
10	void setIcon(Icon icon)	方法	设置复选框图标
11	void setText(String text)	方法	设置复选框文本

从前面几个例子来看，可视化组件的加载顺序是：先加载普通可视化组件，如 JLabel、JTextField、JButton，实例化后添加到 JPanel 对象中，再将 JPanel 对象再添加到 JFrame 对象中。如下面的例 9-7，先将实例化的 JCheckBox 组件添加到 JPanel 对象中，再将 JPanel 对象添加到 JFrame 中。

【例 9-7】 JCheckBox 组件的创建及应用。

```
import java.awt.Color;
import javax.swing.JPanel;
import javax.swing.JFrame;
import javax.swing.JLabel;
import javax.swing.JTextField;
import javax.swing.JButton;
import javax.swing.JCheckBox;
import java.awt.Font;
public class Example9_7
{
    public static void main(String[] args)
    {
        //1.创建顶级容器对象
        JFrame newWin=new JFrame("窗口测试标签");
        newWin.setSize(400,500);
        newWin.setLocation(0, 0);//设置窗口左上角的坐标
        newWin.setDefaultCloseOperation(JFrame.EXIT_ON_CLOSE);
        newWin.show();//显示窗口
        //2.创建 JPanel 中间容器
        JPanel panelObj=new JPanel();
        panelObj.setBackground(Color.gray);
        //3.创建标签对象
        JLabel labelObj=new JLabel("爱好：");
        labelObj.setFont(new Font("隶书",Font.BOLD,20));//设置字体
        labelObj.setForeground(Color.BLUE);//设置字体颜色
        //4.创建 CheckBox 对象
        JCheckBox cb1=new JCheckBox("足球",true) ;
        JCheckBox cb2=new JCheckBox("篮球") ;
        JCheckBox cb3=new JCheckBox("田径") ;
```

```
        //5.根据容器包含与被包含的顺序，将标签对象添加到中间容器中，将中间容器添加到顶级容器中
        panelObj.add(labelObj);
        panelObj.add(cb1);
        panelObj.add(cb2);
        panelObj.add(cb3);
        newWin.add(panelObj);
    }
}
```

（5）单选按钮组件（JRadioButton）

通常，多个单选按钮（JRadioButton）组件一起组成一个按钮组（ButtonGroup）组件。当其中某个单选按钮被单击选中时，其他单选按钮都自动显示为未选中状态。这种功能，习惯上称其为“互斥功能”。因此使用 JRadioButton 组件前需要先了解 JRadioButton 和 ButtonGroup 组件。JRadioButton 类的常用方法如表 9-9 所示。

表 9-9　JRadioButton 类的常用方法

序号	方法	类型	说明
1	JRadioButton()	构造方法	创建一个带文本、不带图标且最初未被选中的 JRadioButton 实例对象
2	JRadioButton (Icon icon)	构造方法	创建一个带图标且最初未被选中的 JRadioButton 实例对象
3	JRadioButton (Icon icon,boolean selected)	构造方法	创建一个带图标并设置最初选中状态的 JRadioButton 实例对象
4	JRadioButton (String text)	构造方法	创建一个带文本且最初未被选中的 JRadioButton 实例对象
5	JRadioButton (String text, boolean selected)	构造方法	创建一个带文本且设置最初选中状态的 JRadioButton 实例对象
6	JRadioButton (String text, Icon icon)	构造方法	创建一个带文本、带图标且最初未被选中的 JRadioButton 实例对象
7	JRadioButton (String text, Icon icon, boolean selected)	构造方法	创建一个带文本、带图标并设置最初被选中状态的 JRadioButton 实例对象
8	Icon getIcon()	方法	获取单选按钮图标
9	String getText()	方法	获取单选按钮文本
10	void setIcon(Icon icon)	方法	设置单选按钮图标
11	void setText(String text)	方法	设置单选按钮文本

要实现选择互斥功能，需要将有相互选择影响的单选按钮，共同添加到按钮组（ButtonGroup）中，即只有同在同一个按钮组中的单选按钮才能实现选择互斥。ButtonGroup 类的常用方法如表 9-10 所示。

表 9-10　ButtonGroup 类的常用方法

序号	方法	类型	说明
1	ButtonGroup()	构造方法	创建一个新的按钮组
2	void add(AbstractButton b)	方法	将按钮添加到组中
3	int getButtonCount()	方法	返回组中的按钮数
4	ButtonModel getSelection()	方法	返回选择按钮的模型
5	Boolean isSelected(ButtonModel m)	方法	返回对是否已经选择一个 ButtonModel 的判断
6	void remove(AbstractButton b)	方法	从组中移除按钮
7	void setSelected(ButtonModel m,Boolean b)	方法	为 ButtonModel 设置选择值

【例 9-8】 在例 9-7 基础上增加一个选择性别的单选操作功能。

```
import java.awt.Color;
import javax.swing.JPanel;
import javax.swing.JFrame;
import javax.swing.JLabel;
import javax.swing.JTextField;
import javax.swing.JButton;
import javax.swing.JCheckBox;
import javax.swing.JRadioButton;
import javax.swing.ButtonGroup;
import java.awt.Font;
public class Example9_8
{
   public static void main(String[] args)
   {
      //1.创建顶级容器对象
      JFrame newWin=new JFrame("窗口测试标签");
      newWin.setSize(400,500);
      newWin.setLocation(0, 0);//设置窗口左上角的坐标
      newWin.setDefaultCloseOperation(JFrame.EXIT_ON_CLOSE);
      newWin.show();//显示窗口
      //2.创建 JPanel 中间容器
      JPanel  panelObj=new JPanel();
      panelObj.setBackground(Color.gray);
      //3.创建标签对象
      JLabel labelObj=new JLabel("爱好：");
      labelObj.setFont(new Font("隶书",Font.BOLD,20));//设置字体
      labelObj.setForeground(Color.BLUE);//设置字体颜色
      //4.创建 CheckBox 对象
      JCheckBox  cb1=new JCheckBox("足球") ;
      JCheckBox  cb2=new JCheckBox("篮球") ;
      JCheckBox  cb3=new JCheckBox("田径") ;
      //5.添加一个单选按钮对象
      JLabel  labelObj2=new JLabel("性别：");//创建提示标签
      labelObj2.setFont(new Font("隶书",Font.BOLD,20));
      JRadioButton jrb1=new JRadioButton("男",true);//创建两个单选按钮
      JRadioButton jrb2=new JRadioButton("女");
      ButtonGroup sexSelect=new ButtonGroup();//创建按钮组对象且将单选按钮添
加到按钮组
      sexSelect.add(jrb1);
      sexSelect.add(jrb2);
      //6.根据容器包含与被包含的顺序，将标签对象添加到中间容器中，将中间容器添加
到顶级容器中
      panelObj.add(labelObj);
      panelObj.add(cb1);
      panelObj.add(cb2);
      panelObj.add(cb3);
      panelObj.add(labelObj2);
      panelObj.add(jrb1);
      panelObj.add(jrb2);
```

```
            newWin.add(panelObj);
        }
    }
```

9-4 JList

（6）列表框组件（JList）

一个列表框组件将各个文本选项显示在一个区域中，可同时看到若干个条目。列表框可以滚动，并支持单选和多选两种模式。JList 类的常用方法和常量如表 9-11 所示。

表 9-11 JList 类的常用方法和常量

序号	方法或常量	类型	说明
1	static int HORIZONTAL_WRAP	常量	“报纸样式”布局，单元内容按先横后纵排列
2	static int VERTICAL	常量	默认布局，一列单元格式
3	static int VERTICAL _WRAP	常量	“报纸样式”布局，单元内容按先纵后横排列
4	JList()	构造方法	构造一个列元素为空的 JList 实例对象
5	JList(Object[] listData)	构造方法	构造一个列元素为 ListData 数组元素的 JList 实例对象
6	JList(Vector<?> listData	构造方法	构造一个显示内容为 Vector 中元素的 JList 实例对象
7	void clearSelection()	方法	清除选择
8	int getFirstVisibleIndex()	方法	返回第一个可见单元的索引
9	int getLastVidibleIndex()	方法	返回最后一个可见单元的索引
10	int getMaxSelectionIndex()	方法	返回选择的最大单元索引
11	int getMinSelectionIndex()	方法	返回选择的最小单元索引
12	int getSelectedIndex()	方法	返回所选的第一个索引；若无被选择项，则返回-1
13	int[] getSelectedIndices()	方法	返回所选的全部索引的数组（按升序排列）
14	Object getSelectedValue()	方法	返回所选的第一个值，若无被选择项，则返回 null
15	Object[] getSelectedValues()	方法	返回所选单元的一组值
16	boolean isSelectedIndex(int index)	方法	如果选择了指定的索引，则返回 true
17	boolean isSelectionEmpty()	方法	如果什么也没有选择，则返回 true

【例 9-9】 创建一个列表框。

```
import javax.swing.JPanel;
import javax.swing.JFrame;
import javax.swing.JLabel;
import javax.swing.JList;
public class Example9_9
{
   public static void main(String args[])
    {   //创建窗口并设置窗口的大小与显示属性
        JFrame f = new JFrame("测试列表");
        f.setSize(300,500);
        f.setVisible(true);
        f.setDefaultCloseOperation(JFrame.EXIT_ON_CLOSE);
        //创建面板对象，并将面板加入到窗口中
        JPanel p=new JPanel();
        f.add(p);
        //创建一个标签对象与一个列表对象
```

```
        Object[] dataList={"博士","硕士","大学","大专","中专","高中","初中
","小学"};
        JLabel l=new JLabel("请选择");
        JList list=new JList(dataList);
        //将上面创建的两个对象按显示的先后次序加入到面板对象中
        p.add(l);
        p.add(list);
    }
}
```

（7）工具栏组件（JToolBar）

工具栏是一个用于容纳多个按钮的“组件容器”，在工具栏中添加多个按钮，用户可以更方便地调用命令。

JToolBar 类的常用方法如表 9-12 所示。

表 9-12　JToolBar 类的常用方法

序号	方法	类型	说明
1	JToolBar()	构造方法	创建新的工具栏，默认方向是 HORIZONTAL
2	JToolBar(int orientation)	构造方法	创建具有指定方向的新工具栏
3	JToolBar(String name)	构造方法	创建具有指定名称的新工具栏
4	JToolBar(String name，int orientation)	构造方法	创建具有指定名称和方向的新工具栏
5	JButton add(Action a)	方法	向 JToolBar 对象添加一个新的 JButton
6	void addSeparator()	方法	将默认大小的分隔符追加到工具栏的末尾
7	void addSeparator(Dimension size)	方法	将指定大小的分隔符追加到工具栏的末尾
8	Component getComponentAtIndex(int i)	方法	返回指定索引位置的组件
9	int getComponentIndex(Component c)	方法	返回指定组件的索引
10	int getOrientation()	方法	返回工具栏的当前方向
11	void setOrientation(int o)	方法	设置工具栏的方向

【例 9-10】 JToolBar 组件应用。

```
import javax.swing.*;
public class Example9_10 extends javax.swing.JFrame {
private JToolBar myJToolBar;
private JButton jB_file;
private JButton jB_edit;
private JButton jB_tools;
private JButton jB_help;
public static void main(String[] args) {
    SwingUtilities.invokeLater(new Runnable() {
      public void run() {
            Example9_10 inst = new Example9_10();
            inst.setLocationRelativeTo(null);
            inst.setVisible(true);
      }
    });
 }
```

```
public Example9_10()
{
    super();
    initGUI();
}
private void initGUI() {
    try {
        setDefaultCloseOperation(WindowConstants.DISPOSE_ON_CLOSE);
        getContentPane().setLayout(null);
        getContentPane().setBackground(new java.awt.Color(255, 128, 255));
        {
            myJToolBar = new JToolBar();
            getContentPane().add(myJToolBar);
            myJToolBar.setBounds(29, 12, 320, 38);
            myJToolBar.setBackground(new java.awt.Color(255, 255, 255));
            {
                    jB_file = new JButton();  //创建新的按钮实例对象
                    myJToolBar.add(jB_file);  //将按钮对象添加到 JToolBar
对象中
                    jB_file.setText("文件操作");  //设置按钮对象显示的文字信息
                  jB_file.setPreferredSize(new java.awt.Dimension(80, 34));
                                                //设置按钮对象的外观尺寸
                    jB_file.setFont(new java.awt.Font("楷体", 0, 14));
                                                //设置按钮显示字符
                    jB_file.setToolTipText("这是文件操作按钮");  //设置提示信息
                    jB_file.setBackground(new java.awt.Color(255, 255, 128));
            }
            {
                    jB_edit = new JButton();
                    myJToolBar.add(jB_edit);
                    jB_edit.setText("编辑操作");
                    jB_edit.setToolTipText("点此每次新增一个结点");
                    jB_edit.setFont(new java.awt.Font("楷体", 0, 14));
                    jB_edit.setBackground(new java.awt.Color(255, 255, 128));
                    jB_edit.setToolTipText("这是编程操作按钮");
                    jB_edit.setPreferredSize(new java.awt.Dimension(78, 34));
            }
            {
                    jB_tools = new JButton();
                    myJToolBar.add(jB_tools);
                    jB_tools.setText("工具按钮");
                    jB_tools.setFont(new java.awt.Font("楷体", 0, 14));
                    jB_tools.setBackground(new java.awt.Color(255, 255, 128));
                    jB_tools.setToolTipText("这是工具按钮");
```

```
                    jB_tools.setPreferredSize(new java.awt.Dimension(94, 34));
                }
                {
                    jB_help = new JButton();
                    myJToolBar.add(jB_help);
                    jB_help.setText("帮助操作");
                    jB_help.setFont(new java.awt.Font("楷体", 0, 14));
                    jB_help.setBackground(new java.awt.Color(255, 255, 128));
                    jB_help.setToolTipText("这是帮助操作按钮");
                    jB_help.setPreferredSize(new java.awt.Dimension(95, 34));
                }
            }
            pack();
            setSize(400, 300);
        }
        catch (Exception e) {
            e.printStackTrace();
        }
    }
}
```

利用 JToolBar 组件，向窗体中添加一个有 4 个按钮的工具栏，程序运行结果如图 9-6 所示。

图 9-6　例 9-10 程序运行结果

（8）对话框组件（JDialog）

对话框组件是一种既依赖于 JFrame 顶级容器又能够独立于 JFrame 显示的、自带“装饰”的窗口类。对话框与 JFrame 的区别在于，对话框设置了固定界面格式，JFrame 界面可以由程序设计人员设置；对话框是在 JFrame 中被触发显示的，而 JFrame 本身就是程序图形界面窗体。

对话框根据事件响应可以分为：无模式对话框和模式对话框。无模式对话框，指对话框显示出来后，用户既可以操作对话框所依赖的 JFrame，也可以操作对话框。模式对话框，指在对话框显示出来后，用户只能对对话框进行操作，不能对对话框所依赖的 JFrame 操作。只有当对话框被关闭后，才能对包含 JFrame 在内的其他所有应用组件进行操作。

下面用一段代码编写一个对话框。

```
public static void main(String[] args) {
    Frame f=new Frame();//声明并实例化框架对象 f
    JDialog d = new JDialog(f, "Dialog", false);//创建对话框对象
    d.add(new Label("Hello, I'm a Dialog"),BorderLayout.CENTER);
    d.pack();
    d.setVisible(true);
    f.setSize(300,400);
    f.setVisible(true);
}
```

上面代码中创建对话框的语句“new JDialog(f,"Dialog",false)”中，三个参数分别是 f,"Dialog"和 false。f 指定当前对话框依赖的 JFrame 对象，"Dialog"是对话框的标题名，false 设置对话框显示属性为“不显示”。运行上面的程序，则在屏幕上显示如图 9-7 所示的对话框。

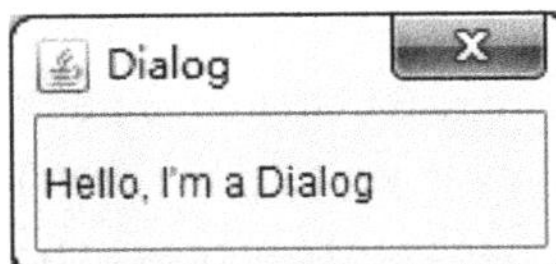

图 9-7　对话框

通常，在创建对话框时往往将对话框显示属性设置为 false，即对话框对象实例化后并不直接显示出来。对话框的显示在多数情况下是为了响应其依赖的 JFrame（如上面代码中的 f 对象）中某个组件的某个事件（如按钮被按下），比如将上面代码中的“d.setVisible(true);”放置到某 JFrame 的组件事件监听代码中，形成如下代码段。

```
public void actionPerformed(ActionEvent ev) {
    d.setVisible(true);
}
```

有兴趣的读者可以在上面 JFrame 中添加两个按钮并设置相应的事件，用于实现对话框的显示和隐藏。

注意：可以把对话框作为一个可重用对象，即关闭对话框，但并不销毁这个对话框对象；保留对话框对象便于以后再次使用。

（9）文件选择器组件（JFileChooser）

文件选择器是一种专用于文件选择的对话框类。JFileChooser 类的常用方法和常量如表 9-13 所示。

表 9-13　JfileChooser 类的常用方法和常量

序号	方法或常量	类型	说明
1	APPROVE_BUTTON_TEXT_CHANGED_PROPERTY	常量	用于标记确认（yes、ok）按钮的状态
2	APPROVER_OPTION	常量	单击确认（yes、ok）返回该值
3	CANCEL_OPTION	常量	选择 cancel 后的返回值
4	CANCEL_SELECTION	常量	指示取消当前的选择
5	DIRECTORIES_ONLY	常量	仅显示目录
6	FILES_ONLY	常量	仅显示文件
7	MULTI_SELECTION_ENABLED_CHANGED_PROPERTY	常量	允许选择多个文件
8	OPEN_DIALOG	常量	设置“打开”文件操作的类型值
9	SAVE_DIALOG	常量	设置“保存”文件操作的类型值
10	JFileChooser()	构造方法	构造一个指向用户默认目录的 JFileChooser 实例对象

（续）

序号	方法或常量	类型	说明
11	JFileChooser(File currentDirectory)	构造方法	构造一个指定目录结构的 JFileChooser 实例对象
12	FileFilter getFileFilter()	方法	返回当前选择的文件过滤器
13	int getFileSelectionMode()	方法	返回当前的文件选择模式
14	String getName(File f)	方法	返回文件名
15	File getSelectedFile()	方法	返回选中的文件
16	File[] getSelectedFiles()	方法	文件选择器如果允许选择多个文件，则返回选中文件的列表

【例 9-11】 编写一个文件管理程序，在程序的窗口中定义两个按钮，用于“打开”和“保存”两个对话框的调用。

```
import java.io.*;
import java.awt.*;
import java.awt.event.*;
import javax.swing.*;
import javax.swing.SwingUtilities;
import javax.swing.filechooser.*;
public class Example9_11 extends Jpanel implements ActionListener {
    static private final String newline = "\n";
    JButton openButton, saveButton;
    JTextArea log;
    JFileChooser fc;
    public Example9_11() {
        super(new BorderLayout());
        log = new JTextArea(5,20);
        log.setMargin(new Insets(5,5,5,5));
        log.setEditable(false);
        JScrollPane logScrollPane = new JScrollPane(log);
        //创建文件过滤器实例对象
        fc = new JFileChooser();
        //创建一个用于打开文件的按钮
        openButton = new JButton("Open a File...");
        openButton.addActionListener(this);
        //创建一个用于保存文件的按钮
        saveButton = new JButton("Save a File...");
        saveButton.addActionListener(this);
        //创建中间容器 JPanel，并将两个按钮添加到 JPanel 中
        JPanel buttonPanel = new JPanel(); //use FlowLayout
        buttonPanel.add(openButton);
        buttonPanel.add(saveButton);
        //将 JPanel 添加到窗口容器中
        add(buttonPanel, BorderLayout.PAGE_START);
        add(logScrollPane, BorderLayout.CENTER);
    }
    //声明事件监听处理代码
    public void actionPerformed(ActionEvent e) {
        if (e.getSource() == openButton) {
```

```
            int returnVal = fc.showOpenDialog(Example9_11.this);
            if (returnVal == JFileChooser.APPROVE_OPTION) {
                File file = fc.getSelectedFile();
                log.append("Opening: " + file.getName() + "." + newline);
            }
            else {
                log.append("Open command cancelled by user." + newline);
            }
            log.setCaretPosition(log.getDocument().getLength());
        }
        else if (e.getSource() == saveButton) {
            int returnVal = fc.showSaveDialog(Example9_11.this);
            if (returnVal == JFileChooser.APPROVE_OPTION) {
                File file = fc.getSelectedFile();
                log.append("Saving: " + file.getName() + "." + newline);
            }
            else {
                log.append("Save command cancelled by user." + newline);
            }
            log.setCaretPosition(log.getDocument().getLength());
        }
    }
    /** 如果图片文件不存在或无效，进行必要的信息提示*/
    protected static ImageIcon  createImageIcon(String path) {
        java.net.URL imgURL = Example9_11.class.getResource(path);
        if (imgURL != null) {
            return new ImageIcon(imgURL);
        } else {
            System.err.println("Couldn't find file: " + path);
            return null;
        }
    }
    /**
     * 创建图形界面
     */
    private static void createAndShowGUI() {
        //创建窗体
        JFrame frame = new JFrame("FileChooserDemo");
        frame.setDefaultCloseOperation(JFrame.EXIT_ON_CLOSE);
        //将 Example9_11 中的 panel 容器添加到窗口中
        frame.add(new Example9_11());
        //显示窗体
        frame.pack();
        frame.setVisible(true);
    }
    public static void main(String[] args) {
        SwingUtilities.invokeLater(new Runnable() {
            public void run() {
                UIManager.put("swing.boldMetal", Boolean.FALSE);
                createAndShowGUI();
            }
```

```
            }); //加粗部分是线程的匿名实例对象
        }
    }
```

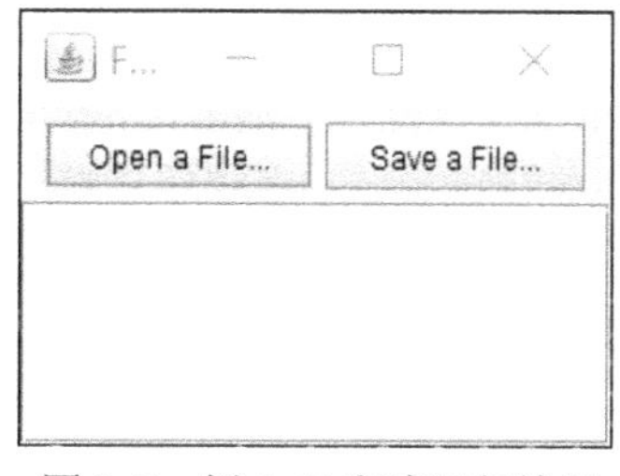

图 9-8　例 9-11 程序运行结果

程序运行结果如图 9-8 所示。

单击“Open a File”按钮后，打开如图 9-9 所示的对话框；单击“Save a File”按钮，则打开如图 9-10 所示的对话框。

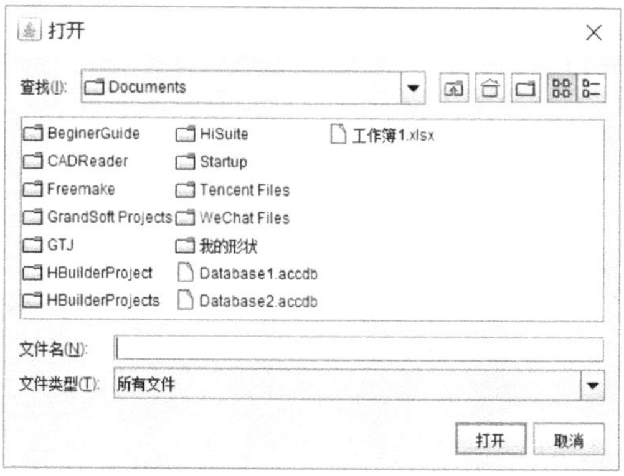

图 9-9　单击“打开”按钮

图 9-10　单击“保存”按钮

任务实施

编程实现一个常见的注册对话框。在注册对话框中要求输入姓名、性别、密码等。

实现注册功能，需要先定义一个窗口 JFrame 作顶级容器，在顶级容器中再添加三个 JPanel 中间容器。一个 JPanel 命名为 desk，作为顶级容器的第一级子容器；其他两个 JPanel，作为添加到第一级子容器中的子容器（即这两个 JPanel 是 JFrame 顶级容器的孙容器）：一个 JPanel 命名为 header，一个命名为 body。

按前所述，将 desk 容器添加到 JFrame 容器中，header 和 body 容器添加到 desk 容器中，header 容器中添加一个 JLabel，作为标题。body 容器中添加几组标签和输入框，分别用于输入姓名、性别、口令等信息。

项目具体实现过程如下。

先创建主类 Task901，在主类中创建 JFrame 对象，并根据要求设置相关 JFrame 属性。再向 JFrame 添加三个名称分别为 desk、header 和 body 的 JPanel 对象。将 desk 直接添加到 JFrame 容器中，header 和 body 添加到 desk 容器中；在 header 中添加 JLabel 对象，设置显示文本为“注册窗口”；body 中按以下次序添加组件：添加“姓名”标签、添加接收输入内容的文本框、添加“性别”标签、添加“男”“女”两个单选按钮、添加“密码”标签、添加接收输入内容的文本框、添加“注册”“取消”两个按钮。代码如下所示。

```
import java.awt.Color;
import javax.swing.*;
import java.awt.Font;
public class Task901 {
    public static void main(String[] args) {
        //创建顶级容器----窗口，设置窗口的显示大小、默认关闭操作、显示属性
```

```
        JFrame myWin=new JFrame("注册窗口");
        myWin.setSize(900,400);
        myWin.setDefaultCloseOperation(JFrame.EXIT_ON_CLOSE);//设置窗口默认关闭操作
        myWin.setVisible(true);
        //创建三个中间容器，将这两个中间容器添加到顶级容器中
        JPanel desk=new JPanel();
        JPanel header=new JPanel();
        JPanel body=new JPanel();
        header.setBackground(Color.yellow);
        body.setBackground(Color.PINK);
        myWin.add(desk);
        desk.add(header);
        desk.add(body);
        //向 header 容器中添加标签实例
        JLabel jlHeader=new JLabel("注册",JLabel.CENTER);
        Font font=new Font("楷体",Font.BOLD+Font.PLAIN,35);//设置字体格式对象
        jlHeader.setFont(font);
        header.add(jlHeader);
        //向 body 容器中添加相应组件
        body.add(new JLabel("姓名："));
        body.add(new JTextField(20));
        body.add(new JLabel("性别："));
        JRadioButton sexMan=new JRadioButton("男",true);
        JRadioButton sexWoman=new JRadioButton("女");
        ButtonGroup sexButtonGroup=new ButtonGroup();
        sexButtonGroup.add(sexMan);
        sexButtonGroup.add(sexWoman);
        body.add(sexMan);
        body.add(sexWoman);
        body.add(new JLabel("密码："));
        body.add(new JPasswordField(20));
        body.add(new JButton("提交"));
        body.add(new JButton("取消"));
    }
}
```

任务演练

【任务描述】

编写一个简单的计算器，要求有用于接收输入和显示的文本框、0～9 数字按钮及“+”“-”“*”“/”“=”5 个按钮。

【任务目的】

1）掌握容器的定义与应用。

2）掌握定义普通组件并将其添加到容器中的方法。

【任务内容】

创建主类，顶级容器使用 JFrame，三个中间容器使用 JPanel，一个 JPanel 直接添加到

JFrame 中，一个 JPanel 用于放置显示结果的文本框；另一个 JPanel 用于放置所有按钮。

具体步骤如下。

1）启动 Eclipse，创建 Java 项目，项目名称设为“项目实训 9_1”。

2）创建类 Project901，在类中引用 javax.swing.*。

3）在 Project901 类的 main()方法中，创建一个 JFrame 实例，并设置其大小与标题；再创建三个 JPanel（一个名叫 deskPanel，一个名叫 headPanel，另一个名叫 bodyPanel），然后将后两个 JPanel 分别添加到 deskPanel 容器中，再将 deskPanel 添加到 JFrame 顶级容器中；在 headPanel 中添加一个 JTextField 组件；在 bodyPanel 中添加数字及其他 5 个按钮。

任务 9.2 布局管理器

任务 9.1 顺利实现了在屏幕上绘制窗口的操作，但从显示效果看，算不上成功。如果把一个窗口看作一个房间的话，窗口内的各个可视化组件对象就好比房间内的家具。如何在一个“房间”内按自己的意愿摆放各个“家具”的位置呢？下面学习如何让图形界面中的组件按设计者的想法摆放到合适的位置上，即“布局管理”的使用。

9-5 布局管理器的概念

知识储备

9.2.1 布局管理器的概念与分类

可能有的读者注意到一个现象，当用户界面的窗口大小变化时，窗口内组件的位置也随之变化。在 Java 中，组件的位置由谁来管理呢？答案是布局管理器（LayoutManager），它负责安排容器内组件的位置。

在 Java 中主要有 5 种基本布局管理器：FlowLayout、BorderLayout、GridLayout、CardLayout、GridBagLayout。这里详细介绍 FlowLayout、BorderLayout、GridLayout、和 GridBagLayout 4 种布局管理的应用。

9.2.2 FlowLayout

FlowLayout 称为流式布局管理器，其作用是对加入到容器中的组件，按添加先后次序从左至右、从上至下逐行定位。每当一行组件填满时，系统会将新增组件添加到下一行。流式布局管理器不限制它所管理组件的大小，而是允许它们有自己的最佳大小。

流式布局管理器的构造方法如下。

- FlowLayout()：默认构造方法。
- FlowLayout(int align)：设置组件的排列方法。
- FlowLayout(int align,int hgap,int vgap)：设置组件的排列方式与间隔。

其中，align 表示组件的排列方式，可以取值 FlowLayout.LEFT、FlowLayout.RIGHT、FlowLayout.CENTER，分别表示按居左、居右、居中方式排列组件；hgap 表示两个组件左右间隔的像素数；vgap 表示两个组件之间上下间隔的像素数。未指明的情况下，流式布局管理器按居中之间排列组件，组件左右、上下间隔为 5 像素。

9-6 FlowLayout

为容器设置流式布局管理器的步骤如下所示。

● 创建布局管理对象。

● 通过 setLayout 方法将布局管理器加入到容器中。

例如：

```
FlowLayout myLayoutManeger=new FlowLayout();     //创建布局管理器
Panel myDesk=new Panel();                          //创建容器
myDesk.setLayout(myLayoutManeger)               //将布局管理器添加到容器对象
```

【例 9-12】 流式布局管理器的应用。

```
import java.awt.*;
import javax.swing.*;
import java.awt.event.*;
class Example9_12
{
    public static void main(String args[])
    {   JFrame window=new JFrame("我的窗口");
        window.setSize(200,200);
        window.setVisible(true);
        JPanel desk=new JPanel();
        window.add(desk);
        //创建一些组件
        JButton b1=new  JButton("打开");
        JButton b2=new  JButton("关闭");
        JButton b3=new  JButton("退出");
        JButton b4=new  JButton("修改");

        //创建流式布局管理器
        FlowLayout mylayout=new FlowLayout(FlowLayout.LEFT,10,20);
        //设置面板的布局管理
        desk.setLayout(mylayout);
        //向面板中加入组件
        desk.add(b1);
        desk.add(b2);
        desk.add(b3);
        desk.add(b4);
        //为窗口设置监听器
        window.addWindowListener(new WindowAdapter()
        {   public void windowClosing(WindowEvent e)
                { System.exit(1); }
            });
    }
}
```

9.2.3 BorderLayout

BorderLayout 被称为边界布局管理器。边界布局管理器将容器平面划分成五个区域：东、南、西、北、中。Dialog 和 JFrame 实例对象的默认布局管理器是 BorderLayout。

边界布局管理器的构造方法如下。

● BorderLayout()：默认构造方法。

● BorderLayout(int hgap,int vgap)：设置组件的间隔。

其中，参数 hgap 表示两个组件之间左右间隔的像素数，参数 vgap 表示两个组件之间上下间隔的像素数。

为容器设置边界布局管理器的步骤如下。

● 创建布局管理对象。
● 通过 setLayout 方法将布局管理器加入到容器中。
● 通过调用 add(方位,组件)方法，将组件放置到指定位置。

9-7 BorderLayout

其中，“方位”指的是 North、South、East、West 和 Center，分别表示北、南、东、西、中，代表上、下、右、左、中五个方位。

【例 9-13】 边界布局管理器的应用。

```
import java.awt.*;
import javax.swing.*;
import java.awt.event.*;
public class Example9_13
{
    public static void main(String args[])
    {   JFrame window=new JFrame("我的窗口");
        window.setSize(200,200);
        window.setVisible(true);
        Panel desk=new Panel();
        window.add(desk);
        //创建一些组件
        JButton b1=new JButton("东");
        JButton b2=new JButton("南");
        JButton b3=new JButton("西");
        JButton b4=new JButton("北");
        JButton b5=new JButton("中");
        BorderLayout mylayout=new BorderLayout(10,10); //创建边界布局管理器
        desk.setLayout(mylayout); //设置面板的布局管理
        //向面板中加入组件
        desk.add("East",b1);
        desk.add("South",b2);
        desk.add("West",b3);
        desk.add("North",b4);
        desk.add("Center",b5);

        window.addWindowListener(new WindowAdapter()//为窗口设置监听器
        {   public void windowClosing(WindowEvent e)
            { System.exit(1); }
        });
    }
}
```

9-8 GridLayout

9.2.4 GridLayout

GridLayout 被称为网格布局管理器。网格布局管理器将容器平面空间按行和列划分成若干个“单元格”。容器中添加的组件按加入的先后次序从左至右、从上至下依次填充到相应

的“单元格”中。比如，由语句 new GridLayout(3,2)创建的布局能产生 3 行 2 列共 6 个单元格。

网格布局管理器会忽略组件的最佳大小。所有单元格的宽度相同，是根据列数对可用宽度进行平分而定的。所有单元的高度也相同，是根据行数对可用高度进行平分而定的。

网格布局管理器的构造方法如下。

- GridLayout()：默认构造方法。
- GridLayout(int rows,int cols)：设置网格的行数和列数
- GridLayout(int rows,int cols, int hgap,int vgap)：设置网格的行数、列数及间隔。

其中，rows 表示网格的行数，cols 表示网格的列数，hgap 表示水平网格间隔，vgap 表示竖直网格间隔。

当设置某容器为网格布局管理器后，容器内的组件按加入的顺序从左至右、从上至下填充网格的单元格。

为容器设置网格布局管理器的步骤如下。

- 创建容器对象。
- 创建网格布局管理器。
- 将布局管理器添加到容器对象中。

下面以将数字按钮添加到 Panel 容器为例，设置容器、创建布局管理器、添加按钮过程的部分核心代码如下。

```
JFrame myWin=new JFrame("网格布局管理器窗口"); //创建窗口容器对象
myWin.setSize(400,300);                      //设置窗口容器的大小
myWin.setDefaultCloseOperation(JFrame.EXIT_ON_CLOSE);//设置窗口对象默认关
闭事件
myWin.setVisible(true);                      //设置窗体显示属性

JPanel panel=new JPanel();                 //设置 panel 容器对象
myWin.add(panel);                        //将 panel 容器添加到窗口中

GridLayout gl=new GridLayout(3,3,5,5);       //设置网格布局管理器
panel.setLayout(gl);                       //将 panel 容器设置为网格布局

String s="123456789";
for (int index=0;index<9;index++)       //通过循环将按钮依次添加到 panel 容器中
{
  panel.add(new JButton(String.valueOf(s.charAt(index))));
}
```

9.2.5 自定义布局

GridBagLayout 被称为自定义布局管理器或网格布袋布局管理器，是 AWT 提供的最灵活、最复杂的布局管理器。它在形式上与网格布局管理器类似，但与网格布局管理器不同的是，在 GridBagLayout 布局中，允许一个组件占用多个相邻的“网格”，类似于表格中将多个单元格合并成一个单元格。

如图 9-11 所示，如果将显示窗口划分 5×4 个单元格，现在需要将两个按钮、一个多行文本框、一个单行文本框、一个列表框按其设计尺寸大小添加到窗口的对应的位置上，可以看出每个可视化对象占用一个或多个的单元格。

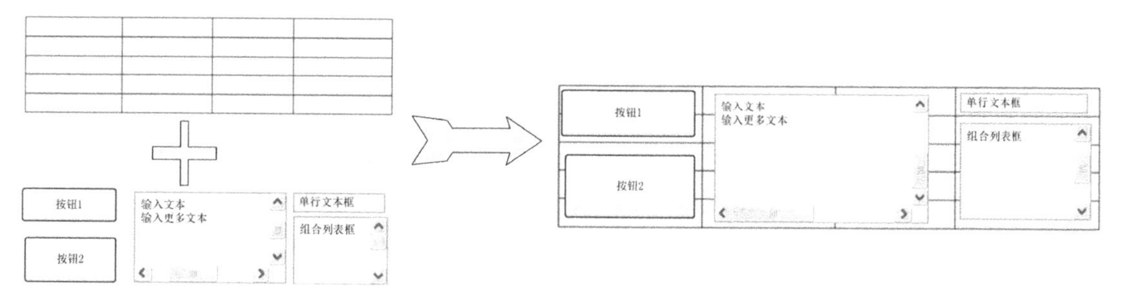

图 9-11 网格布袋管理器设计过程示意图

为实现如图 9-11 所示的布局设置，需要 GridBagLayout 和 GridBagConstraints 配合使用。GridBagLayout 是用于设置容器的布局管理器，而 GridBagConstraints 用于对加入到容器中的对象在显示的位置和大小上进行设置，从而使可视组件对象，如按钮、文本框等，定位到相应的窗口位置上。

GridBagLayout 类只有一个不带任何参数构造方法，要使用 GridBagLayout 布局，就必须用 setConstraints(Componet com,GridBagConstraints con)方法，将可视组件对象（如按钮、文本框等）和 GridBagConstraints 关联起来。当 GridBagLayout 布局与无参数的 GridBag Constraints 关联时，就相当于 GridLayout 了。

多数情况下，GridBagConstraints 实例对象会对其关联的可视化组件，如按钮、文本框等，在显示位置、外观大小等方面进行设置。创建 GridBagConstraints 较全的参数构造方法大致如下。

```
GridBagConstraints con=new GridBagConstraints(intgridx,intgridy,
                                              Int gridwidth,int gridheight,
                                              double weightx,double weighty,
                                              int anchor,int fill,
                                              Insets insets, int ipadx,int ipady);
```

下面对 GridBagConstraints 构造器中常用的参数说明如下。

1．gridwidth 与 gridheight

gridwidth 和 gridheight 分别用于指定加入的组件所占用的单元格的行数和列数。按缺省方式，组件的大小等于它显示区域的大小，但可以修改这两个属性来扩大显示区域，这些属性的缺省值为 1。特别注意：如果显示区域变大了，组件不会变大。

2．gridx 和 gridy

gridx 和 gridy 用于指定将组件放置在长方形网格的第几行第几列，类似于组件的坐标，只是这个坐标是以单元格来定位的。长方形网格中最左侧列的单元格的 gridx=0，最高顶部行的单元格的 gridy=0。

3．anchor

当组件大小小于其显示区域大小时，使用 anchor 属性确定组件在显示区域中的具体方位，有东、南、西、北、中、东南、西北、东北、西南 9 个方位。其有效值为：GridBagConstraints.EAST、GridBagConstraints.SOUTH、GridBagConstraints.WEST、GridBagConstraints.NORTH、GridBagConstraints.CENTER、GridBagConstraints.SOUTHEAST、GridBagConstraints.NORTHWEST、GridBagConstraints. NORTHEAST、GridBagConstraints. NORTHWEST。其中，默认值为 GridBagConstraints.CENTER（居中）。

4．fill

当组件大小小于它的显示区域大小时，用 fill 属性确定是否在它的显示区域内重新安排组件的显示方式。其有效值如下。

- GridBagConstraints.NONE：缺省，不作任何改变。
- GridBagConstraints.HORIZONTAL：水平扩张，占满水平方向区域。
- GridBagConstraints.VERTICAL：垂直扩张，占满垂直方向区域。
- GridBagConstraints.BOTH：占满所有区域。

5．weightx 和 weighty

这两个属性确定组件以水平宽度（weightx）或垂直高度（weighty）填入显示区，两者的默认值都为 0。

设置网格布袋布局管理器的步骤如下。

1）先设计出界面的草图，确定图中组件的所有属性值。

2）创建 GirdBagLayout 对象。

3）创建 GirdBagConstraints 对象。

4）创建要加入的组件。

5）设置布局属性。

6）利用“布局名.setConstraints(组件名, GirdBagConstraints 对象)”格式，将组件加入到网格中。

7）通过 add 方法将组件加入到容器中。

8）重复第 4)～7）步，直到所有组件加入到容器中为止。

6．ipadx 和 ipady

ipadx 和 ipady 属性用于设置组件间隔，其中，ipadx 用于设置水平组件之间间隔的长度，ipady 用于设置垂直组件之间间隔的长度。

7．insets

insets 属性用于设置组件之间的间隔。它有 4 个参数，分别设置组件与其上、左、下、右 4 个相邻组件之间的距离。

【例 9-14】 网格布袋布局管理器应用。

```
import java.awt.*;
import javax.swing.*;
import java.awt.event.*;
class Example9_14
{    //定义对象变量
     JFrame window;
     JPanel panelobject;
     GridBagLayout layoutObject;
     GridBagConstraints con;
     JButton b1;
     JButton b2;
     JButton b3;
     JTextField tf;
     JTextArea  ta;
     JLabel l;
     public Example9_14 ()
     {    //创建窗口对象实例并设置大小、可见性与监听
```

```
window=new JFrame("测试网格布袋布局");
window.setSize(300,300);
window.setVisible(true);
window.addWindowListener(new WindowAdapter()
{   public void windowClosing(WindowEvent e)
     {   System.exit(0);}
});
//创建其他对象
panelobject=new JPanel();
b1=new JButton("按钮 1");
b2=new JButton("按钮 2");
b3=new JButton("按钮 3");
tf=new JTextField("这是一个测试布袋网格布局");
ta=new JTextArea("这是一个测试布袋网格布局",10,5);
l=new JLabel("我是标签");
//为突出显示，设置标签的前后背景色
l.setBackground(Color.BLUE);
l.setForeground(Color.white);
//创建布局
layoutObject=new GridBagLayout();
//创建 GirdBagConstraints 对象
con=new GridBagConstraints();
//将面板加入到窗口中，并设置面板的布局
window.add(panelobject);
panelobject.setLayout(layoutObject);
//定义属性并将组件加入到相应的空间
//加入第一个组件
con.gridx=0;
con.gridy=0;
con.anchor=GridBagConstraints.EAST;
con.fill=GridBagConstraints.BOTH;
con.gridwidth=20;
con.gridheight=1;//定义属性值
layoutObject.setConstraints(b1,con);//设置布局属性
panelobject.add(b1);//将组件加入到容器
//后面均按上面的模块进行设置、添加操作
con.gridx=0;
con.gridy=1;
con.anchor=GridBagConstraints.SOUTHEAST;
con.fill=GridBagConstraints.BOTH;
con.gridwidth=10;
con.gridheight=1;
layoutObject.setConstraints(b2,con);
panelobject.add(b2);
con.gridx=10;
con.gridy=1;
con.anchor=GridBagConstraints.SOUTH;
con.fill=GridBagConstraints.HORIZONTAL;
con.gridwidth=10;
con.gridheight=1;
layoutObject.setConstraints(b3,con);
panelobject.add(b3);
con.gridx=0;
con.gridy=2;
con.anchor=GridBagConstraints.NORTHEAST;
```

```
            con.fill=GridBagConstraints.BOTH;
            con.gridwidth=15;
            con.gridheight=10;
            layoutObject.setConstraints(ta,con);
            panelobject.add(ta);
            con.gridx=15;
            con.gridy=2;
            con.anchor=GridBagConstraints.NORTHEAST;
            con.fill=GridBagConstraints.BOTH;
            con.gridwidth=5;
            con.gridheight=5;
            layoutObject.setConstraints(l,con);
            panelobject.add(l);
            con.gridx=15;
            con.gridy=7;
            con.anchor=GridBagConstraints.NORTHEAST;
            con.fill=GridBagConstraints.BOTH;
            con.gridwidth=5;
            con.gridheight=5;
            layoutObject.setConstraints(tf,con);
            panelobject.add(tf);
        }
        public static void main(String args[])
        {    new Gridbaglayouttest(); }    //创建一个类的匿名对象
    }
```

程序运行结果图 9-12 所示。

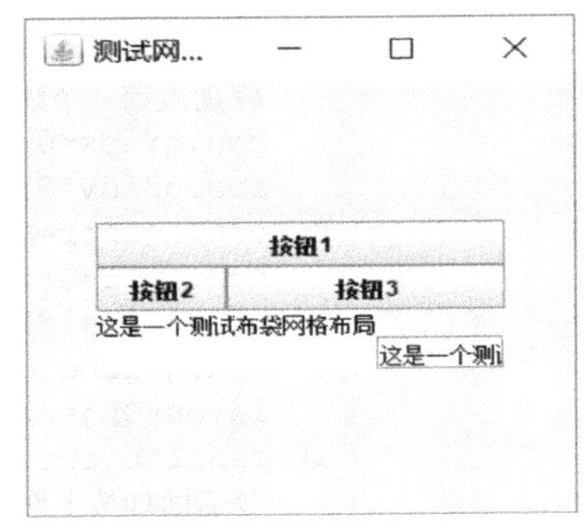

图 9-12　例 9-14 程序运行效果

任务实施

在任务 9.1 的任务实施阶段，项目组件的放置位置需要通过布局管理器进行重新布置，本次任务即是对加入到容器中的组件进行布局管理。为确保注册页面的整齐，此处使用网格布局管理器对整体图形界面进行设置。

创建一个主类 Task902，对 desk 设置为边界布局管理器，将 header 容器设置为北边，body 容器设置为居中。body 容器设置为 4×2 的网格布局管理器，在存放性别的单元格中再添加一个 JPanel 容器，将两个性别单选按钮添加到此 JPanel 中。代码如下（加粗部分代码是新增或有改动）。

```
import java.awt.Color;
import javax.swing.*;
import java.awt.*;
public class Task902 {
    public static void main(String[] args) {
        //创建顶级容器----窗口，设置窗口的显示大小、默认关闭操作、显示属性
        JFrame myWin=new JFrame("注册窗口");
        myWin.setSize(300,500);
        myWin.setDefaultCloseOperation(JFrame.EXIT_ON_CLOSE);//设置窗体默认关闭操作
        myWin.setVisible(true);
        //创建三个中间容器，将这两个中间容器添加到顶级容器中
        JPanel desk=new JPanel();
```

```
            JPanel header=new JPanel();
            JPanel body=new JPanel();
            header.setBackground(Color.yellow);
            myWin.add(desk);
            //设置desk为边界布局管理器
            desk.setLayout(new BorderLayout());
            desk.add(header,BorderLayout.NORTH);
            desk.add(body,BorderLayout.CENTER);
            //向header容器添加标签实例
            JLabel jlHeader=new JLabel("注册",JLabel.CENTER);
            Font font=new Font("楷体",Font.BOLD+Font.PLAIN,35);//设置字体格式对象
            jlHeader.setFont(font);
            header.add(jlHeader);
            //设置body为网格布局管理器
            body.setLayout(new GridLayout(4,2));
            //向body容器中添加相应组件
            body.add(new JLabel("姓名: "));
            body.add(new JTextField(20));
            body.add(new JLabel("性别: "));
            JRadioButton sexMan=new JRadioButton("男",true);
            JRadioButton sexWoman=new JRadioButton("女");
            ButtonGroup sexButtonGroup=new ButtonGroup();
            sexButtonGroup.add(sexMan);
            sexButtonGroup.add(sexWoman);
            //创建一个存放性别单选按钮的容器
            JPanel sexPanel=new JPanel();
            sexPanel.add(sexMan);
            sexPanel.add(sexWoman);
            body.add(sexPanel);
            body.add(new JLabel("密码: "));
            body.add(new JPasswordField(20));
            body.add(new JButton("提交"));
            body.add(new JButton("取消"));
        }
    }
```

任务演练

【任务描述】

在“项目实训 9_1”基础之上，实现布局管理，完善计算器的界面设置。

【任务目的】

1）掌握基础布局管理器。

2）掌握布局管理器的选择与使用。

【任务内容】

在任务 9.1 的“项目实训 9-1”基础之上，利用布局管理器完善计算器界面的设置。deskPanel 容器设置为边界布局管理器，将 headPanel 添加到 deskPanel 的北边位置，bodyPanel 添加到 deskPanel 的中心位置。BodyPanel 布局设置成 4×4 网格布局管理器。

具体步骤如下。

1）启动 Eclipse，创建 Java 项目，项目名称设为“项目实训 9_2”。

2）创建主类 Project902。

3）将“项目实训 9_1”中的主方法代码和引用代码复制到“项目实训 9_2”中。

4）对 deskPanel、headPanel、bodyPanel 添加相应的布局管理器。

任务 9.3　事件处理机制

经过前面的学习，读者现在已经有能力创建一个简单的窗口程序了，但图形界面中的各个可视化组件还无法响应用户的操作，比如鼠标单击操作。本任务学习如何使可视化组件响应用户的操作。

知识储备

9.3.1　事件处理概述

在 Java 中，事件（Event）是实现可视化组件（简称组件）响应用户操作的类。如图 9-13 所示，通过编写程序对某个组件进行监听，一旦这个组件被执行单击、移动等操作，程序就会自动产生一个事件类实例并传递给处理监听程序。

事件监听是一种事件的授权处理模型（Delegation Model），如图 9-14 所示，组件通过调用 add×××Listener 方法向组件注册事件监听器（注：add×××Listener 中的×××代表一种事件，在程序处理中有很多种事件，比如监控键盘操作的键盘事件、监控鼠标的的鼠标事件等，这里为统一描述，暂用×××代替具体事件名）。一个组件可以注册多个事件监听器，如果组件触发了相应类型的事件，此事件被传送给已注册的事件监听器。

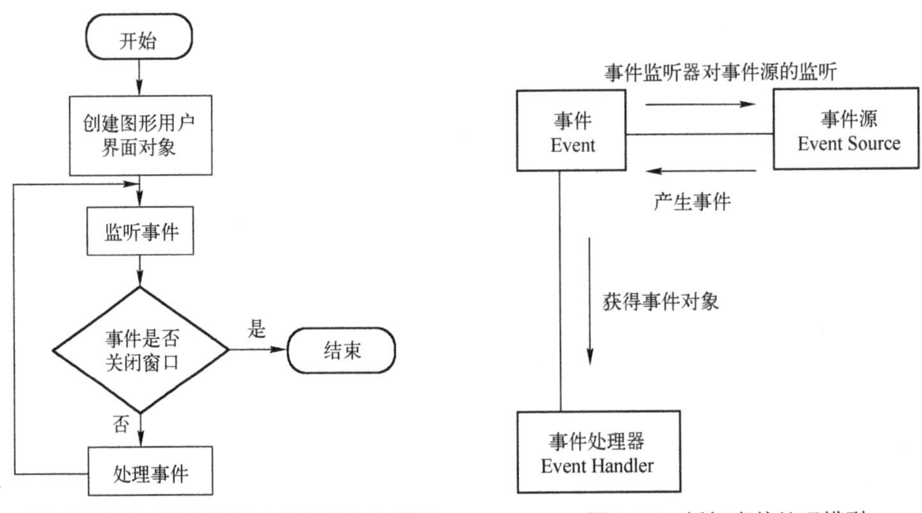

图 9-13　图形用户界面的事件驱动程序的生命周期　　图 9-14　授权事件处理模型

图 9-14 中，此模型主要包括以下三种对象。

- Event：事件，发生在图形用户界面上的用户交互行为所产生的一种结果。
- Event Source：事件源，产生事件的对象。
- Event handler：事件处理器，接收事件对象并对其进行处理的方法。

9-9　事件的概念

基于继承的事件模型中，无论组件对事件是否感兴趣，事件都会以广播的形式传送给每一个组件。而这些广播出来的事件，只有注册了相应事件监听器的事件源，才会启动调用相应的方法去响应事件。比如在按钮（JButton）对象上注册一个鼠标光标从按钮上“滑过”的事件。当鼠标光标真的从按钮上滑过时，按钮就会及时“感知”这一事件，从而导致按钮调用响应鼠标事件的相关代码——事件的相关方法（具体实现请参见 9.3.3 节内容）。

事件授权模型把事件的处理委托给外部的处理实体进行处理，实现了将事件源和事件监听器分开的机制，其中实现了 Listener 接口的对象可作为事件监听器，事件发生后，组件通知已注册的所有事件监听器，事件监听器再调用相应的处理方法进行响应。

事件授权模型实现了将事件源对象和事件处理器（即事件监听器）分开处理的功能。一个组件上可以注册某一类型的多个事件监听器，当事件发生后，事件被传送给已注册的事件监听器的顺序是不确定的，在不同的平台上，并不是按照监听添加顺序来传递的。

9.3.2 事件分类

与 AWT 有关的所有事件类都由 java.awt.AWTEvent 类派生而来，同时它也是 java.util.EventObject 类的子类。java.util.EventObject 是所有事件对象的基类。EventObject 类继承自 java.lang.Object 类。它提供了一个瞬时成员变量 source，getSource()、toString()两个方法，以及带一个 Object 类参数的构造方法。一个事件源和一个事件相联系，可通过 getSource()获得。

AWT 事件共有 10 类，其继承关系如图 9-15 所示。

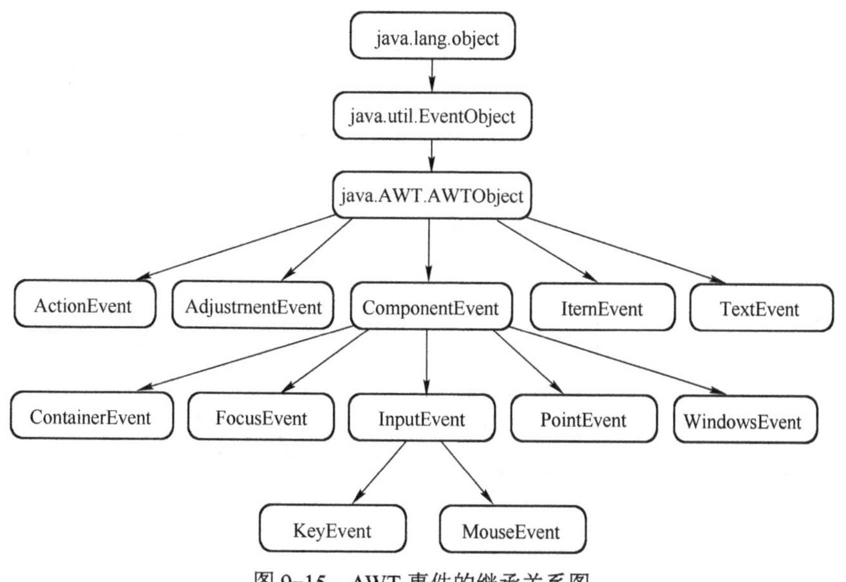

图 9-15　AWT 事件的继承关系图

9.3.3 事件源与事件监听器

9-10　事件源与事件监听器

1. 用事件源与事件接口实现事件监听

使用事件源与事件接口实现事件监听的步骤大致如下。

1）组件作为事件源，用于产生事件，不同类型的组件会产生不同类型的事件。

2）对于某种类型的事件×××Event，要想接收并处理这类事件，必须定义和注册相应的事件监听器类，通过调用 add×××Listener 方法向组件注册事件监听器。其中，×××代表一个监听器的名称。

3）实现特定事件接口的类的实例对象，可作为事件监听器对象。

4）事件源通过实例化事件类型触发并产生事件，事件产生后，事件将传送给已注册的一个或多个事件监听器。

5）事件监听器负责实现相应的事件处理方法。

在 Java 的 AWT 中要对事件进行处理，必须引入 java.awt.event 包下的类文件，如：

```
import java.awt.event.*;
```

表示导入所有 AWT 事件及其相应的监听器接口。表 9-14 列出了 AWT 所有事件监听器接口及适配器。

表 9-14　AWT 事件监听器接口及适配器一览表

事件类型	接口名	适配器名	方法
窗口	WindowListener	WindowAdapter	void windowClosing(WindowEvent e)
			void windowOpened(WindowEvent e)
			void windowActivated(WindowEvent e)
			void windowDeactivated(WindowEvent e)
			void windowClosed(WindowEvent e)
			void windowIconified(WindowEvent e)
			void windowDeiconified(WindowEvent e)
动作	ActionListener		void actionPerformed(ActionEvent e)
项目	ItemListener		void ItemStateChanged(ItemEvent e)
鼠标移动	MouseMotionListener	MouseMotionAdapter	void mouseDragged(MouseEvent e)
			void mouseMoved(MouseEvent e)
鼠标按钮	MouseListener	MouseAdapter	void mousePressed(MouseEvent e)
			void mouseReleased(MouseEvent e)
鼠标按钮	MouseListener	MouseAdapter	void mouseEntered(MouseEvent e)
			void mouseExited(MouseEvent e)
			void mouseClicked(MouseEvent e)
键盘	KeyListener	KeyAdapter	void keyPressed(KeyEvent e)
			void keyReleased(KeyEvent e)
			void keyTyped(KeyEvent e)
聚集	FocusListener		void focusGained(FocusEvent e)
			void focusLost(FocusEvent e)
组件	ComponentListener	ComponentAdapter	void componentMoved(ComponentEvent e)
			void componentResized(ComponentEvent e)
			void componentHidden(ComponentEvent e)
			void componentShown(ComponentEvent e)
滚动条移动	AdjustementEvent		void adjustementValueChanged (AdjustementEvent e)
容器组件增减	ContainerEvent	ContainerListener	void componentAdded(ContainerEvent e)
			void componentRemoved(ContainerEvent e)
文本编辑	TextListener		void textValueChanged(TextEvent e)

【例 9-15】 为窗口添加 WindowListener。

```
import java.awt.*;//包含 AWT 组件类
import javax.swing.*;
import java.awt.event.*;//包含事件监听器类
//定义继承 WindowListener 的类 TestEvent
class Example9_15 implements WindowListener
{
    JFrame myFrame;//定义窗口框架
    public Example9_15 ()//构造方法,设置窗口的大小与可见性
    {
        myFrame=new JFrame("测试窗口监听器");
        myFrame.setSize(200,200);
        myFrame.setVisible(true);
        //为窗口注册 WindowListener 监听器
        myFrame.addWindowListener(this);
    }
    public static void main(String args[])
    {
    Example9_15  myWindow=new Example9_15 ();}//创建窗体
    //实现 WindowListener 接口中的方法
    public void windowActivated(WindowEvent e)  {    }
    public void windowClosed(WindowEvent e) {    }
    public void windowClosing(WindowEvent e)
    {    System.exit(1); }//为相应方法编写功能代码
    public void windowDeactivated(WindowEvent e)    {    }
    public void windowDeiconified(WindowEvent e)    {    }
    public void windowIconified(WindowEvent e)  {    }
    public void windowOpened(WindowEvent e) {    }
}
```

当程序运行时，单击窗口的右上角的“关闭”按钮，窗口响应关闭操作。

【例 9-16】 用内部类实现事件处理。在例 9-15 的基础上，定义一个按钮监听内部类，实现对按钮动作的监听。即当单击相应按钮时，在标签中显示单击的按钮名称信息。

```
import java.awt.*;//导入 AWT 组件类
import javax.swing.*;
import java.awt.event.*;//导入事件监听器类
//定义继承 WindowListener 的类 TestEvent
class Example9_16 implements WindowListener
{   JFrame myFrame;//定义窗口
    JButton b1;//定义三个按钮
    JButton b2;
    JButton b3;
    JPanel p;//定义面板
    JLabel L;//定义标签
    public Example9_16 ()
    {    //创建窗口，并设置窗口大小、可见性
         myFrame=new JFrame("测试窗口监听器");
         myFrame.setSize(200,200);
         myFrame.setVisible(true);
```

```
        p=new JPanel();//创建面板对象
        //创建三个按钮对象
        b1=new JButton("按钮 1");
        b2=new JButton("按钮 2");
        b3=new JButton("按钮 3");
        L=new JLabel("未按下任何按钮"); //创建标签对象
        myFrame.add(p); //将面板加入到窗口中
        //将其他组件加入到面板中
        p.add(b1);
        p.add(b2);
        p.add(b3);
        p.add(L);
        myFrame.addWindowListener(this); //为窗口注册 WindowListener 监听器
        //为三个按钮注册事件监听器
        b1.addActionListener(new buttonListener());
        b2.addActionListener(new buttonListener());
        b3.addActionListener(new buttonListener());
    }
    public static void main(String args[])//创建窗体
    {   Example9_16  myWindow=new Example9_16 ();    }
    //实现 WindowListener 接口中的方法
    public void windowActivated(WindowEvent e){}
    public void windowClosed(WindowEvent e) {}
    public void windowClosing(WindowEvent e)
    {  System.exit(1);   }
    public void windowDeactivated(WindowEvent e) {}
    public void windowDeiconified(WindowEvent e) {}
    public void windowIconified(WindowEvent e) {}
    public void windowOpened(WindowEvent e) {}
    //定义一个 buttonListener 内部类，继承 ActionListener 接口
    class buttonListener implements ActionListener
    {
        public void actionPerformed(ActionEvent e)
        {   //获取发生事件的事件源
                Object source=e.getSource();
                if(source==b1)
                    L.setText("按下的是按钮 1");
                else if(source==b2)
                    L.setText("按下的是按钮 2");
                else if(source==b3)
                    L.setText("按下的是按钮 3");
        }
    }
}
```

在例 9-16 的 actionPerformed()方法中，getSource()方法返回发生事件的对象名。此外还可以通过调用 getActionCommand()获取发生事件源的标签，即可以将上面的 actionPerformed()方法改写成如下的代码。

```
public void actionPerformed(ActionEvent e)
```

```
{
    //获取发生事件的事件源的标签
    String command=e.getActionCommand();
    if(command.equals(“按钮1”))
     L.setText("按下的是按钮1");
    else if(command.equals(“按钮2”))
     L.setText("按下的是按钮2");
    else if(command.equals(“按钮3”))
     L.setText("按下的是按钮3");
}
```

2. 用事件适配器实现事件监听

从例 9-16 可知事件监听器为接口，所以从接口继承来的所有方法都必须重写。如在例 9-16 中，尽管只调用 windowClosed()方法，但不得不将 WindowListener 接口中的其余方法都重写一次。

为了简化，Java 语言为一些 Listener 接口提供了与监听器对应的适配器（Adapter）类，继承事件适配器类，只需要重写设计者想写的方法即可。比如例 9-16 中，若只能关闭操作响应，则只要重写 windowClosed()方法即可，如例 9-17 所示。

事件适配器请见表 9-14。

【例 9-17】 用适配器方式实现例 9-16。

```
import java.awt.*;//导入AWT组件类
import javax.swing.*;
import java.awt.event.*;//导入事件监听器类
//定义类Example9_17继承窗口的适配器
class Example9_17  extends WindowAdapter
{   JFrame myFrame;//定义窗口框架
    public Example9_17 ()//构造方法,设置窗口的大小与可见性
   {    myFrame=new JFrame("测试窗口监听器");
        myFrame.setSize(200,200);
        myFrame.setVisible(true);
        //为窗口注册WindowListener监听器
        myFrame.addWindowListener(this);
    }
     //此处只重写了方法windowClosing
     public void windowClosing(WindowEvent e)
     {   System.exit(1); }
     public static void main(String args[])//创建窗体
     {   Example9_17 myWindow=new Example9_17 ();      }
}
```

【例 9-18】 用匿名类对例 9-17 中的窗口监听代码进行改写。

```
import java.awt.*;//导入AWT组件类
import javax.swing.*;
import java.awt.event.*;//导入事件监听器类
class Example9_18
{   JFrame myFrame;//定义窗口框架
    public Example9_18 ()//构造方法,设置窗口的大小与可见性
    {    myFrame=new JFrame("测试窗口监听器");
```

```
            myFrame.setSize(200,200);
            myFrame.setVisible(true);
            //用窗口适配器
            //为窗口注册 WindowListener 监听器
            myFrame.addWindowListener(
                new WindowAdapter()
                {                    public void windowClosing(WindowEvent e)
                                     {  System.exit(1);}
                });
        }
        public static void main(String args[])//创建窗体
        {   Example9_18 myWindow=new Example9_18 ();    }
    }
```

在例 9-18 代码中，粗体部分表示：myFrame 对象调用 addWindowListener 方法的参数是一个 WindowAdapter 匿名类的对象。匿名类对象是指在定义类结构的同时为该类对象创建一个实例，而并没有定义类的名称。其格式如下。

```
new    基类名()
{   匿名类类体    }
```

3. 事件与对应的监听器类型

每种类型的组件只和特定的事件相关联，事件、产生事件的组件、事件监听器接口和适配器之间的对应关系如表 9-15 所示。

表 9-15　事件、组件、事件监听器接口和事件适配器类之间的对应

事件	组件	事件监听器接口	事件适配器类
ActionEvent	Button、List、MenuItem、TextField	ActionListener	
AdjustmentEvent	Scrollbar	AdjustmentListener	
ComponentEvent	Button、Canvas、Checkbox、Choice、Component、Container、Dialog、Frame、Label、List、Panel、Scrollbar、ScrollPane、TextArea、TextField、Window	ComponentListener	ComponentAdapter
ContainerEvent	Container、Dialog、Panel、ScrollPane、Frame、Window	ContainerListener	ContainerAdapter
FocusEvent	同 ComponentEvent	FocusListener	FocusAdapter
ItemEvent	Checkbox、Choice、List、ChechboxMenuItem	ItemListener	
KeyEvent	同 ComponentEvent	KeyListener	KeyAdapter
MouseEvent	同 ComponentEvent	MouseListener	MouseAdapter
MouseMotionEvent	同 ComponentEvent	MouseMotionListener	MouseMotionAdapter
TextEvent	TextArea、TextField	TextListener	
WindowEvent	Dialog、Frame、Window	WindowListener	WindowAdapter

任务实施

任务 9.2“任务实施”中的 Task902 已经具备简单、合理的图形用户界面，但该界面还不能接收用户的输入。本“任务实施”的任务是继续完善任务 9.2 中的“项目实训 9_2”。

创建一个主类 Task903，引用 AWT 和 Swing 下的所有类，将 Task902 中的主方法中的所有代码复制到 Task903 中，然后做以下代码的增加和修改。

1）将主类中的各容器对象、组件对象移到主方法外，声明为类的成员变量，以方便主类中的监听器内部类访问这些成员对象。

2）声明一个主类的构造器，将 Task902 中的代码复制到构造器中，并对相应代码进行调整。

3）为实现对事件操作的响应，在构造器中增加一个名为 Footer 的 JPanel 组件，并将 Footer 添加到 desk 的下方，在 Footer 中添加一个用于显示的 JLabel 组件。

4）在主类里声明继承 ActionListener 事件监听内部类，并重写 actionPerformed 方法。

5）对按钮注册事件监听。

具体代码如下。

```
import java.awt.Color;
import javax.swing.*;
import java.awt.*;
import java.awt.event.*;
public class Task903 {
    //将主方法中的组件声明改成类的成员变量
    JFrame myWin;
    JPanel desk,header,body,footer;
    JTextField txtName;
    JLabel showInfo;
    JPasswordField passwrd;
    JButton btnCancel,btnConfirm;
    JRadioButton sexMan,sexWoman;
    Task903()//定义构造器
    {  //创建顶级容器----窗口，设置窗口的显示大小、默认关闭操作、显示属性
       myWin=new JFrame("注册窗口");
       myWin.setSize(300,500);
       myWin.setDefaultCloseOperation(JFrame.EXIT_ON_CLOSE);//设置窗体默
认关闭操作
       myWin.setVisible(true);
       //创建三个中间容器，将这两个中间容器添加到顶级容器中
       desk=new JPanel();
       header=new JPanel();
       body=new JPanel();
       footer=new JPanel();
       header.setBackground(Color.yellow);
       myWin.add(desk);
       //设置 desk 边界布局管理器
       desk.setLayout(new BorderLayout());
       desk.add(header,BorderLayout.NORTH);
       desk.add(body,BorderLayout.CENTER);
       desk.add(footer,BorderLayout.SOUTH);
       //向 header 容器添加标签实例
       JLabel jlHeader=new JLabel("注册",JLabel.CENTER);
       Font font=new Font("楷体",Font.BOLD+Font.PLAIN,35);//设置字体格式对象
       jlHeader.setFont(font);
       header.add(jlHeader);
       //设置 body 布局为网格布局管理
       body.setLayout(new GridLayout(4,2));
       //向 body 容器中添加相应组件
```

```
        body.add(new JLabel("姓名："));
        txtName=new JTextField(20);
        body.add(txtName);
        body.add(new JLabel("性别："));
        sexMan=new JRadioButton("男",true);
        sexWoman=new JRadioButton("女");
        ButtonGroup sexButtonGroup=new ButtonGroup();
        sexButtonGroup.add(sexMan);
        sexButtonGroup.add(sexWoman);
        //创建一个存放性别单选按钮的容器
        JPanel sexPanel=new JPanel();
        sexPanel.add(sexMan);
        sexPanel.add(sexWoman);
        body.add(sexPanel);
        body.add(new JLabel("密码："));
        passwrd=new JPasswordField(20);
        body.add(passwrd);
        btnCancel=new JButton("取消");
        btnConfirm=new JButton("提交");
        body.add(btnConfirm);
        body.add(btnCancel);
        //对两个按钮注册事件监听
        btnCancel.addActionListener(new MyBtnEvent());
        btnConfirm.addActionListener(new MyBtnEvent());
        //将显示标签添加到 footer 里
        showInfo=new JLabel();
        showInfo.setFont(font);
        footer.add(showInfo);
    }
    public static void main(String[] args) {
        new Task903();
    }
    //声明行为事件监听内部类
    class MyBtnEvent implements ActionListener
    {
        public void actionPerformed(ActionEvent e)//重写继承的方法
        {
            Object source=e.getSource();//获取事件源对象
            if(source==btnConfirm)//如果事件源是确定按钮
            {
                String info="姓名："+txtName.getText()+"    "+"性别："+(sexMan.isSelected()?"
男":"女")+"    "+"密码："+passwrd.getText();
                showInfo.setText(info);
                //调用清除方法
                clearFunction();
            }
            else if(source==btnCancel)
            {
                clearFunction();
```

```
                showInfo.setVisible(false);
            }
        }
      //声明一个能够清除图形界面中输入内容的组件
       void clearFunction()
       {
           sexMan.setSelected(true);
           txtName.setText("");
           passwrd.setText("");
       }
   }
}
```

任务演练

【任务描述】

在任务9.2“项目实训9_2”基础之上，实现计算响应操作，完善计算器的功能代码。

【任务目的】

1）掌握事件定义与使用。

2）掌握多事件源共同注册同一个事件。

【任务内容】

在任务 9.2“项目实训 9_2”基础之上，对所有按钮进行事件监听注册。数字按钮、小数点按钮、运算符按钮被单击时，将按钮上的内容直接添加到显示控件中；等于号按钮被单击时，对文本框中的算式进行计算，并将结果显示出来。

具体步骤如下。

1）启动 Eclipse，创建 Java 项目，项目名称设为“项目实训 9_3”。

2）创建类 Project903，在类中引用 javax.swing.*、java.awt.*、java.awt.event.*。

3）在主类中声明构造器，并将“项目实训 9_2”主方法中的代码复制到构造器中。

4）将组件容器、按钮的对象声明成类成员变量，并对构造器中的相关按钮进行修改。

5）声明行为事件监听器对象，并对其中的抽象方法重写，根据不同事件源设置不同逻辑代码。

6）对所有按钮注册事件监听。

单元小结

本单元简单介绍了图形用户界面的部分组件、事件监听、布局管理器等知识。限于篇幅，无法全面展现图形用户界面的全部组件，如果需要设计更美观或功能更全面的图形用户界面，还需要继续学习菜单、状态栏、滑动栏、绘图控件等组件。

习题

1. 下列说法中错误的一项是（　　）。

   A. 组件是一个能与用户在屏幕上交互的可视化对象

B．组件能够独立显示出来

C．组件必须放在某个容器中才能正确显示

D．一个按钮可以是一个组件

2．在 Java 中进行图形用户界面设计需要用到的基本包是（　　）。

A．java.io　　B．java.sql　　C．javax.swing　　D．java.rmi

3．Container 是下列哪个类的子类？（　　）

A．Graphics　　B．Window　　C．Applet　　D．Component

4．java.awt.Frame 的父类是（　　）。

A．java.util.Window　　B．java.awt Window

C．java.awt Panel　　D．java.awt.ScrollPane

5．下列说法中错误的一项是（　　）。

A．采用 GridLayout 布局，容器中的每个组件平均分配容器空间

B．采用 GridLayout 布局，容器中的每个组件形成一个网格状的布局

C．采用 GridLayout 布局，容器中的组件按照从左到右、从上到下的顺序排列

D．采用 GridLayout 布局，容器大小改变时，每个组件不再平均分配容器空间

6．当单击或拖动鼠标时，触发的事件是（　　）。

A．KeyEvent　　B．ActionEvent　　C．ItemEvent　　D．MouseEvent

7．下列不属于 Swing 的顶层容器的是（　　）。

A．JApplet　　B．JDialog　　C．JTree　　D．Jframe

8．下列说法中错误的一项是（　　）。

A．在实际编程中，一般使用的是 Component 类的子类

B．在实际编程中，一般使用的是 Container 类的子类

C．Container 类是 Component 类的子类

D．容器中可以放置组件，但是不能够放置容器

9．下列不属于 AWT 布局管理器的是（　　）。

A．GridLayout　　B．CardLayout　　C．BorderLayout　　D．BoxLayout

10．下列说法中错误的一项是（　　）。

A．MouseAdapter 是鼠标移动适配器

B．WindowAdapter 是窗口适配器

C．ContainerAdapter 是容器适配器

D．KeyAdapter 是键盘适配器

11．布局管理器可以管理组件的（　　）属性。

A．大小　　B．颜色　　C．名称　　D．字体

12．编写 AWT 图形用户界面代码的时候，一定要用的 import 语句是（　　）。

A．import java.awt;　　B．import java.awt.*;

C．import javax.awt;　　D．import javax.swing.*;

13．若要在类中处理 ActionEvent 事件，则该类需要实现的接口是（　　）。

A．Runnable　　B．ActionListener

C．Serializable　　D．Event

14．下列不属于 java.awt 包中基本概念的一项是（　　）。

A．容器　　B．构件　　C．线程　　D．布局管理器

15．JPanel 的默认布局管理器是（　　）。

A．BorderLayout　　B．GridLayout　　C．FlowLayout　　D．CardLayout

16．下列说法中错误的是（　　）。

A．在 Windows 系统下，Frame 窗口是有标题、边框的

B．Frame 的对象实例化后，没有大小，但可以看到

C．通过调用 Frame 的 setSize()方法来设置窗口的大小

D．通过调用 Frame 的 setVisible(true)方法来设置窗口为可见

17．下列说法中错误的是（　　）。

A．同一个对象可以监听一个事件源上多个不同的事件

B．一个类可以实现多个监听器接口

C．一个类中可以同时出现事件源和事件处理者

D．一个类只能实现一个监听器接口

18．下列选项中不属于容器的一项是（　　）。

A．Window　　B．JPanel　　C．FlowLayout　　D．ScrollPane

单元 10　简单计算器设计与开发综合实例

学习目标

【知识目标】

- 图形组件的综合应用。
- 事件的综合应用。
- 事件监听。
- 布局管理器的综合应用。

【能力目标】

- 能够进行应用分析与设计。
- 能够掌握 GUI 布局综合应用。
- 能够掌握事件监听应用。

任务 10.1　程序框架设计

任务实施

1. 程序框架

因计算器功能开发相对简单，下面先建立计算器的程序框架。具体步骤如下。

1）创建一个项目，命名为 SimpleCaculateExerciseClass。

2）创建一个主类，命名为 CalculateGuiClass.java。设置此类为整个项目的主类。

3）打开主类 CalculateGuiClass.java，将图形界面开发程序包 swing 导入到主类中。

```
import  javax.swing.*;
```

4）在主类中声明 JFrame 和 JPanel 对象，将其作为成员变量。

```
private JFrame  calculateFrame;
private JPanel  mainPanel;
```

5）创建主类构造器。对于顶级容器（窗口）名称、窗口大小进行设置，如果创建主类实例时没有给出相关的参数，程序默认设置窗口及窗口标题名。

```
public CalculateGuiClass()
{
    this("简单计算器",500,350);
}
public CalculateGuiClass(String title)
{
    this(title,500,350);
```

```
    }
    public CalculateGuiClass(String title,int width,int height)
    {
        initialGUI(title,width,height);
    }
```

初始化成员变量由 initialGUI(title,width,height)方法实现。

6）编写 initialGUI(title,width,height)方法。

此方法对 JFrame、JPanel 容器进行实例化，特别是对 JFrame 的显示属性进行了设置，如窗口大小、窗口显示、窗口关闭操作等。

```
    private void initialGUI(String title,int width,int height)
    {
        //定义窗口界面：创建窗口对象，设置窗口大小及样式背景等，设置窗口关闭事件监听操作，设置窗口显示属性
        calculateFrame=new JFrame(title);
        calculateFrame.setSize(width,height);
        calculateFrame.setDefaultCloseOperation(JFrame.EXIT_ON_CLOSE);

        //添加其他组件和布局
        //中间容器对象实例化并加载到顶级容器中
        mainPanel=new JPanel();
        calculateFrame.add(mainPanel);
       //绘制窗口
       calculateFrame.setVisible(true);
    }
```

7）编写主函数，实现窗口的呈现。

```
    public static void main(String[] args)
    {
        new CalculateGuiClass();
    }
```

2．程序架构设计小结

创建顶级容器的基本步骤：定义对象→实例化对象→设置窗体大小→设置默认关闭操作→设置显示样式（主要指背景、字体等辅助类，此为可选）→设置显示属性。

创建中间容器的基本步骤：定义对象→实例化对象→设置显示样式（设置背景等）→添加到父容器中（父容器可以是顶级容器，也可以是其他中间容器）。

3．拓展作业

前面学习了面向对象的继承与派生，此单元中 JFrame 作为主类的一个成员对象，读者能否将 JFrame 作为主类的父类实现前面相同的功能呢？试试吧！

任务 10.2 计算器布局设计

任务实施

前面创建了计算器窗口的基本雏形，下面学习如何布置计算器窗口中的可视化组件。简

单计算器的操作界面如图 10-1 所示。

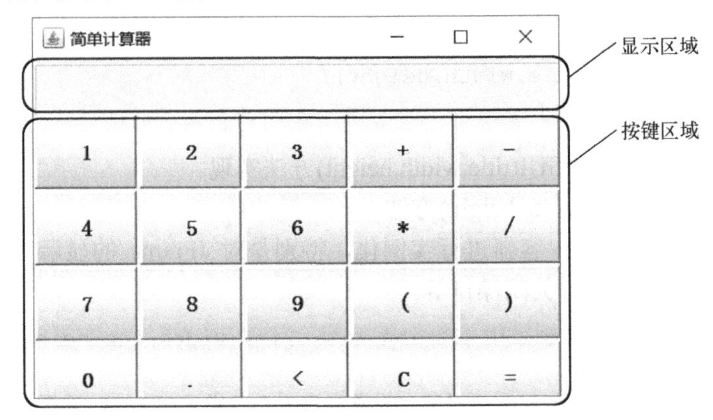

图 10-1　简单计算器的操作界面

1. 计算器布局设置

根据如图 10-1 所示的结构，将窗口中的所有可视化组件（包括窗口、中间容器等）之间的包含与被包含关系，描述成层次关系，如图 10-2 所示。根容器即 JFrame 对象，是顶层容器；除根容器外，其余的容器都是中间容器。为方便描述，将直接被根容器包含的容器称为一级容器；被一级容器所包含的容器称为二级容器。

（1）增加两个二级容器

根据如图 10-2 所示的层次结构，一级容器在前面的代码中已经定义了，现在只需要在定义一级容器处再定义两个中间容器作为二级容器，代码修改如下。

```
privateJPanelmainPanel,displayPanel,keyPanel;
```

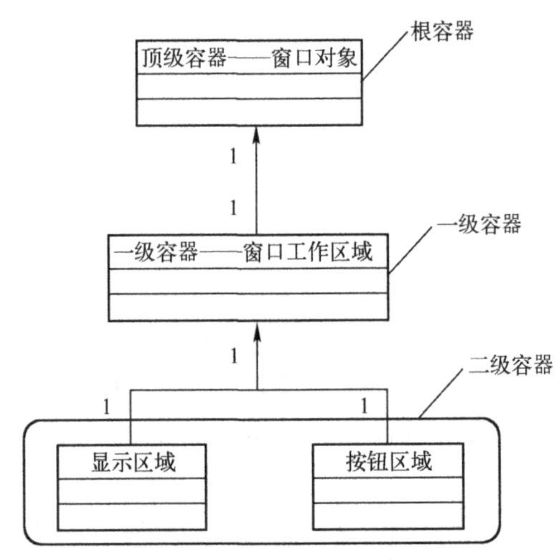

图 10-2　容器层次关系图

（2）布局设置

从图 10-2 可知，两个二级容器（即显示区域、按键区域）被加载到一级容器（mainPanel）中。如图 10-1 所示，显示区域（displayPanel）只占 mainPanel 的上面一小部分区域，按键区域（keyPanel）占 mainPanel 的大部分区域，这种布局与 BorderLayout 布局一致。

因为 JPanel 的默认布局管理器是 BorderLayout，所以对于 mainPanel 可以不用专门设置布局管理器，代码如下。

```
mainPanel.setLayout(null);
```

显示区域（displayPanel）只有一个显示内容的组件，故将此容器设置成流式布局管理器。因按键区域（keyPanel）其中的按键排列整齐，故设置此容器为网格布局管理器。

（3）布局方法。

为方便布局管理，本综合实例通过一个独立方法实现以上布局设置，代码如下。

```
private void absoluteLayout()
{
     //对窗体中的组件进行布局设置----区域块
    mainPanel=new JPanel();  //一级容器
    keyPanel=new JPanel();  //二级容器，计算器按键区域
    displayPanel=new JPanel();   //二级容器，计算器显示区域
    mainPanel.setLayout(null);
   //设置边界宽度
   int boundsWidth=15;
   int boundsHeight=30;
   displayPanel.setBounds(0,0, calculateFrame.getWidth()-boundsWidth,50);
//设置 displayPanel 的显示位置
   keyPanel.setBounds(0,displayPanel.getHeight(),calculateFrame.getWidth()-
boundsWidth,cal-culateFrame.getHeight()-displayPanel.getHeight()-boundsHeight);
//设置 keyPanel 的显示位置
   keyPanel.setLayout(new GridLayout(4,5,3,2));
   displayPanel.setLayout(new FlowLayout());
   mainPanel.add(displayPanel);
   mainPanel.add(keyPanel);
}
```

（4）布局方法调用。

在 initialGUI(title,width,height)方法的恰当位置上，调用上面的布局方法。

2．计算机器布局设计小结

根据显示结果，灵活设计中间容器，并为每个中间容器设置恰当的布局。

容器加载布局方法：通过调用容器的 setLayout 方法，将布局对象作为参数即可。

3．拓展练习

如果将 mainPanel 布局管理器设置为边界布局管理器，又该如何实现？请在布局方法代码上修改。

任务 10.3　组件设计

任务实施

前面的分析与设计只是完成了窗口的架构设置，具体的普通可视化组件，如显示输入的

文本框、数字按键等，还需要通过编程将其添加到相应的容器中才能正常显示出来。

组件应用的步骤大致为：定义组件对象→实例化组件→为组件属性赋值（样式、显示内容等）→将组件添加至容器。

1．组件添加编码

（1）显示区域添加显示组件

1）显示组件。显示组件此处用 JTextField 实现，即运算表达式或计算结果在 JTextField 对象中显示。为方便后续的操作，JTextField 对象仍设置为主类的成员对象。

```
private JTextField  calTxt;
```

2）实例化组件。为模块化设计需要，将实例化组件统一放到 initialGUI(title,width, height)方法的恰当位置。

```
calTxt=new JTextField();
```

3）设置组件样式等。为使 JTextField 对象仅作为显示组件，以及设置 JTextField 对象内的文字字体格式、字体大小，以及 JTextField 对象的宽度和字体排列格式，对 JTextField 属性设置如下。

```
calTxt.setEditable(false);
calTxt.setFont(new Font("隶书",1,30));
calTxt.setPreferredSize(new Dimension(displayPanel.getWidth()-3,60));
calTxt.setHorizontalAlignment(JTextField.RIGHT);
```

【参数说明】

- Font 类用于设置文字的字体、样式及大小。
- Dimension 类用于设置组件的宽度与高度。

4）将组件添加到对应的容器。将显示组件添加到显示区域容器中，代码如下。

```
displayPanel.add(calTxt);
```

（2）按键区域添加按钮组件

1）按钮组件。如图 10-1 所示，简单计算器中包含多个按键，这些按键此处都用按钮实现。为方便管理，本实例中将所有按钮组件均统一纳入按钮数组管理。

为方便后面代码的编写，在主类中定义一个按钮对象数组。此外，为方便以后简单计算器的扩展，比如扩展更多的功能，变成科学计算器，则在成员变量中定义一个用于确定数组数量的变量 btnNumbers，代码如下。

```
private  JButton[] keyButtons;
private  int btnNumbers=20;
```

2）实例化按钮组件。数组最大的优势是可以通过循环控制实现数组元素的自动实例化，由于按键上需要显示数字字符、功能字符等，为方便处理，此处将简单计算器中所有数字字符、功能字符设置成字符串，代码如下。

```
private  String  numberKey="1234567890";
private  String  operaterKey="+-*/().<C="
```

根据按键的排列次序，对两种字符串取字符的实现方法的代码如下。

```
for(int i=0;i<btnNumbers/5;i++)
{
    if(i<3)//创建前四行中的按钮
    {
        for(int j=0;j<3;j++)
        {   char keyName=numberKey.charAt(i*3+j);
            keyButtons[i*5+j]=new JButton(keyName+"");
        }
        for(int j=0;j<2;j++)
        {
            char keyName=operaterKey.charAt(i*2+j);
            keyButtons[i*5+j+3]=new JButton(keyName+"");
        }
    }
    else//创建最后一行的按钮
    {
        char charKeyName=numberKey.charAt(numberKey.length()-1);
        keyButtons[3*5]=new JButton(charKeyName+"");
        for(int j=1;j<5;j++)
        {
            charKeyName=operaterKey.charAt(3*2-1+j);
            keyButtons[3*5+j]=new JButton(charKeyName+"");
        }
    }
}
```

3）设置按钮样式和添加到容器。对按钮数组中的所有元素进行样式设置，如边界和字体。完成后将其直接添加到按钮容器中，代码如下。

```
for(int i=0;i<keyButtons.length;i++ )
{
    keyButtons[i].setBorder(BorderFactory.createRaisedBevelBorder());
    keyButtons[i].setFont(new Font("隶书",1,20));
    keyPanel.add(keyButtons[i]);
}
```

2. 组件设计小结

通过前面的实际操作，不论是单一组件，还是组件数组，其添加的模式基本相同，即添加组件到容器的大致步骤均是：定义组件对象→实例化对象→必要的样式设置（可选）→添加到对应容器。

3. 拓展练习

本案例采用的添加按钮数组方式比较笨拙，实际上可以将数字字符与功能字符按照最终的显示顺序，同样可以实现以上窗口样式设计，但代码要省事得多，请读者尝试更改。

任务 10.4　事件监听设计与实现

任务实施

运行以上所有任务的代码，就能够显示如图 10-1 所示的简单计算器的操作界面了。但是，无论用鼠标怎样单击其中的按钮，窗口都没有任何反应。这是因为还没有对按钮操作进行事件监听以及编写响应事件的程序代码。本任务采用 ActionListener 实现事件监听。

1．实现事件监听编程

实现事件监听大致分为如下三步。

1）创建事件源并实例化。前面添加的所有按钮均可作为事件源。

2）创建监听事件类。通过继承监听接口并重写接口中对应响应方法的代码，即事件处理代码，实现对用户操作反应的功能。

3）事件源注册监听。创建监听器对象实例，并加载到事件源上。

（1）事件监听器类定义

根据简单计算器的功能要求，仅为按键添加事件监听。本实例采用继承 ActionListener 接口实现监听器类的定义。为方便对主类中的组件成员对象的引用，此监听器类定义为主类中的内部类。

ActionListener 中的抽象方法 actionPerformed 需要重写。其定义代码结构如下。

```
private class KeyListenerClass  implements  ActionListener
{
     public void actionPerformed(ActionEvent e)
     {
        //此处添加按钮事件响应代码
     }
}
```

（2）注册监听

定义监听器类后，需要在事件源中添加此监听器对象（即注册监听），才能实现事件的监听。

在事件源中添加事件监听器的方法是 add×××Listener(×××事件监听器类的实例)。其中的×××代表事件监听类别。

将计算器按钮组中的所有元素均添加行为监听事件类 KeyListenerClass 对象，代码如下。

```
private void AddActionListenerToButtons()
{
    KeyListenerClass btnListener=new KeyListenerClass();
    for(JButton b:keyButtons)
    {
       b.addActionListener(btnListener);
    }
}
```

此方法需要在 initialGUI(title,width,height)方法中调用才能生效。

（3）编写事件处理代码

前面已经完成了事件监听的注册工作，但对按钮进行单击操作时，窗口依然没有反应。这是因为注册事件监听后，还需要编写相应的程序代码，以响应监听事件发生。

根据计算器的常规操作，当用户单击按钮时，按钮上的字符或数字会被添加到 calTxt 显示文字的尾部。比如，单击“+”按钮后，在 calTxt 显示文字的尾部增加一个“+”号。具体代码如下。

```
public void actionPerformed(ActionEvent e)
{
    //此处添加按钮事件监听
    JButton btnObj=(JButton)e.getSource();
    char inputChar=btnObj.getText().charAt(0);//获取按钮上的数字符号或运算符号
    if(inputChar!='<' && inputChar != '=' && inputChar !='C')
    {
    calTxt.setText(calTxt.getText()+inputChar);
    }
    else if(inputChar == '<')
    {
    //此处添加删除显示框中最后一个字符的功能代码
    }
    else if(inputChar == 'C')
    {
    //此处添加清除显示框中的所有内容
    }
    else if(inputChar=='=')
    {
    //此处添加对显示框中的算术表达式计算并将计算结果显示到显示框中
    }
}
```

2. 事件监听设计小结

事件设置的三大步：定义事件源→定义监听器对象→在事件源上添加监听器对象实例。

难点：定义监听器对象时，需要对事件处理方法进行编码。其原则是通过事件获取事件源，根据事件源传入的信息进行必要的编程。

3. 拓展练习

1）前面仅对按钮做了录入功能的处理，请在此基础上完善其他功能编码。

2）尝试将本实例中的行为事件监听改变成鼠标事件监听，实现同样功能的编码。

注意：对于计算功能，即等于号，直接使用案例中提供的 CalculateClass 类中的 calculate1）方法。

任务 10.5　计算式算法设计

任务实施

简单计算器的设计基础是先通过按键操作，将参与计算的数字、运算符按先后次序输入到显示框中，此时显示框显示的是完整的计算式。当操作者按下“=”键时才触发计算功能，实现对计算式的计算。因计算式的计算工作相对独立且涉及较为复杂的算法，本实例将计算功能设计成一个独立的类，专门用于实现计算功能。

在简单计算器的操作界面中，输入的计算表达式可能涉及数字、小数点、四则运算符号和用于改变运算符优先级的小括弧。

本实例的设计思路是，先将计算式字符串按计算最小单元拆解，即将计算式字符串拆解成计算数字串和运算符号，并全部保存到一个字符串数组（暂命名为 input 数组）中；接着通过去除 input 数组中的小括弧，并对参与运算的运算符进行优先级比较，按二叉树的后根序①的顺序方式保存到另外一个独立数组（暂命名为 Post 数组）中；最后依次从 Post 数组中取出元素，并将计算结果保存到栈②中。

1．CalculateClass 类的设计与实现

在设计计算器类时，考虑到多数成员是计算功能的辅助，不需要类外对其进行调用，所以在类设计时，将其中所有辅助效果的成员均设置成私有封装，仅将其中对外提供计算功能的方法 calculate1)和构造器设置成公有封装。CalculateClass 类的成员如图 10-3 所示。

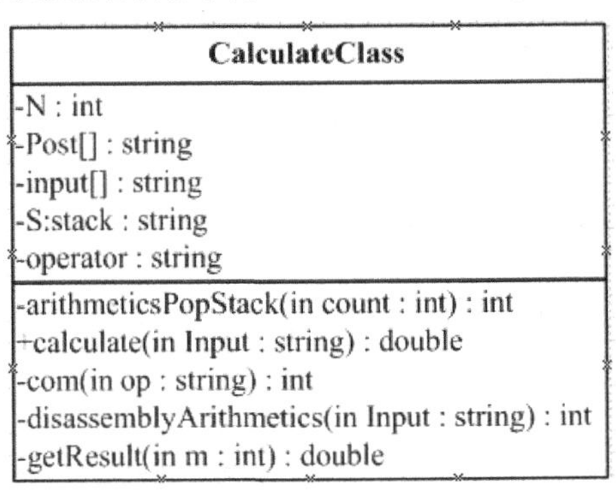

图 10-3　CalculateClass 类的成员

说明：在图 10-3 中，类元素前的“+”“-”是表示封装符号，其中“+”表示 public 封装，“-”表示 private 封装。

类方法成员参数前的 in 表示传入参数，如图 10-3 中，方法 com() 声明语句“com(in op:string):int”，其中的 in 表示参数性质是传入，参数名为 op，参数类型是 string，方法的返回值类型是 int。

下面就 CalculateClass 类中的成员变量和成员方法具体说明。

（1）成员变量

在声明成员变量时既要考虑保存计算数据的需要，又要实现多种方法共用的需求。在计算类中主要设计了以下几个成员变量。

① 成员变量 N，其类型为 int。该变量由于保存计算表达式中最多能包含的字符个数，即计算表达式的最大长度。在编程时直接在成员变量中声明长度为 100。

② 成员变量 operator，其类型为 string。该变量用于保存所有运算符号构成的字符串。该变量是在后续对输入的计算式拆解和计算时为分割操作数和提取运算符提供一种依据。

③ 成员变量 input，其类型是 string[]，即字符串数组类型。当调用 CalculateClass 类的 calculate()方法时，需要将输入的计算式拆解成运算数和运算符号，将拆解后的运算数和运算符号按出现在式子中的先后次序，依次保存到 input 数组中。

④ 成员变量 Post，其类型是 string[]，即字符串数组类型。Post 数组的作用是去除 input 数组中的小括弧，并按照计算优先规则和二叉树的后根顺序算法要求，将过滤和调整后的 input 数组中的数组元素按照要求依次保存到 Post 数组中。

---

① 后根序是指一种二叉访问算法，即按左子树、右子树、根的顺序访问。

② 栈是指一种数据结构，其具有数据保存和取出时按先进先出的特点。

⑤ 成员变量S，其类型是Java中的stack类，即栈的实例。栈具有先进后出的功能，利用这种功能，一个应用是实现保存计算的中间结果，另一个应用是在对 input 数组过滤小括弧和比较运算符优先级时，实现后根保存顺序转换的中介。

（2）成员方法

① 构造器。构造器的功能是在声明计算器对象实例时，对其中的成员变量进行初始化设置。本实例中是实例化所有类成员变量，代码如下。

```
public CalculateClass()
{
    operator = new String("()+*/-");//运算符
    input = new String[N];
    Post = new String[N];
    S = new Stack<String>();
}
```

需要说明的是，栈在 Java 中是泛型的，即在实例化对象时才将被实例化所需要的数据类型传入构造器。如上面代码中，“S = new Stack<String>();”中的<String>表示栈中的数据是字符串类型。

② 运算符优先级。将四则运算的运算符分成两个等级，其中乘除为高一级，返回 1，加减为低一级，返回-1，以方便程序在后根序排序时进行比较和处理。

因为运算符优先级是在剔除了小括弧影响的前提下进行的，所以此处代码没有考虑小括弧的优级级影响，同时也降低了实现的难度。代码如下。

```
private static  int com(String op) {
    if (op.equals("*") || op.equals("/")) {
        return 1;
    } else {
        return -1;
    }
}
```

③ 拆解计算表达式。拆解计算表达式方法是将传入的、以字符串表示的数学计算式，按运算数、运算符分解，并按其出现的先后顺序保存到 input 字符串数组中。比如用户输入的计算式是“(3.5+6)*(45/38-12)”，通过拆解得到：'('、'3.5'、'+'、'6'、')'、'*'、'('、'45'、'/'、'38'、'-'、'12'、')'。将这些字符保存到input数组中，并返回数中的元素个数，本实例返回的是13。代码如下。

```
private static int disassemblyArithmetics(String Input)
{
    int n = Input.length();
    int count = 0;
    int pre = -1;
    for (int i = 0; i < n; i++) {
        if (operator.indexOf(Input.charAt(i)) != -1) {
            if (pre != -1 && i != pre) {
                input[count++] = Input.substring(pre, i);//一般情况下，将前一个运算符和后一个运算符之间的数据作为一个独立操作数保存到数组中
            }
```

```
                if (pre == -1) {
                    input[count++] = Input.substring(0, i);//针对第一个操作数没
前缀运算符的特殊情况
                }
                input[count++] = Input.substring(i, i + 1);//提取运算符
                pre = i + 1;
            }
        }
        //最后一个操作数保存到input数组中，针对计算式中最后一个是运算数而非运算符的情况
        if (pre < n) {
            if (pre == -1) {
                input[count++] = Input.substring(0, n);
            } else {
                input[count++] = Input.substring(pre, n);
            }
        }
        return count;
    }
```

④ 过滤并排序。将计算式分解后，得到的运算符和运算数还需要专门设计算法，才能将最后的结果计算出来。

过滤并排序方法是以 input 数组为操作对象，将该数组中的小括弧过滤掉，同时在保存运算数和运算符时，考虑到小括弧的影响，按二叉树的后根顺序的顺序保存到 Post 数组中。在实现上述功能的算法中，引入了栈 S 作为中介，暂存其中的运算符和运算数。实现代码如下。

```
    private static int arithmeticsPopStack(int count)
    {
        int j = 0;
        for (int i = 0; i < count; i++) {
            if (operator.indexOf(input[i]) == -1) {//将 input 数组中的运算数字符串
保存到Post数组中
                Post[j++] = input[i];
            }
            else
            {
                if (input[i].equals("(")) {
                    S.push(input[i]);//遇到开始括弧，实现压栈操作
                }
                else if (input[i].equals(")")) //遇到结束括弧
                {
                    while (!S.peek()①.equals("(")) {//查找最近的匹配开始括弧，并
将这两个括弧之间的所有运算符保存到post数组中去
                        Post[j++] = S.pop();
                    }
                    S.pop();
                }
                else//非括弧状态下
```

① S.peek()方法是在对栈不弹出元素前提下进行查找。这与 pop()弹出栈顶不同。

```
            {
                if (S.empty()) {
                    S.push(input[i]);//先压入第一个数
                } else {
                    while (!S.empty() && com(S.peek()) >= com(input[i]) && (!S.
peek().equals("("))) {
                        Post[j++] = S.pop();
                    }
                    S.push(input[i]);
                }
            }
        }
    }
    while (!S.empty()) {
        Post[j++] = S.pop();
    }
    S.clear();
    return j;
}
```

⑤ 计算结果。利用前一步得到的过滤后的后根序 Post 数组，通过依次读取 Post 数组元素，只需要判断运算符，即可实现加减乘除计算，并将计算的中间结果保存到栈 S 中。最后返回计算结果，计算方法中的参数是需要获取 Post 数组中有效元素的长度，即 Post 中的运算数和运算符的数量。代码如下。

```
private static double getResult(int m)
{
    for (int i = 0; i < m; i++) {
        if (Post[i].equals("+")) {
            double a = Double.parseDouble(S.pop());
            S.push(String.valueOf(Double.parseDouble(S.pop()) + a));
        }
        else if (Post[i].equals("-")) {
            double a = Double.parseDouble(S.pop());
            S.push(String.valueOf(Double.parseDouble(S.pop()) - a));
        }
        else if (Post[i].equals("*")) {
            double a = Double.parseDouble(S.pop());
            S.push(String.valueOf(Double.parseDouble(S.pop()) * a));
        }
        else if (Post[i].equals("/")) {
            double a = Double.parseDouble(S.pop());
            S.push(String.valueOf(Double.parseDouble(S.pop()) / a));
        }
        else
        {
            S.push(Post[i]);
```

```
        }
    }
    String temp=S.pop();
    if (!S.isEmpty())
        temp=S.pop();
    double result = Double.parseDouble(temp);
    return result;
}
```

⑥ 计算功能接口。计算功能接口是 CalculateClass 类提供给外界调用的唯一访问接口。使用者只需要向接口传入需要计算的计算式，即可获得计算结果。代码如下。

```
public static double calculate(String Input)
{
    int count = 0;//中间变量，用于保存数组中有效元素的数量
    count=disassemblyArithmetics(Input);//调用拆解函数，并返回拆解后保存的字符串
数组的大小
    return  getResult(arithmeticsPopStack(count));
}
```

至此，CalculateClass 类的计算功能代码编写完成。在编写结束后，还需要进行总体测试，可以编写一个 main 方法，试试 calculate 方法能否正常运算。参考代码如下。

```
public static void main(String[] args)
{
    CalculateClass obj=new CalculateClass();
    System.out.println("(3.5+6)*(45/38-12)="+obj.calculate("(3.5+6)*
(45/38-12)"));
}
```

2. 计算式算法设计小结

计算式算法的难点是如何解决字符串输入形式下的计算式的转换和运算符的优先处理问题。由于涉及较多的数据结构类型，这部分以编程实现为主，算法讲解为辅，有兴趣的读者可以采用不同的方法实现计算方算法。

3. 拓展练习

细心的读者可能注意到，在不少方法前增加了一个特殊修饰“static”，在前面的单元中有这方面的介绍。请读者将案例中的构造器用 static 块实现，这样在不创建 CalculateClass 类实例的情况下，也可以调用 CalculateClass 类了。试试吧。

参 考 文 献

[1] 黑马程序员. Java 基础案例教程[M]. 北京：人民邮电出版社，2017.
[2] 传智播客高教产品研发部. Java 基础入门[M]. 北京：清华大学出版社，2014.
[3] 余平. Java 程序设计[M]. 北京：北京邮电大学出版社，2018.
[4] 徐红，王灿. Java 程序设计[M]. 北京：高等教育出版社，2013.
[5] Reges S. Java 程序设计教程[M]. 原书第 3 版. 北京：机械工业出版社，2015.
[6] 肖睿，崔雪炜. Java 面向对象程序开发及实战[M]. 北京：人民邮电出版社，2018.
[7] 何水艳. Java 程序设计[M]. 北京：机械工业出版社，2016.
[8] 杨秀杰，李法平. Java 程序设计[M]. 北京：中国水利水电出版社，2012.